普通高等教育高职高专"十二五"规划教材

施 工 机 械

（第二版）

主　编　钟汉华　　张智涌

副主编　陈亚平　　黎　楠

主　审　王晓全　　朱保才

中国水利水电出版社
www.waterpub.com.cn

内 容 提 要

本书按照高等职业土木施工类专业有关对本课程的要求，以国家现行建设工程标准、规范、规程为依据，根据编者多年工作经验和教学实践，在自编教材基础上修改、补充编纂而成。本书对土木工程施工机械的基本知识、各种施工机械的类型、工作原理、适用条件等作了详细的阐述，坚持以学生就业为导向，突出实用性、实践性。全书共分7章，内容包括机械零件基础知识、施工机械基础知识、基础工程机械、土石方施工机械、钢筋混凝土施工机械、起重机械、其他机械等。本书具有较强的针对性、实用性和通用性，可作为水利类、土木类专业的教学用书，也可供土木工程技术人员学习参考。

图书在版编目（ＣＩＰ）数据

施工机械 / 钟汉华，张智涌主编. -- 2版. -- 北京
：中国水利水电出版社，2012.5（2025.1重印）.
普通高等教育高职高专"十二五"规划教材
ISBN 978-7-5084-9731-0

Ⅰ．①施… Ⅱ．①钟… ②张… Ⅲ．①工程机械－高
等职业教育－教材 Ⅳ．①TU6

中国版本图书馆CIP数据核字（2012）第093728号

书　　名	普通高等教育高职高专"十二五"规划教材 **施工机械（第二版）**	
作　　者	主编　钟汉华　张智涌　主审　王晓全　朱保才	
出版发行	中国水利水电出版社 （北京市海淀区玉渊潭南路1号D座　100038） 网址：www.waterpub.com.cn E-mail：sales@mwr.gov.cn 电话：（010）68545888（营销中心）	
经　　售	北京科水图书销售有限公司 电话：（010）68545874、63202643 全国各地新华书店和相关出版物销售网点	
排　　版	中国水利水电出版社微机排版中心	
印　　刷	天津嘉恒印务有限公司	
规　　格	184mm×260mm　16开本　18印张　427千字	
版　　次	2007年7月第1版　2007年7月第1次印刷 2012年5月第2版　2025年1月修订　2025年1月第5次印刷	
印　　数	12101—14100册	
定　　价	**55.00元**	

修订版前言

本书根据《国务院关于大力发展职业教育的决定》、《教育部关于加强高职高专教育人才培养工作的意见》和《面向21世纪教育振兴行动计划》等文件要求，根据高职土建类、水利类有关专业指导性教学计划及教学大纲组织编写的。紧紧围绕高职高专土建类、水利类有关专业的人才培养方案，注重理论知识适度、够用，强化实践动手能力的思路，系统设计了教材的内容结构。本书以培养高质量的高等工程技术应用性人才的目标，以国家现行工程施工机械标准、规范、规程为依据，根据编者多年工作经验和教学实践，在自编教材基础上修改、补充编纂而成。本书可作为高等职业教育土建类、水利类各专业的教学用书，也可供土木工程施工人员学习参考。

施工机械是一门实践性很强的课程。为此，本书始终坚持"素质为本、能力为主、需要为准、够用为度"的原则进行编写。本书对机械零件基础知识、施工机械基础知识、基础工程机械、土石方施工机械、钢筋混凝土施工机械、起重机械、其它机械等土建工程施工机械作了详细的阐述。本书结合我国土木工程及水利水电工程施工的实际精选内容，以贯彻理论联系实际，注重实践能力的整体要求，突出针对性和实用性，便于学生学习。同时，还适当照顾了不同地区的特点和要求，力求反映国内外土木、水利工程施工的先进经验和技术成就。

参加本版修订的有湖北水利水电职业技术学院钟汉华、黎楠（第一章）、长江河湖建设有限公司曹连山、湖北水总水利水电建设股份有限公司张勇（第二章）、四川水利职业技术学院张智涌（第三章）、浠水县水电工程处闵佑松（第四章）、湖北卓越工程管理有限责任公司于淳蛟、湖北志宏水利水电设计有限公司何佩诗（第五章）、湖北浩川水利水电工程有限公司王雄、湖北志宏水利水电设计有限公司蒋碧媛（第六章）、湖南水利水电职业技术学院陈亚平（第七章）。全书由钟汉华、张智涌主编，中水北方勘测设计研究有限责任公司王晓全、中国建筑第五工程局有限公司朱保才主审。

　　本书大量引用了有关专业文献和资料，未在书中一一注明出处，在此对有关文献的作者表示感谢。由于编者水平有限，加之时间仓促，难免存在错误和不足之处，诚恳地希望读者批评指正。

编 者

2025 年 1 月

本书是根据教育部《国家中长期教育改革和发展规划纲要（2010—2020 年）》、《国家高等职业教育发展规划（2011—2015 年）》等文件精神，根据高职高专土建类、水利类有关专业指导性教学计划及教学大纲组织编写的。紧紧围绕高职高专土建类、水利类有关专业的人才培养方案，注重理论知识适度、够用，强化实践动手能力的思路，系统设计了教材的内容结构。本书以培养高质量的高等工程技术应用型人才为目标，以国家现行工程施工机械标准、规范、规程为依据，根据编者多年工作经验和教学实践，在自编教材基础上修改、补充编纂而成。本书可作为高等职业教育土建类、水利类各专业的教学用书，也可供土木工程施工人员学习参考。

施工机械是一门实践性很强的课程。为此，本书始终坚持"素质为本、能力为主、需要为准、够用为度"的原则进行编写。本书对机械零件基础知识、施工机械基础知识、基础工程机械、土石方施工机械、钢筋混凝土施工机械、起重机械、其他机械等土建工程施工机械作了详细的阐述。本书结合我国水利水电工程施工的实际精选内容，以贯彻理论联系实际，注重实践能力的整体要求，突出针对性和实用性，便于学生学习。同时，还适当照顾了不同地区的特点和要求，力求反映国内外土木、水利工程施工的先进经验和技术成就。

参加本版修订的有湖北水利水电职业技术学院黎楠（第 1 章），张天俊、王中发、余丹丹（第 2 章）、钟汉华、邵元纯（第 4 章），四川水利职业技术学院张智涌（第 3 章），湖北省十堰市水库管理处张彬、湖北省十堰市茅箭区水利局陈永莲（第 5 章），湖南水利水电职业技术学院陈亚平（第 6、7 章）。全书由钟汉华、张智涌主编，中水北方勘测设计研究有限责任公司王晓全、中建三局第二建设工程有限责任公司朱保才主审。

本书大量引用了有关专业文献和资料，未在书中一一注明出处，在此对有关文献的作者表示感谢。湖北水利水电职业技术学院薛艳、余燕君、金芳、曲炳良、徐欣、刘海韵、董伟、段炼等老师在修订过程中也参与了部分工作，在此表示感谢。由于编者水平有限，加之时间仓促，难免存在错误和不足之处，诚恳地希望读者批评指正。

编 者

2012 年 3 月

本书是根据国务院、教育部《关于大力发展职业教育的决定》、《关于加强高职高专人才培养工作意见》和《面向21世纪教育振兴行动计划》等文件要求，以培养高质量的高等工程技术应用性人才的目标，根据高等职业教育水利水电建筑工程专业、水利水电工程施工专业指导性教学计划及教学大纲，以国家现行工程施工机械标准、规范、规程为依据，根据编者多年工作经验和教学实践，在自编教材基础上修改、补充编纂而成。

本书可作为高等职业教育水利水电建筑工程、水利水电工程施工等专业的教学用书，也可供土木工程施工人员学习参考。

施工机械是一门实践性很强的课程。为此，本书始终坚持"素质为本、能力为主、需要为准、够用为度"的原则进行编写。本书对机械零件基础知识、施工机械基础知识、基础工程机械、土石方施工机械、钢筋混凝土施工机械、起重机械、其他机械等土建工程施工机械作了详细的阐述。本书结合我国水利水电工程施工的实际精选内容，以贯彻理论联系实际，注重实践能力的整体要求，突出针对性和实用性，便于学生学习。同时，本书还适当照顾了不同地区的特点和要求，力求反映国内外水利水电工程施工的先进经验和技术成就。

参加本书编写的有湖北水利水电职业技术学院黎楠（第1、第2章）、四川水利职业技术学院张智涌（第3章）、罗岚（第4章）、徐宏广（第5章）、湖南水利水电职业技术学院陈亚平（第6、第7章）。全书由钟汉华、张智涌任主编，陈亚平、黎楠、罗岚、徐宏广任副主编，中水北方勘测设计研究有限责任公司王晓全任主审。

　　本书大量引用了有关专业文献和资料，未在书中一一注明出处，在此对有关文献的作者表示感谢。由于编者水平有限，加之时间仓促，难免存在错误和不足之处，诚恳地希望读者批评指正。

编　者

2007 年 5 月

目 录

第1章 机械零件基础知识

1.1 螺纹连接与螺旋传动

1.1.1 螺纹的形成

如用一个三角形 K 沿螺旋线运动并使 K 平面始终通过圆柱体轴线 YY，这样就构成了三角形螺纹。同样改变平面图形 K，可得到矩形、梯形、锯齿形、管螺纹，如图 1-1 所示。

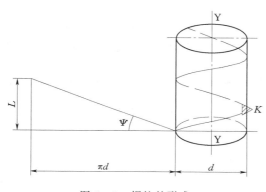

图 1-1 螺纹的形成

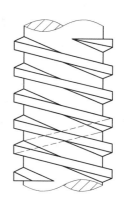

图 1-2 双头螺纹

1.1.2 螺纹的类型

（1）按牙型分类有：三角形螺纹、管螺纹，用于联接螺纹；矩形、梯形、锯齿形螺纹，用于传动螺纹。其中三角形螺纹中粗牙螺纹用于紧固件；细牙螺纹在同样的公称直径下，螺距最小，自锁性好，适于薄壁细小零件和冲击荷载等。

（2）按位置分类有：内螺纹，在圆柱孔的内表面形成的螺纹；外螺纹，在圆柱孔的外表面形成的螺纹。

（3）根据螺旋线绕行方向有左旋（图 1-2）和右旋。

（4）根据螺旋线头数：单头螺纹（$n=1$），用于连接；双头螺纹（$n=2$），一般用于连接两个连接件，如图 1-2 所示；多线螺纹（$n \geqslant 2$），用于传动。

1.1.3 螺纹的主要参数

现以圆柱普通螺纹的外螺纹为例说明螺纹的主要几何参数，如图 1-3 所示。

（1）大径 d——螺纹的最大直径，即与螺纹牙顶相重合的假想圆柱面的直径，在标准中定为公称直径。

（2）小径 d_1——螺纹的最小直径，即与螺纹牙底相重合的假想圆柱面的直径，在强

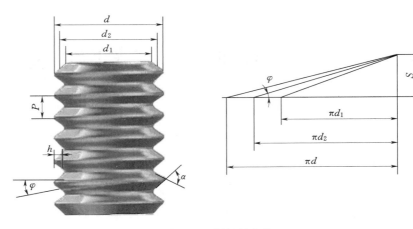

图 1 - 3 螺纹的参数

度计算中常作为螺杆危险截面的计算直径。

（3）中径 d_2——通过螺纹向截面内牙型上的沟槽和突起宽度相等处的假想圆柱面的直径，近似于螺纹的平均直径，$d_2 \approx (d+d_1)/2$。中径是确定螺纹几何参数和配合性质的直径。

（4）线数 n——螺纹的螺旋线数目。沿一根螺旋线形成的螺纹称为单线螺纹；沿两根以上的等距螺旋线形成螺纹称为多线螺纹。常用的联接螺纹要求自锁性，故多用单线螺纹；传动螺纹要求传动效率高，故多用双线或单线螺纹。为了便于制造，一般用螺纹线数 $n \leqslant 4$。

（5）螺距 P——螺纹相邻两个牙形上对应点间的距离。

（6）导程 S——螺纹上任一点沿同一条螺旋线旋转一周所移动的轴相距离。单线螺纹 $S = P$；多线螺纹 $S = nP$。

（7）螺纹升角 φ——螺旋线的切线与垂直于螺纹轴线的平面间的夹角。在螺纹的不同直径处，螺纹升角各不相同，其展开形式如图 1 - 3 所示。通常在螺纹中径 d_2 处计算。

（8）牙形角 α——螺纹轴相截面内，螺纹牙形两侧边的夹角。螺纹牙形的侧边与螺纹轴线的垂直平面的夹角称为牙侧角，对称牙形的牙侧角 $\beta = \alpha/2$。

（9）接触高度 h——内、外螺纹旋合后的接触面的径向高度。

各种管螺纹的主要几何参数可查阅有关标准，其公称直径都不是螺纹大径，而近似等于管子的内径。

1.1.4　常用螺纹的种类、特点与应用

常用螺纹的种类、特点与应用见表 1 - 1。

1.1.5　螺纹联接基本类型

1. 螺栓联接

（1）普通螺栓联接。被联接件不太厚，螺杆带钉头，通孔不带螺纹，螺杆穿过通孔与螺母配合使用。装配后孔与杆间有间隙，并在工作中不许消失，结构简单，装拆方便，可多个装拆，应用较广。

表 1-1　　　　　　　　　　　常用螺纹的种类、特点与应用

类　型	牙　型　图	特　点　及　应　用
三角螺纹		牙型为等边三角形，牙型角 $\alpha=60°$，牙根强度较高，自锁性能好，是最常用的联接螺纹。同一公称直径按螺距大小分为粗牙和细牙螺纹。一般情况下用粗牙螺纹，细牙螺纹常用于薄壁零件或变载荷的连接，也可作为微调机构的调整螺纹用
矩形螺纹		牙型为正方形，牙型角 $\alpha=0°$，牙厚为螺距的 1/2，尚未标准化。传动效率较其他螺纹高，故多用于传动。缺点是牙根强度较低，磨损后间隙难以补偿，传中精度较低
梯形螺纹		牙型为等腰梯形，牙型角 $\alpha=30°$。传动效率比矩形螺纹略低，但工艺性好，牙根强度高，避免了矩形螺纹的缺点，是最常用的传动螺纹
锯齿形螺纹		牙型为不等腰梯形，工作面牙型角为 3°，非工作面牙型角为 30°。它兼有矩形螺纹传动效率高和梯形螺纹牙根强度高的优点，但只能用于单方向的螺旋传动中
管螺纹		牙型角 $\alpha=55°$，联接紧密，内外螺纹无间隙。英制螺纹，常用于密封性要求较高的场合，如管道的连接，管子的内径为公称直径

　　（2）精密螺栓联接。装配后无间隙，主要承受横向载荷，也可作定位用，采用基孔制配合铰制孔螺栓联接。

　　2. 双头螺柱联接

　　螺杆两端无钉头，但均有螺纹，装配时一端旋入被连接件，另一端配以螺母。适于常拆卸而被联接件之一较厚时。拆装时只需拆螺母，而不将双头螺栓从被联接件中拧出。

　　3. 螺钉联接

　　适于被连接件之一较厚（上带螺纹孔），不需经常装拆，一端有螺钉头，不需螺母，适于受载较小情况。

　　4. 紧定螺钉联接

　　拧入后，利用杆末端顶住另一零件表面或旋入零件相应的缺口中以固定零件的相对位置。可传递不大的轴向力或扭矩。

　　5. 特殊联接

　　地脚螺栓联接，吊环螺钉联接。

1.1.6　螺纹联接件

　　螺纹联接件的种类很多，大都已经标准化，设计时应尽量按标准选用。

1．螺栓

螺栓的头部形状很多，但最常用的是六角头螺栓。六角头又分为标准六角头和小六角头两种。冷镦工艺生产的小六角头螺栓具有材料利用率高，生产成本低，机械性能好等优点，但由于头部尺寸较小，不宜用于经常装拆和强度低、易锈蚀的被联接件上。常用螺栓材料为Q215、Q235、35、45 等碳素钢。对于要求强度高、尺寸小的螺栓，可采用合金钢制成。

2．双头螺柱

它的两端均制有螺纹，中部为光杆。其中旋入被螺孔的一端称为座端，另一端为螺母端。其公称长度为 l。一般可分为 A 型和 B 型两种。

3．螺钉

根据用途不同，螺钉可分为紧定螺钉和联接螺钉两种。它与螺栓不同之处在于螺钉的头部形状较多，必须留有按扳手或起子的位置，且用于联接时不必与螺母配合使用。紧定螺钉末端要顶住被联接件之一的表面或相应的凹坑，所以末端也具有各种形状。

4．螺母

螺栓及双头螺柱都需要和螺母配合使用。螺母的形状很多，常用的有六角螺母和圆螺母。六角螺母应用最广，按要求又有厚薄的不同，扁螺母用于尺寸受到限制的地方，厚螺母用于经常装拆易于磨损的场合。圆螺母一般尺寸较大，常用于轴上零件的轴向固定。

5．垫圈

它的作用是保护被联接件表面免于刮伤，增大螺母与被联接件的接触面积，降低支承面的挤压应力，遮盖被联接件不平的接触表面。垫圈种类很多，常用的有平垫圈、斜垫圈、弹簧垫圈、止动垫圈和球面垫圈等。

1．1．7 螺旋传动的应用

螺旋传动是利用螺杆和螺母组成的螺旋副来实现传动要求的。它主要用于将回转运动转变为直线运动，同时传递运动和动力。螺旋传动按其用途不同，可分为传力螺旋、传导螺旋、调整螺旋。车床上的丝杆（图 1-4）、钳工使用的台虎钳（图 1-5）、千斤顶等都应用了螺旋传动。

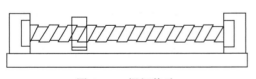

图 1-4 螺杆传动

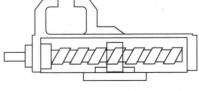

图 1-5 台虎钳

1．1．8 预紧

在实用中，大多数螺纹联接在装配时都必须拧紧，使联接在承受工作载荷之前，预先受到力的作用。这个力称为预紧力。预紧的目的是保证联接的可靠性和密封性，防止受载后被联接件间出现缝隙或发生相对滑移。如汽缸螺栓联接，有紧密性要求，防漏气，接触面积要大，靠摩擦力工作，增大刚性等。控制预紧力的方法很多，通常可用测力矩扳手或定力矩扳手来控制装配时施加的拧紧力矩，从而控制预紧力的大小。由于直径过小的螺栓，容易在拧紧时过载拉断，所以对于重要的联接不宜小于 M10～M14。

1.1.9 螺纹防松

从理论上讲，螺纹联接都能满足自锁条件，在静载荷和温度变化不大时不会自行松脱。但是在实际工作中，外载荷有振动、变化、材料高温蠕变等会造成摩擦力减少，螺纹副中正压力在某一瞬间消失、摩擦力为零，从而使螺纹联接松动，如经反复作用，螺纹联接就会松弛而失效，造成事故。为了使联接安全可靠，必须采用有效的防松装置。

螺纹联接防松的根本问题在于防止螺旋副的相对转动。防松的方法很多，按工作原理不同可分为三类。

1. 摩擦防松

这类防松措施是使拧紧的螺纹之间不因外载荷变化而失去压力，始终有摩擦力防止联接松脱。这种方法不十分可靠，故多用于冲击和振动不剧烈的场合。常用的有以下几种。

（1）对顶螺母。利用两螺母的对顶作用使螺栓始终受到附加拉力，而使螺纹间产生一定的附加摩擦力防止螺母松动。一般适用于平稳、低速和重载的固定装置上的联接。

（2）尼龙圈锁紧螺母。主要利用螺母末端嵌有的尼龙圈锁紧。当拧紧在螺栓上时，尼龙圈内孔被胀大，从横向压紧螺纹而箍紧螺栓，防松作用很好，目前得到广泛应用。

（3）弹簧垫圈。它是一个具有斜切口而两端错开的环形垫圈，通常用 65Mn 钢制成，经热处理后富有弹性。螺母拧紧后，因垫圈的弹性反力使螺纹间保持一定的摩擦阻力，从而防止螺母松脱。此外，垫圈斜口尖端的抵挡作用也有助于防松。其缺点是由于垫圈的弹力不均，在冲击、振动的工作条件下，防松效果较差，一般用于不太重要的联接。

2. 机械防松

这类防松装置是利用各种止动零件来阻止拧紧的螺纹零件相对转动。这类防松方法十分可靠，应用很广。

（1）开口销与槽形螺母。开口销穿过螺母上的槽和螺栓末端上的孔后，尾端掰开，使螺母与螺栓不能相对转动，从而达到防松的目的。这种防松装置常用于有振动的高速机械。

（2）止动垫圈。螺母拧紧后，将单耳或双耳止动垫圈分别向螺母和被联接件的侧面折弯贴紧，即可将螺母锁住。若两个螺栓需要双联锁紧时，可采用双联止动垫圈，使两个螺母相互制动。

（3）串联钢丝。用低碳钢丝穿入各螺钉头部的孔内，将各螺钉串联起来，使其相互制动。使用时必须注意钢丝的串联方向。一般适用于螺钉组联接，防松可靠，但装拆不便。

3. 永久防松

（1）冲点法防松。螺母拧紧后，利用冲头在螺栓末端与螺母的旋合缝处打冲或将螺栓末端与螺母的旋合缝处焊接。这种防松方法可靠，但拆卸后联接件不能重复使用。

（2）粘接法防松。用黏结剂涂于螺纹旋合表面，拧紧螺母后黏结剂能自行固化，防松效果良好。

1.2　带传动与链传动

1.2.1　带传动的特点和应用

　　带传动是一种常用的、成本较低的机械传动形式，它的主要作用是传递转矩和改变转速。大部分带传动是依靠挠性传动带与带轮间的摩擦力来传递运动和动力的。带传动具有传动平稳、噪声小、清洁（无需润滑）的特点，具有缓冲减振和过载保护作用，并且维修方便。与链传动和齿轮传动相比，带传动的强度较低以及疲劳寿命较短。然而，对于传动带强力层材料的改善，如采用钢丝、尼龙、聚酯纤维等，带传动也可用于某些只有链传动或齿轮传动才适合的动力传输，如图 1-6 所示。

　　传动带具有弹性，能缓冲、吸振；过载时，带在带轮上打滑，防止其他零部件损坏，起安全保护作用；适用于中心距较大的场合；结构简单，成本较低，装拆维护方便。但带在带轮上有相对滑动，传动比不恒定；传动效率

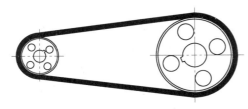

图 1-6　带传动

低，带的寿命较短；传动的外廓尺寸大；需要张紧，支承带轮的轴及轴承受力较大；不宜用于高速、可燃等场所。

1.2.2　带传动的类型

　　传动带按工作原理的不同可分为摩擦型传动带和啮合型传动带。摩擦型传动带按带的横截面形状，可分为平带、V 带和特殊截面带。同步齿形带，属于啮合型传动带，带的工作面制有横向齿，与有相应齿的带轮作啮合传动，传动比较准确，具有链传动的优点，但制造和安装要求较高。如拖拉机、坦克等的履带。

　　在一般机械传动中，应用最为广泛的是 V 带传动。V 带的横截面呈等腰梯形，传动时，以两侧为工作面，但 V 带与轮槽槽底不接触。在同样的张紧力下，V 带传动较平带传动能产生更大的摩擦力，这是 V 带传动性能上的最大优点。

　　V 带有普通 V 带、窄 V 带、接头 V 带等近 10 种。其中普通 V 带应用最为广泛。常见 V 带的横剖面结构由包布、顶胶、抗拉体、底胶等部分组成，按抗拉体结构可分为绳芯 V 带和帘布芯 V 带两种。帘布芯 V 带，制造方便，抗拉强度好；绳芯 V 带柔韧性好，抗弯强度高，适用于转速较高、载荷不大和带轮直径较小的场合。

　　普通 V 带（图 1-7）是在一般机械传动中应用最为广泛的一种传动带，其传动功率大，结构简单，价格便宜。由于带与带轮（图 1-8）间是 V 形槽面摩擦，故可产生比平型带更大的有效圆周力（约为 3 倍）。普通 V 带有包布型 V 带和切边型 V 带两类，如图 1-7 所示，其截面尺寸和长度都已标准化。V 带轮常用铸铁制造，有时也采用钢或非金属材料（塑料、木材）。铸铁带轮（HT150、HT200）允许的最大圆周速度为 25m/s。速度更高时，可采用铸钢或钢板冲压后焊接。

1.2.3　带传动的张紧

　　各种材质的 V 带都不是完全的弹性体，在预紧力的作用下，经过一定时间的运转

后，就会由于塑性变形而松弛，使预紧力 F_0 降低。为了保证带传动的能力，应定期检查预紧力的数值。如发现不足时，必须重新张紧，才能正常工作。常见的张紧装置有以下几种。

图 1-7 普通 V 带　　　　　　　　　　　图 1-8 带轮

1. 定期张紧装置

采用定期改变中心距的方法来调节带的预紧力，使带重新张紧。在水平或倾斜不大的传动中，可采用［图 1-9（a）］所示的方法，将装有带轮的电动机安装在装有滑道的基板上。通过旋动左侧的调节螺钉，将电动机向右推移到所需位置后，拧紧电动机安装螺钉即可实现张紧。在垂直的或接近垂直的传动中，可采用［图 1-9（b）］所示的方法，将装有带轮的电动机安装在可调的摆架上。

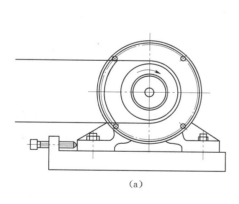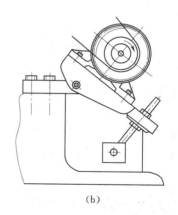

(a)　　　　　　　　　　　　　　(b)

图 1-9 定期张紧装置

（a）水平传动；（b）垂直传动

2. 自动张紧装置

将装有带轮的电动机安装在浮动的摆架上（图 1-10），利用电动机的自重，使带轮随同电动机绕固定轴摆动，以自动保持张紧力。

3. 采用张紧轮的装置

当中心距不能调节时，可采用张紧轮将带张紧（图 1-11）。张紧轮一般应放在松边的内侧，使带只受单向弯曲。同时张紧轮应尽量靠近大轮，以免过分影响在小带轮上的包角。张紧轮的轮槽尺寸与带轮的相同，且直径小于带轮的直径。

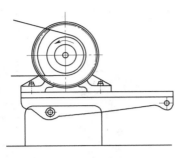

图 1-10 自动张紧装置

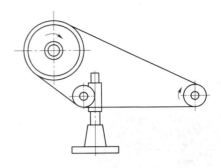

图 1-11 采用张紧轮的装置

1.2.4 链传动的特点和应用

链传动是由装在平行轴上的主、从动链轮和绕在链轮上的环形链条所组成,如图 1-12 所示,以链作中间挠性件,靠链与链轮轮齿的啮合来传递运动和动力。与带传动相比,链传动没有弹性滑动与打滑,能保持准确的平均传动比;需要的张紧力小,作用在轴上的压力也小,可减小轴承的摩擦损失;结构紧凑;能在温度较高、有油污等恶劣环境条件下工作。与齿轮传动比,链传动的制造和安装精度要求较低;中心距较大时其传动结构简单。链传动的

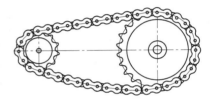

图 1-12 链传动

主要缺点是:瞬时链速和瞬时传动比不是常数,因此传动平稳性较差,工作中有一定的冲击和噪声。链传动广泛应用于矿山机械、农业机械、石油机械、机床及摩托车中。

在链传动中,按链条结构的不同主要有滚子链传动和齿形链传动两种类型。

1. 滚子链传动

滚子链的结构如图 1-13 所示。它由内链板 1、外链板 2、销轴 3、套筒 4 和滚子 5 组成。链传动工作时,套筒上的滚子沿链轮齿廓滚动,可以减轻链和链轮轮齿的磨损。

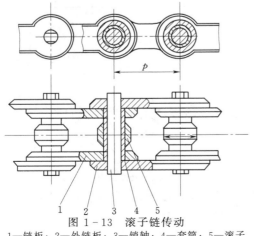

图 1-13 滚子链传动

1—链板;2—外链板;3—销轴;4—套筒;5—滚子

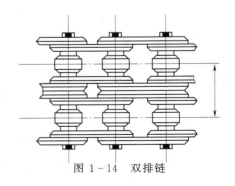

图 1-14 双排链

把一根以上的单列链并列、用长销轴联接起来的链称为多排链，图1-14为双排链。链的排数愈多，承载能力愈高，但链的制造与安装精度要求也愈高，且愈难使各排链受力均匀，将大大降低多排链的使用寿命，故排数不宜超过4排。当传动功率较大时，可采用两根或两根以上的双排链或三排链。

为了形成链节首尾相接的环形链条，要用接头加以连接。链的接头形式如图1-15所示。当链节数为偶数时采用连接链节，其形状与链节相同，接头处用钢丝锁销或弹簧卡片等止锁件将销轴与连接链板固定；当链节数为奇数时，则必须加一个过渡链节。过渡链节的链板在工作时受有附加弯矩，故应尽量避免采用奇数链节。

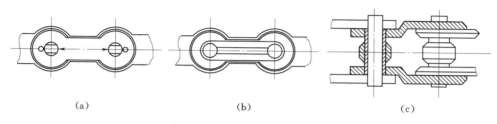

图1-15　链的接头形式
(a) 刚丝锁销；(b) 弹簧卡片；(c) 过渡链节

链条相邻两销轴中心的距离称为链节距，用 p 表示，它是链传动的主要参数。滚子链已标准化，分为A、B两种系列。A系列用于重载、高速或重要传动；B系列用于一般传动。

2. 齿形链传动

齿形链传动是利用特定齿形的链板与链轮相啮合来实现传动的。

齿形链是由彼此用铰链联接起来的齿形链板组成，如图1-16（a）所示，链板两工作侧面间的夹角为60°，相邻链节的链板左右错开排列，并用销轴、轴瓦或滚柱将链板联接起来。按铰链结构不同，分为圆销铰链式、轴瓦铰链式和滚柱铰链式三种，如图1-16（b）所示。

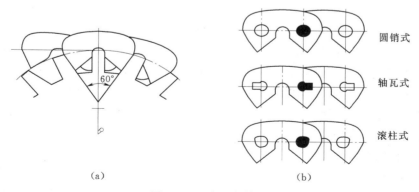

图1-16　齿形链传动
(a) 齿形链板；(b) 圆销铰链式、轴瓦铰链式和滚柱铰链式

与滚子链相比，齿形链具有工作平稳、噪声较小、允许链速较高、承受冲击载荷能力较好和轮齿受力较均匀等优点；但结构复杂、装拆困难、价格较高、重量较大并且对安装

和维护的要求也较高。

1.2.5　链传动的润滑和布置

1. 链传动的布置

为使链传动能工作正常，应注意其合理布置，布置的原则：①两链轮的回转平面应在同一垂直平面内，否则易使链条脱落和产生不正常的磨损；②两链轮中心连线最好是水平的，若需要倾斜布置时，倾角也应避免大于 45°，尽量避免垂直传动，以免与下方链轮啮合不良或脱离啮合；③常见合理布置形式参见表 1-2。

表 1-2　　　　　　　　　　　　　链 传 动 的 布 置

传动参数	正确布置	不正确布置	说　明
$i > 2$ $a = (30 \sim 50)p$			两轮轴线在同一水平面，紧边在上、在下均不影响工作
$i > 2$ $a < 30p$			两轮轴线不在同一水平面，松边应在下面，否则松边下垂量增大后，链条易与链轮卡死
$i < 1.5$ $a > 60p$			两轮轴线在同一水平面，松边应在下面，否则下垂量增大后，松边会与紧边相碰，需经常调整中心距
$i，a$ 为任意值			两轮轴线在同一铅垂面内，下垂量增大会减少下链轮有效啮合齿数，降低传动能力，为此应采用：①中心距可调；②设张紧装置；③上下两轮错开，使两轮轴线不在同一铅垂面内

2. 链传动的张紧

链传动中如松边垂度过大，将引起啮合不良和链条振动，所以链传动张紧的目的和带传动不同，张紧力并不决定链的工作能力，而只是决定垂度的大小。

张紧的方法很多，最常见的是移动链轮以增大两轮的中心矩。但如中心距不可调时，也可以采用张紧轮张紧，如图 1-17（a）、（b）所示。张紧轮应装在靠近主动链轮的松边上。不论是带齿的还是不带齿的张紧轮，其分度圆直径最好与小链轮的分度圆直径相近。此外还可以用压板或托板张紧，如图 1-17（c）、（d）所示。特别是中心距大的链传动，用托板控制垂度更为合理。

3. 链传动的润滑

链传动的润滑至关重要。合宜的润滑能显著降低链条铰链的磨损，延长使用寿命。

通常有 4 种润滑方式：①人工定期用油壶或油刷给油；②滴油润滑，用油杯通过油管向松边内外链板间隙处滴油；③油浴润滑或飞溅润滑，采用密封的传动箱体，前者链条及链轮一部分浸入油中，后者采用直径较大的甩油盘溅油；④油泵压力喷油润滑，用油泵经油管向链条连续供油，循环油可起润滑和冷却的作用。

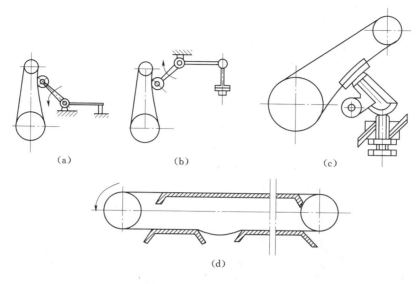

图 1-17 链传动的张紧

(a) 张紧轮张紧方式；(b) 张紧轮张紧方式；(c) 压板张紧轮张紧方式；(d) 托板张紧方式

链传动使用的润滑油运动黏度在运转温度下约为 $20 \sim 40 \text{mm}^2/\text{s}$。只有转速很慢又无法供油的地方，才可以用油脂代替。

1.3 齿 轮 传 动

1.3.1 齿轮机构的特点和类型

齿轮传动是机械传动中最主要的一种传动型式，历史悠久，应用非常广泛。齿轮机构的主要优点有：适用的圆周速度和功率范围广；效率较高；传动比稳定；寿命较长；工作可靠性较高；可实现平行轴、任意相交轴和任意交错轴之间的传动。缺点有：要求较高的制造和安装精度，成本较高；不适宜与远距离两轴之间的传动。

齿轮机构的分类方法很多，一般按照两轴线的相对位置，可分为平面齿轮传动和空间齿轮传动。

(1) 平面齿轮传动。该传动的两轮轴线相互平行，常见的有直齿圆柱齿轮传动［图 1-18 (a)］，斜齿圆柱齿轮传动［图 1-18 (d)］，人字齿轮传动［图 1-18 (e)］。此

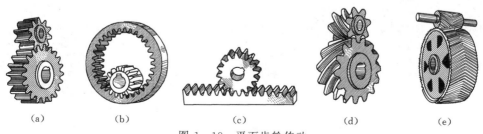

| (a) | (b) | (c) | (d) | (e) |

图 1-18 平面齿轮传动

(a) 直齿圆柱齿轮传动；(b) 内啮合传动；(c) 齿轮齿条传动；(d) 斜齿圆柱齿轮传动；(e) 人字齿轮传动

外，按啮合方式区分，前两种齿轮传动又可分为外啮合传动［图 1-18 (a)、(d)］，内啮合传动［图 1-18 (b)］和齿轮齿条传动［图 1-18 (c)］。

（2）空间齿轮传动。两轴线不平行的齿轮传动称为空间齿轮传动，如直齿圆锥齿轮传动［图 1-19 (a)］、交错轴斜齿轮传动［图 1-19 (b)］和蜗杆传动［图 1-19 (c)］。

就齿轮传动装置的密封形式来说，分为开式、半开式及闭式三种；就使用情况来说，有低速、高速及轻载、中载、重载之别；就齿轮热处理的不同，齿轮又分为硬齿面齿轮（如经整体或渗碳淬火、表面淬火或氮化处理，齿面硬度 HRC＞55）、中硬齿面（齿轮经过整体淬火或表面淬火，齿面硬度大约载 55＞HRC＞38，HB＞350）和软齿面齿轮（如经调质、常化的齿轮，齿面硬度 HB＜350）。

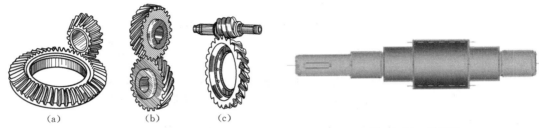

图 1-19　空间齿轮传动
(a) 直齿圆锥齿轮传动；(b) 交错轴斜
齿轮传动；(c) 蜗杆传动

图 1-20　齿轮轴

1.3.2　齿轮的构造

直径较小的钢质齿轮，当齿根圆直径与轴径接近时，可以将齿轮和轴做成一体，称为齿轮轴，如图 1-20 所示。

如果齿轮的直径比轴的直径大得多，则应把齿轮和轴分开制造。顶圆直径 $d_a \leqslant$ 500mm 的齿轮可以是锻造的或铸造的，通常采用腹板式结构，如图 1-21 (a) 所示。直径较小的齿轮也可做成实心的，如图 1-21 (b) 所示。

顶圆直径 d_a＞400mm 的齿轮常用铸铁或铸钢制成，并常采用轮辐式结构，如图（1-22）所示。

图 1-21　齿轮的形式
(a) 腹板式齿轮；(b) 实心齿轮

图 1-22　轮辐式结构齿轮

1.3.3 齿轮的失效形式

齿轮传动的失效形式与工作条件（载荷、速度、润滑状态等）及齿轮材料和热处理有关。

在农业机械、建筑机械以及简易的机械设备中，齿轮完全暴露在外面，称开式齿轮传动。这种传动润滑不良，轮齿容易磨损。当齿轮传动装有简单的防护罩，称半开式齿轮传动。它的润滑条件虽有改善，但仍不能做到严密防止外界杂物侵入。汽车、机床、航空发动机等所用的齿轮传动，都是装在箱体内，称为闭式齿轮传动（齿轮箱）。它与开式或半开式的相比，润滑及防护条件好，多用于重要的传动。

按齿轮材料及热处理工艺的不同，齿轮传动又分为软齿面齿轮传动（齿面硬度小于或等于 350HBS）和硬齿面齿轮传动（齿面硬度大于 350HBS）。

由于上述条件的不同，齿轮传动会出现多种失效形式：

（1）轮齿折断。因为轮齿受力时齿根弯曲应力最大，而且有应力集中，因此，轮齿折断一般发生在齿根部分。

若轮齿单侧工作时，根部弯曲应力一侧为拉伸，另一侧为压缩，轮齿脱离啮合后，弯曲应力为零。因此，在载荷的多次重复作用下，弯曲应力超过弯曲持久极限时，齿根部分将产生疲劳裂纹。裂纹的逐渐扩展，最终将引起断齿，这种折断称为疲劳折断。

轮齿因短时过载或冲击过载而引起的突然折断，称为过载折断。用淬火钢或铸铁等脆性材料制成的齿轮，容易发生这种断齿。

（2）齿面磨损。齿面磨损主要是由于灰砂、硬屑粒等进入齿面间而引起的磨粒性磨损；其次是因齿面互相摩擦而产生的跑合性磨损。磨损后齿廓失去正确形状（图 1－23），使运转中产生冲击和噪声。磨粒性磨损在开式传动中是难以避免的。采用闭式传动，提高齿面光洁度和保持良好的润滑可以防止或减轻这种磨损。

（3）齿面点蚀。轮齿工作时，其工作表面产生的接触压应力由零增加到一最大值，即齿面接触应力是按脉动循环变化的。在过高的接触应力的多次重复作用下，齿面表层就会产生细微的疲劳裂纹，裂纹的蔓延扩展使齿面的金属微粒剥落下来而形成凹坑，即疲劳点蚀，继续发展以致轮齿啮合情况恶化而报废。实践表明，疲劳点蚀首先出现在齿根表面靠近节线处（图 1－24）。齿面抗点蚀能力主要与齿面硬度有关，齿面硬度越高，抗点蚀能力也越强。

软齿面（HBS≤350）的闭式齿轮传动常因齿面点蚀而失效。在开式传动中，由于齿面磨损较快，点蚀还来不及出现或扩展即被磨掉，所以一般看不到点蚀现象。

可以通过对齿面接触疲劳强度的计算，以便采取措施以避免齿面的点蚀；也可以通过提高齿面硬度和光洁度，提高润滑油粘度并加入添加剂、减小动载荷等措施提高齿面接触强度。

（4）齿面胶合。在高速重载传动中，常因啮合温度升高而引起润滑失效，致使两齿面金属直接接触并相互粘联。当两齿面相对运动时，较软的齿面沿滑动方向被撕裂出现沟纹（图 1－25），这种现象称为胶合。在低速重载传动中，由于齿面间不易形成润滑油膜也可能产生胶合破坏。

提高齿面硬度和光洁度能增强抗胶合能力。低速传动采用黏度较大的润滑油；高速传动采用含抗胶合添加剂的润滑油，对于抗胶合也很有效。

图 1-23 齿面磨损

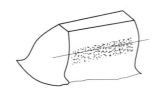

图 1-24 齿面点蚀

图 1-25 齿面胶合

1.3.4 齿轮传动的润滑和效率

齿轮传动的润滑：开式齿轮传动通常采用人工定期加油润滑。可采用润滑油或润滑脂。

一般闭式齿轮传动的润滑方式根据齿轮的圆周速度 v 的大小而定。当 $v \leqslant 12\text{m/s}$ 时多采用油池润滑（图 1-26），大齿轮浸入油池一定的深度，齿轮运转时就把润滑油带到啮合区，同时也甩到箱壁上，借以散热。当 v 较大时，浸入深度约为一个齿高；当 v 较小，如 $0.5 \sim 0.8\text{m/s}$ 时，可达到齿轮半径的 $1/6$。

在多级齿轮传动中，当几个大齿轮直径不相等时，可以采用惰轮蘸油润滑（图 1-27）。

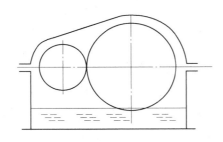

图 1-26 油池润滑

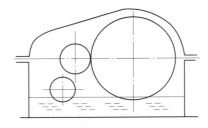

图 1-27 采用惰轮的油池润滑

当 $v > 12\text{m/s}$ 时，不宜采用油池润滑，这是因为：①圆周速度过高，齿轮上的油大多被甩出去而达不到啮合区；②搅油过于激烈，使油的温升增加，并降低其润滑性能；③会搅起箱底沉淀的杂质，加速齿轮的磨损。故此时最好采用喷油润滑（图 1-28），用油泵将润滑油直接喷到啮合区。

润滑油的黏度可由机械设计手册查取。润滑油的运动粘度确定之后，即可由机械设计手册查出所需润滑油的牌号。

齿轮传动的功率损耗主要包括啮合中的摩擦损耗、搅

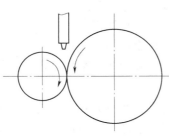

图 1-28 喷油润滑

动润滑油的油阻损耗、轴承中的摩擦损耗。计入上述损耗时，齿轮传动（采用滚动轴承）的平均效率见表 1-3。

表 1-3	齿轮传动的平均效率		
传动装置	6级或7级精度的闭式传动	8级精度的闭式传动	开式传动
圆柱齿轮	0.98	0.97	0.95
圆锥齿轮	0.97	0.96	0.93

1.4 轴 和 轴 承

1.4.1 轴的功用和类型

轴是机器中的重要零件之一,用来支持旋转的机械零件,如齿轮、带轮等。根据承受载荷的不同,轴可分为转轴、传动轴和心轴3种。转轴既传递转距又承受弯距,如齿轮减速器中的轴;传动轴只传递转距而不承受弯距或弯距很小,如汽车的传动轴;心轴则只承受弯距而不传递转距,如铁路车辆的轴、自行车的前轴。

按轴线的形状轴还可分为:直轴、曲轴和挠性钢丝轴。曲轴常用于往复式机械中。挠性钢丝轴是由几层紧贴在一起的钢丝层构成的,可以把转距和旋转运动灵活地传到任何位置,常用于振捣器等设备中。本节主要研究的是直轴。

轴的设计,主要是根据工作要求并考虑制造工艺等因素,选用合适的材料,进行结构设计,经过强度和刚度计算,定出轴的结构形状和尺寸,必要时还要考虑振动稳定性。

1.4.2 轴的材料

轴的材料常采用碳素钢和合金钢。

(1)碳素钢。35号、45号、50号等优质碳素结构钢因具有较高的综合力学性能,应用较多,其中以45号钢应用得最为广泛。为了改善其力学性能,应进行正火或调质处理。不重要或受力较小的轴,则可采用Q235、Q275等碳素结构钢。

(2)合金钢。合金钢具有较高的力学性能,但价格较贵,多用于有特殊要求的轴。例如:采用滑动轴承的高速轴,常用20Cr、20CrMnTi等低碳合金结构钢,经渗碳淬火后可提高轴颈耐磨性;汽轮发电机转子轴在高温、高速和重载条件下工作,必须具有良好的高温力学性能,常采用40CrNi、38CrMoAlA等合金结构钢。值得注意的是:钢材的种类和热处理对其弹性模量的影响甚小,因此,如欲采用合金钢或通过热处理来提高轴的刚度并无实效。此外,合金钢对应力集中的敏感性较高,因此设计合金钢轴时,更应从结构上避免或减小应力集中,并减小其表面粗糙度。

轴的毛坯一般用圆钢或锻件,有时也可采用铸钢或球墨铸铁。例如用球墨铸铁制造曲轴、凸轮轴,具有成本低廉、吸振性好、对应力集中的敏感性较低、强度较好等优点。

1.4.3 轴承的类型、特性及润滑和密封方式

轴承的功用有两种:①支承轴及轴上零件,并保持轴的旋转精度;②减少转轴与支承之间的摩擦和磨损。一般将轴承分为滑动轴承与滚动轴承两大类。

1. 轴承的类型和特性

(1)滑动轴承。滑动轴承适用于低速、高精度、重载和结构上要求剖分的场合。滑动

轴承按照承受的载荷，主要分为：向心滑动轴承（也称径向滑动轴承，主要承受径向载荷）和推力滑动轴承（承受轴向载荷）。向心滑动轴承有整体式和剖分式两种，剖分式一般由轴承盖、轴承座、轴瓦和连接螺栓等组成。

轴瓦是轴承中的关键零件。根据轴承的工作情况，轴瓦材料应有摩擦系数小、导热性好、热膨胀系数小、耐磨、耐蚀、抗胶合能力强、有足够的机械强度和可塑性等性能。常用的轴承材料有：轴承合金（巴氏合金）；青铜；特殊性能的轴承材料。

（2）滚动轴承。滚动轴承一般由内圈、外围、滚动体和保持架组成。内圈装在轴颈上，外圈装在机座或零件的轴承孔内，内、外围上有滚道。

滚动轴承与滑动轴承相比，具有摩擦阻力小、起动灵敏、效率高、润滑简便和易于更换等优点。它的缺点是抗冲击能力较差、高速时出现噪声、工作寿命不如液体润滑的滑动轴承。

滚动轴承通常按其承受载荷的方向和滚动体的形状分类。按承受载荷的方向或公称接触角的不同，可分为向心轴承和推力轴承。向心轴承主要承受径向载荷，其公称接触角从 $0°\sim45°$。推力轴承，主要承受轴向载荷，其公称接触角从 $45°\sim90°$。按滚动体的形状，可分为球轴承和滚子轴承。滚子又分为圆柱滚子、圆锥滚子、球面滚子和滚针。

2. 润滑和密封方式

轴承润滑的目的在于降低摩擦、减少磨损，同时还起到冷却、吸振、防锈等作用。轴承的润滑对轴承能否正常工作起着关键作用，必须正确选用润滑剂和润滑方式。

润滑剂一般分为液体润滑剂（润滑油）、半固体润滑剂（润滑脂）和固体润滑剂等三大类。在润滑性能上润滑油一般比润滑脂好，应用最广，但润滑脂具有不易流失等优点。固体润滑剂主要用于一些特殊要求的场合。黏度是润滑油最重要的物理性能，也是选择润滑油的主要依据。轴承的润滑方法多种多样，常用的有油杯润滑、油环润滑和油泵循环供油润滑。

密封方式主要有：密封胶、填料密封、油封、密封圈（O形、V形、U形、Y形）、机械密封及防尘节流密封及防尘迷宫密封等。

1.5　联轴器和离合器

1.5.1　联轴器、离合器的类型和作用

联轴器和离合器主要用于轴于轴之间的联接，使他们一起回转并传递转距。用联轴器联接的两根轴，只有在机器停车后，经过拆卸才能把它们分离。用离合器联接的两根轴，在机器工作中就能方便的使它们分离或接合。

联轴器分刚性和弹性两大类。刚性联轴器由刚性传力件组成，又可分为固定式和可移式两类。固定式刚性联轴器不能补偿两轴的相对位移；可移式刚性联轴器能补偿两轴的相对位移。弹性联轴器包含有弹性元件，能补偿两轴的相对位移，并具有吸收振动和缓和冲击的能力。离合器主要分为牙嵌式和摩擦式两类。另外，还有电磁离合器和自动离合器。电磁离合器在自动化机械中作为控制转动的元件而被广泛采用。自动离合器能够在特定的工作条件下（如一定的转距、一定的转速或一定的回转方向）自动分离或接合。

联轴器和离合器大都已经标准化了。一般可先依据机器的工作条件选定合适的类型，然后按照计算转矩、轴的转速和轴段直径从标准中选择所需的型号和尺寸。必要时还应对其中某些零件进行验算。

1.5.2 联轴器的种类和特性

联轴器所联接的两轴，由于制造及安装误差、承载后的变形以及温度变化的影响等，往往不能保证严格的对中，而是存在着某种程度的相对位移。这就要求设计联轴器时，要从结构上采取各种不同的措施，使之具有适应一定范围的相对位移的性能。

1. 刚性联轴器

被联接两轴间的各种相对位移无补偿能力，故对两轴对中性的要求高。当两轴有相对位移时，会在结构内引起附加载荷。这类联轴器的结构比较简单。这类联轴器有套筒式、夹壳式和凸缘式等。这里只介绍较为常用的凸缘联轴器。

凸缘联轴器是把两个带有凸缘的半联轴器用键分别与两轴联接，然后用螺栓把两个半联轴器联成一体，以传递运动和转矩（图1-29）。这种联轴器有两种主要的结构型式：图1-29（a）是普通的凸缘联轴器，通常是靠铰制孔用螺栓来实现两轴对中；图1-29（b）是有对中榫的凸缘联轴器，靠一个半联轴器上的凸肩与另一个半联轴器上的凹槽相配合而对中。联接两个半联轴器的螺栓可以采用A级或B级的普通螺栓，此时螺栓杆与钉孔壁间存在间隙，转矩靠半联轴器接合面的摩擦力矩来传递［图1-29（b）］；也可采用铰制孔用螺栓，此时螺栓杆与钉孔为过渡配合，靠螺栓杆承受挤压与剪切来传递转矩［图1-29（a）］。为了运行安全，凸缘联轴器可作成带防护边的［图1-29（c）］。

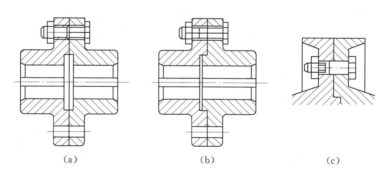

（a） （b） （c）

图1-29 凸缘联轴器
（a）靠挤压与剪切；（b）靠摩擦；（c）带防护边

2. 挠性联轴器

对被联接两轴间的各种相对位移有补偿能力，进一步分为：

（1）无弹性元件挠性联轴器。联轴器具有挠性，可补偿两轴的相对位移。但因无弹性元件，故不能缓冲减振。这类联轴器因具有挠性，故可补偿两轴的相对位移。但因无弹性元件，故不能缓冲减振。常用的有以下几种：

1）十字滑块联轴器。如图1-30所示，十字滑块联轴器由两个在端面上开有凹槽的半联轴器1、3，和一个两面带有凸牙的中间盘2所组成。凹凸牙可在凹槽中滑动，故可补偿安装及运转时两轴间的相对位移。

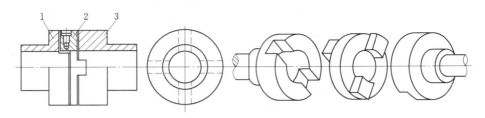

图 1-30　十字滑块联轴器

1—半联轴器；2—中间盘；3—半联轴器

这种联轴器零件的材料可用 45 号钢，工作表面须进行热处理，以提高其硬度；要求较低时也可用 Q275 钢，不进行热处理。为了减少摩擦及磨损，使用时应从中间盘的油孔中注油进行润滑。因为半联轴器与中间盘组成移动副，不能发生相对转动。故主动轴与从动轴的角速度应相等。在两轴间有相对位移的情况下工作时，中间盘会产生很大的离心力，从而增大动载荷及磨损。因此选用时应注意其工作转速不得大于规定值。

这种联轴器一般用于转速 $n < 250r/min$，轴的刚度较大，且无剧烈冲击处。效率 $\eta = 1 - (3 \sim 5)fy/d$，这里 f 为摩擦系数，一般取为 0.12～0.25；y 为两轴间径向位移量，mm；d 为轴径，mm。

2）滑块联轴器。如图 1-31 所示，这种联轴器与十字滑块联轴器相似，只是两半联轴器上的沟槽很宽，并把原来的中间盘改为两面不带凸牙的方形滑块，且通常用夹布胶木制成。由于中间滑块的质量减小，又具有弹性，故允许较高的极限转速。中间滑块也可用尼龙制成，并在配制时加入少量的石墨或二硫化钼，以便在使用时可以自行润滑。

这种联轴器结构简单，尺寸紧凑，适用于小功率、高转速而无剧烈冲击处。

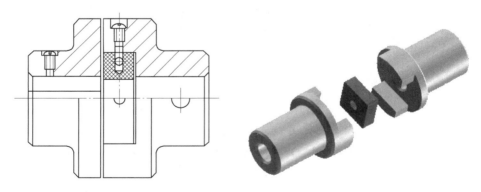

图 1-31　滑块联轴器

3）十字轴式万向联轴器。如图 1-32 所示，它由两个叉形接头 1、3，一个中间联接件 2 和轴销 4（包括销套及铆钉）、5 所组成；轴销 4 与 5 互相垂直配置并分别把两个叉形接头与中间件 2 联接起来。这样，就构成了一个可动的联接。这种联轴器可以允许两轴间有较大的夹角（夹角 α 最大可达 35°～45°），而且在机器运转时，夹角发生改变仍可正常传动；但当过大时，传动效率会显著降低。

这种联轴器的缺点是：当主动轴角速度 ω_1 为常数时，从动轴的角速度 ω_3 并不是常

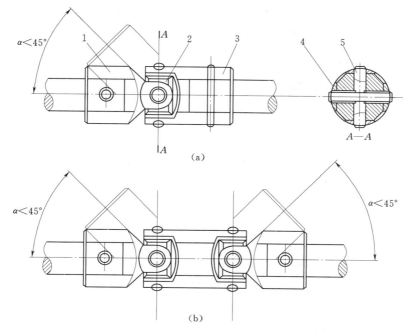

图 1-32 十字轴式万向联轴器
1—叉形接头；2—中间联接件；3—叉形接头；4—轴销；5—轴销

数，而是在一定范围内（$\omega_1 \cos\alpha \leqslant \omega_3 \leqslant \omega_1 / \cos\alpha$）变化，因而在传动中将产生附加动载荷。为了改善这种情况，常将十字轴式万向联轴器成对使用［图 1-32（b）］，但应注意安装时必须保证轴、轴与中间轴之间的夹角相等，并且中间轴的两端的叉形接头应在同一平面内（图 1-33）。只有这种双万向联轴器才可以得到 $\omega_3 = \omega_1$。

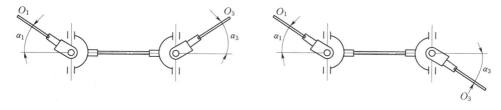

图 1-33 双万向联轴器

4）齿式联轴器。如图 1-34（a）所示，齿式联轴器由两个带有内齿及凸缘的外套筒 3 和两个带有外齿的内套筒 1 所组成。两个内套筒 1 分别用键与两轴联接，两个外套筒 3 用螺栓 5 联成一体，依靠内外齿相啮合以传递转矩。由于外齿的齿顶制成椭球面，且保证与内齿啮合后具有适当的顶隙和侧隙，故在传动时，套筒 1 可有轴向和径向位移以及角位移［图 1-34（b）］。又为了减少磨损，可由油孔 4 注入润滑油，并在套筒 1 和 3 之间装有密封圈 6，以防止润滑油泄漏。

齿式联轴器中，所用齿轮的齿廓曲线为渐开线，啮合角为 20°，齿数一般为 30～80，材料一般用 45 号钢或 ZG310—570 钢。这类联轴器能传递很大的转矩，并允许有较大的

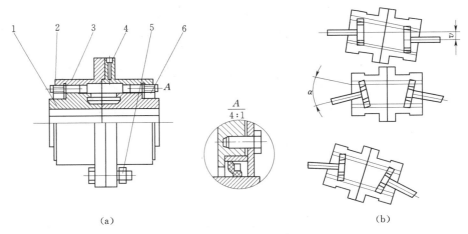

（a）　　　　　　　　　　　　　　　　　　　　（b）

图 1-34　齿式联轴器

1—内套筒；2—螺钉；3—外套筒；4—油孔；5—螺栓；6—密封圈

偏移量，安装精度要求不高；但质量较大，成本较高，在重型机械中广泛应用。

5）滚子链联轴器。图 1-35 为滚子链联轴器。这种联轴器是利用一条公用的双排链条 2 同时与两个齿数相同的并列链轮啮合来实现两半联轴器 1 与 4 的联接。为了改善润滑条件并防止污染，一般都将联轴器密封在罩壳 3 内。滚子链联轴器的特点是结构简单，尺寸紧凑，质量小，装拆方便，维修容易、价廉并具有一定的补偿性能和缓冲性能，但因链条的套筒与其相配件间存在间隙，不宜用于逆向传动和起动频繁或立轴传动。同时由于受离心力影响也不宜用于高速传动。

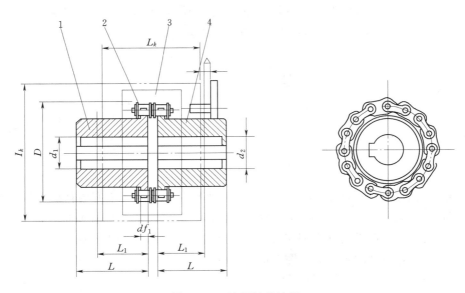

图 1-35　滚子链联轴器

1—半联轴器；2—双排链条；3—罩壳；4—半联轴器

（2）有弹性元件挠性联轴器。这类联轴器因装有弹性元件（图 1-36），不仅可以补偿两轴间的相对位移，而且具有缓冲减振的能力。弹性元件所能储蓄的能量愈多，则联轴器的缓冲能力愈强；弹性元件的弹性滞后性能与弹性变形时零件间的摩擦功愈大、则联轴器的减振能力愈好。这类联轴器目前应用很广，品种亦愈来愈多。

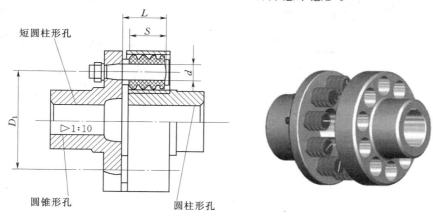

图 1-36 有弹性元件挠性联轴器

制造弹性元件的材料有非金属和金属两种。非金属有橡胶、塑料等，其特点为质量小、价格便宜，有良好的弹性滞后性能，因而减振能力强。金属材料制成的弹性元件（主要为各种弹簧）则强度高、尺寸小而寿命较长。

联轴器在受到工作转矩 T 以后，被联接两轴将因弹性元件的变形而产生相应的扭转角 φ；φ 与 T 成正比关系的弹性元件为定刚度，不成正比的为变刚度。非金属材料的弹性元件都是变刚度的，金属材料的则由其结构不同可有变刚度的与定刚度的两种。常用非金属材料的刚度多随载荷的增大而增大，故缓冲性好，特别适用于工作载荷有较大变化的机器。

1）弹性套柱销联轴。这种联轴器的构造与凸缘联轴器相似，只是用套有弹性套的柱销代替了联接螺栓。因为通过蛹状的弹性套传递转矩，故可缓冲减振。弹性套的材料常用耐油橡胶，并作成截面形状如图中网纹部分所示，以提高其弹性。半联轴器与轴的配合孔可作成圆柱形或圆锥形。

半联轴器的材料常用 HT200，有时也采用 35 号钢或 ZG270—500 钢；柱销材料多用 35 号钢。

这种联轴器制造容易，装拆方便，成本较低，但弹性套易磨损，寿命较短。它适用于联接载荷平稳、需正反转或起动频繁的传递中、小转矩的轴。

2）弹性柱销联轴器。这种联轴器的结构如图 1-37 所示，工作时转矩通过两半联轴器及中间的尼龙柱销而传给从动轴。为了防止柱销脱落，在半联轴器的外侧，用螺钉固定了挡板。

这种联轴器与弹性套柱销联轴器很相似，但传递转矩的能力很大，结构更为简单，安装、制造方便，耐久性好，也有一定的缓冲和吸振能力，允许被联接两轴有一定的轴向位移以及少量的径向位移和角位移，适用于轴向窜动较大、正反转变化较多和起动频繁的场合，由于尼龙柱销对温度较敏感，故使用温度限制在 $-20 \sim +70 \,℃$ 的范围内。

3）星形弹性联轴器。如图 1-38 所示，两半联轴器 1、3 上均制有凸牙，用橡胶等类

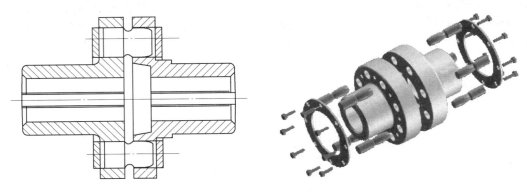

图 1-37 弹性柱销联轴器

材料制成的星形弹性件 2，放置在两半联轴器的凸牙之间。工作时，星形弹性件受压缩并传递转矩。这种联轴器允许轴的径向位移为 0.2mm，偏角位移为 1°30′。因为弹性件只受压不受拉，工作情况有所改善，故寿命较长。

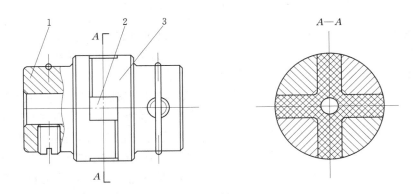

图 1-38 星形弹性联轴器

1—半联轴器；2—星形弹性件；3—半联轴器

4）梅花形弹性联轴器。这种联轴器如下图 1-39 所示，其结构形式及工作原理与星形弹性联轴器相似，但半联轴器与轴配合的孔可作成圆柱形或圆锥形，并以梅花形弹性件取代

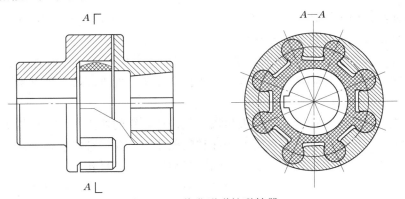

图 1-39 梅花形弹性联轴器

星形弹性件。弹性件可根据使用要求选用不同硬度的聚氨酯橡胶、铸型尼龙等材料制造。工作温度范围为 $-35\sim+80℃$，短时工作温度可达 $100℃$，传递的公称转矩为 $16\sim25000N\cdot m$。

1.5.3 联轴器的选择

根据传递载荷的大小，轴转速的高低，被联接两部件的安装精度等，参考各类联轴器特性，选择一种合用的联轴器类型。具体选择时可考虑以下几点：

（1）所需传递的转矩大小和性质以及对缓冲减振功能的要求。例如，对大功率的重载传动，可选用齿式联轴器；对严重冲击载荷或要求消除轴系扭转振动的传动，可选用轮胎式联轴器等具有高弹性的联轴器。

（2）联轴器的工作转速高低和引起的离心力大小。对于高速传动轴，应选用平衡精度高的联轴器，例如膜片联轴器等，而不宜选用存在偏心的滑块联轴器等。

（3）两轴相对位移的大小和方向。当安装调整后，难以保持两轴严格精确对中，或工作过程中两轴将产生较大的附加相对位移时，应选用挠性联轴器。例如当径向位移较大时，可选滑块联轴器，角位移较大或相交两轴的联接可选用万向联轴器等。

（4）联轴器的可靠性和工作环境。通常由金属元件制成的不需润滑的联轴器比较可靠；需要润滑的联轴器，其性能易受润滑完善程度的影响，且可能污染环境。含有橡胶等非金属元件的联轴器对温度、腐蚀性介质及强光等比较敏感，而且容易老化。

（5）联轴器的制造、安装、维护和成本。在满足便用性能的前提下，应选用装拆方便、维护简单、成本低的联轴器。例如刚性联轴器不但结构简单，而且装拆方便，可用于低速、刚性大的传动轴。一般的非金属弹性元件联轴器（例如弹性套柱销联轴器、弹性柱销联轴器、梅花形弹性联轴器等），由于具有良好的综合能力，广泛适用于一般的中、小功率传动。

1.5.4 离合器

离合器用来联接两根轴，使之一起转动并传递转矩，在工作中主、从动部分可分离可接合。

1. 离合器的分类

按其工作原理可分为嵌入式、摩擦式两类；按离合控制方法不同，可分为操纵式和自动式两类；按操纵方式分有机械离合器、电磁离合器、液压离合器和气压离合器等；可自动离合的离合器有超越离合器、离心离合器和安全离合器等，它们能在特定条件下，自动地接合或分离。

（1）嵌入式离合器。牙嵌离合器由两个端面上有牙的半离合器组成（图1-40）。其中一个（图的左部）半离合器固定在主动轴上；另一个半离合器用导键（或花键）与从动轴联接，并可由操纵机构便其作轴向移动，以实现离合器的分离与接合。牙嵌离合器是借牙的相互嵌合来传递运动和转矩。为使两半离合器能够对中，在主动轴端的半离合器上固定一个对中环，从动轴可在对中环内自由转动。

（2）圆盘摩擦离合器。圆盘摩擦离合器是在主动摩擦盘转动时，由主、从动盘的接触面间产生的摩擦力矩来传递转矩的，有单盘式和多盘式两种。

如图1-41所示为单盘摩擦离合器的简图。在主动轴1和从动轴2上，分别安装摩擦

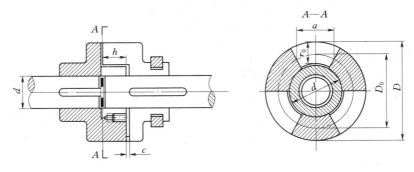

图 1-40　嵌入式离合器

盘 3 和 4，操纵环 5 可以使摩擦盘 4 沿轴 2 移动。接合时以力 Q 将盘 4 压在盘 3 上，主动轴上的转矩即由两盘接触面间产生的摩擦力矩传到从动轴上。

图 1-42 为多盘摩擦离合器，它有两组摩擦盘：一组外摩擦盘 5 以其外齿插入主动轴 1 上的外鼓轮 2 内缘的纵向槽中，盘的孔壁则不与任何零件接触，故盘 5 可与轴 1 一起转动，并可在轴向力推动下沿轴向移动；另一组内摩擦盘 6 以其孔壁凹槽与从动轴 3 上的套筒 4 的凸齿相配合，而盘的外缘不与任何零件接触，故盘 6 可与轴 3 一起转动，也可在轴向力推动下作轴向移动。另外在套筒 4 上开有 3 个纵向槽，其中安置可绕销轴转动的曲臂压杆 8；当滑环 7 向左移动时，曲臂压杆 8 通过压板 9 将所有内、外摩擦盘紧压在调节螺母 10 上，离合器即进入接合状态。螺母 10 可调节摩擦盘之间的压力。内摩擦盘也可作成碟形，当承压时，可被压平而与外盘贴紧；松脱时，由于内盘的弹力作用可以迅速与外盘分离。

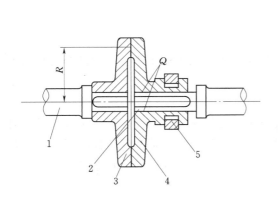

图 1-41　单盘摩擦离合器
1—主动轴；2—从动轴；3—摩擦盘；
4—摩擦盘；5—操纵环

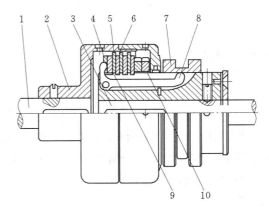

图 1-42　多盘摩擦离合器
1—主动轴；2—外壳；3—从动轴；4—套筒；
5—外摩擦盘；6—内摩擦盘；7—滑环；
8—曲臂压杆；9—压板；10—螺母

2. 对离合器的基本要求

对离合器的基本要求有：分离、接合迅速，平稳无冲击，分离彻底，动作准确可靠；结构简单，重量轻，惯性小，外形尺寸小，工作安全，效率高；接合元件耐磨性好，使用寿命长，散热条件好；操纵方便省力，制造容易，调整维修方便。

3. 离合器的选用

嵌入式离合器的结构简单，外形尺寸较小，两轴间的联接无相对运动，一般适用于低速接合，转矩不大的场合；摩擦式离合器可在任何转速下实现两轴的接合或分离；接合过程平稳，冲击振动较小；可有过载保护作用。但尺寸较大，在接合或分离过程中要产生滑动摩擦，故发热量大，磨损也较大。

本 章 小 结

通过本章的学习，应让学生对螺纹联接与螺旋传动、带传动与链传动、齿轮传动、轴和轴承、联轴器和离合器等常用、常见的机械零件和机械传动方式有初步的认识和了解。

复 习 思 考 题

1. 螺纹的类型有哪些？螺纹联接的基本形式有哪些？试举例说明。
2. 带传动和链传动各有什么特点和使用范围？简述它们之间的区别。
3. 简述齿轮的失效形式以及产生的原因。
4. 轴在机械零件中主要起什么作用？简述轴承的类型及其适用范围。
5. 常用的联轴器有哪几种？分别适用什么场合？
6. 常用的离合器有哪几种？分别适用什么场合？

第2章 施工机械基础知识

2.1 动 力 装 置

2.1.1 发动机总体组成

发动机系统是在一个机体上安装一个机构（曲柄连杆机构）和六大系统（换气系统、燃料供给系统、润滑系统、冷却系统、点火系统和起动系统），如表2-1和图2-1所示。柴油机是压燃的，为五大系统，没有点火系统。

表 2-1　　　　　　　　　　发动机总体组成

名　称	功　用	主　要　部　件
机体组件	发动机的骨架，支承着发动机的所有零部件	机体、气缸、气缸盖、气缸垫等
曲柄连杆机构	将活塞顶的燃气压力转变为曲轴的转矩，输出机械能	活塞、连杆、曲轴、飞轮等
换气系统	按照发动机要求，定时开闭进、排气门，吸入干净空气，排除废气	空气滤清器、进排气管系、配气机构（气门组件、凸轮轴、驱动机构）、排气消音器等
燃料供给系统	按照发动机要求，定时、定量供给所需要的燃料	汽油机：汽油箱、输油泵、滤清器、压力调节器、各种传感器、电控喷油器、电控单元等（旧汽油机采用化油器） 柴油机：柴油箱、输油泵、滤清器、高压油泵、调速器、喷油器等
点火系统	按规定的时刻，准时点燃汽油机气缸内的可燃混合气	蓄电池、点火开关、点火线圈组件、传感器、电控装置、火花塞等
润滑系统	润滑、减摩、延长寿命、密封、清洁、冷却、防锈蚀	油底壳、机油泵、机油滤清器、机油压力表、机油道等
冷却系统	保持发动机在适宜的温度下工作	冷却水泵、风扇、节温器、散热器、冷却水道等
起动系统	起动发动机	蓄电池、起动开关、起动马达等

图2-1所示为我国自行设计的为黄河JN118C13两型汽车配套的6135Q型6缸四冲程柴油发动机，其结构特点是曲轴为每缸分段式组合曲轴而且主轴承采用圆柱滚子轴承、摩擦损失很小、气缸采用隧道式结构、刚度大，曲轴可沿主轴承孔轴线整体由气缸体端面拆装，维修十分方便。

2.1.2 柴油机的结构原理

施工机械发动机中一般都采用的内燃机是柴油机。以常见的四冲程柴油发动机为例，

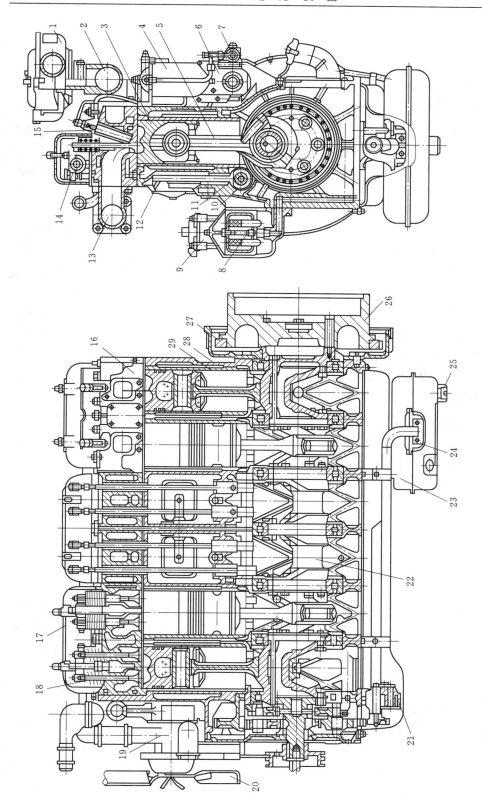

图 2 - 1 四冲程柴油发动机

1—空气滤清器；2—进气管；3—活塞；4—柴油滤清器；5—连杆；6—喷油泵；7—输油泵；8—机油粗滤器；9—机油精滤器；10—凸轮轴；11—挺杆；12—推杆；13—排气管；14—摇臂；15—喷油嘴；16—气缸盖；17—气门室盖；18—气门；19—水泵；20—风扇；21—机油泵；22—曲轴；23—油底壳；24—集滤器；25—放油塞；26—飞轮；27—齿圈；28—机体；29—气缸套

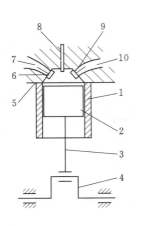

图 2-2　四冲程柴油机基本结构简图
1—气缸；2—活塞；3—连杆；4—曲轴；
5—气缸盖；6—进气门；7—进气道；
8—火花塞；9—排气门；10—排气道

它与汽油发动机具有基本相同的结构，都有气缸体、气缸盖、活塞、气门、曲柄、曲轴、凸轮轴、飞轮等。但前者用压燃柴油作功，后者用点燃汽油作功，一个"压燃"一个"点燃"，就是两者的根本区别点。汽油机的燃料是在进气行程中与空气混合后进入气缸，然后被火花塞点燃作功；柴油机的燃料则是在压缩行程接近终了时直接喷注入气缸，在压缩空气中被压燃作功。这个区别造成了柴油机在燃料供给系统的结构有其自己的特点。柴油机的燃料喷射系统是由喷油泵、喷油器、高压油管及一些附属辅助件组成。

（1）结构特点：没有火花塞，喷油器直接安装在气缸顶向气缸内喷油（图 2-2）。

（2）工作原理：进气行程进入气缸的是纯空气，而不是可燃混合气；在压缩行程末，喷油器向气缸喷入高压柴油，由于气缸的高温高压作用，柴油迅速着火燃烧，使气体急剧膨胀，推动活塞作功。其着火方式属于压燃式，而不是汽油机的点燃式。

（3）燃料：柴油，黏度高，不易挥发，自燃点低，不会产生爆燃。为了使柴油可靠着火，提高发动机燃烧热效率，柴油机的压缩比汽油机高得多，一般为 16～22，所以其最高燃烧压力也比汽油机高，工作也比汽油机粗暴。

2.1.3　柴油发动机工作原理

柴油发动机的工作过程其实跟汽油发动机一样的，每个工作循环也经历进气、压缩、作功、排气四个行程。但由于柴油机用的燃料是柴油，其粘度比汽油大，不易蒸发，而其自燃温度却较汽油低，因此可燃混合气的形成及点火方式都与汽油机不同。

柴油机在进气行程中吸入的是纯空气。在压缩行程接近终了时，柴油经喷油泵将油压提高到 10MPa 以上，通过喷油器喷入气缸，在很短时间内与压缩后的高温空气混合，形成可燃混合气。由于柴油机压缩比高（一般为 16～22），所以压缩终了时气缸内空气压力可达 3.5～4.5MPa，同时温度高达 750～1000K（而汽油机在此时的混合气压力为 0.6～1.2MPa，温度达 600～700K），大大超过柴油的自然温度。因此柴油在喷入气缸后，在很短时间内与空气混合后便立即自行发火燃烧。气缸内的气压急速上升到 6～9MPa，温度也升到 2000～2500K。在高压气体推动下，活塞向下运动并带动曲轴旋转而作功，废气同样经排气管排入大气中。

普通柴油机的是由发动机凸轮轴驱动，借助于高压油泵将柴油输送到各缸燃油室。这种供油方式要随发动机转速的变化而变化，做不到各种转速下的最佳供油量。而现在已经愈来愈普遍采用的电控柴油机的共轨喷射式系统可以较好地解决这个问题。

柴油机燃料输送的简单过程是：输油泵将柴油送到滤清器，过滤后进入喷油泵（为了保证充足的燃料并保持一定的压力，要求输油泵的供油量比喷油泵的需要量要大得多，多余的柴油就经低压管回到油箱，其他部分柴油被喷油泵压缩至高压）经过高压油管进入喷油器直接喷入气缸燃烧室中压燃（图 2-3 是柴油机燃料供给系统，红色管路是高压输油管、褐色管路是低压输油管、紫色是回油管）。为了柴油机能在怠速稳定工作和限制柴油机超速，在喷油泵上还带有调速器。喷油泵是柴油机燃料供给系统中最精密的部件，它的作用就是根据柴油机工况的变化调节柴油量，并提高柴油压力，按规定的时间与规律将柴油供给喷油器。

共轨喷射式供油系统由高压油泵、公共供油管、喷油器、电控单元（ECU）和一些管道压力传感器组成，系统中的每一个喷油器通过各自的高压油管与公共供油管相连，公共供油管对喷油器起到液力蓄压作用。工作时，高压油泵以高压将燃油输送到公共供油管，高压油泵、压力传感器和ECU组成闭环工作，对公共供油管内的油

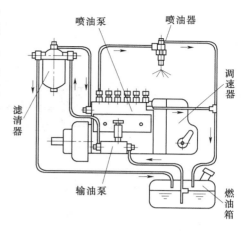

图 2-3 柴油机燃料供给系统

压实现精确控制，彻底改变了供油压力随发动机转速变化的现象。其主要特点有以下三个方面：

（1）喷油正时与燃油计量完全分开，喷油压力和喷油过程由 ECU 适时控制。

（2）可依据发动机工作状况去调整各缸喷油压力，喷油始点、持续时间，从而追求喷油的最佳控制点。

（3）能实现很高的喷油压力，并能实现柴油的预喷射。

相比起汽油机，柴油机燃油消耗率低（平均比汽油机低30%），而且柴油价格较低，所以燃油经济性较好；同时柴油机的转速一般比汽油机来得低，扭矩要比汽油机大，但其质量大、工作时噪音大，制造和维护费用高，同时排放污染也比汽油机高。随着现代技术的发展，柴油机的这些缺点正逐渐的被克服。

2.2 传 动 装 置

传动装置按照结构和传动介质分，其型式有机械式、液力机械式、静液式（容积液压式）、电力式等。它们的基本功能就是将发动机发出的动力传给驱动车轮。传动系的组成及其在工程机械上的布置形式，取决于发动机的类型和性能、工程机械总体结构形式、工程机械行驶系本身的结构形式等许多因素。如图 2-4 所示，发动机发出的动力依次经过离合器1、变速器2、由万向节3和传动轴8组成的万向传动装置，以及安装在驱动桥4中的主减速器7、差速器5和半轴6传到两侧的驱动轮。

它的首要任务就是与汽车发动机协同工作，以保证汽车能在不同使用条件下正常行驶，并具有良好的动力性和燃油经济性，为此，汽车传动系都具备以下的功能。

2.2.1 减速和变速

只有当作用在驱动轮上的牵引力足以克服外界对汽车的阻力时，汽车才能起步和正常行驶。由实验得知，即使汽车在平直得沥青路面上以低速匀速行驶，也需要克服数值约相当于1.5%汽车总重力的滚动阻力。以东风 EQ1090E 型汽车为例，该车满载总质量为

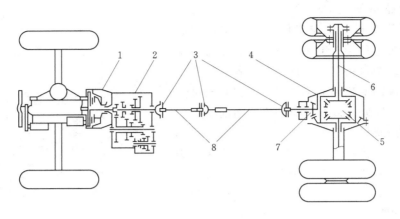

图 2-4　传动系

1—离合器；2—变速器；3—万向节；4—驱动桥；5—差速器；6—半轴；7—主减速器；8—传动轴

9290kg（总重力为 91135N），其最小滚动阻力约为 1367N。若要求满载汽车能在坡度为 30% 的道路上匀速上坡行驶，则所要克服的上坡阻力即达 2734N。东风 EQ1090E 型汽车的 6100Q—1 发动机所能产生的最大扭矩为 353N·m（1200～1400r/min）。假设将这一扭矩直接如数传给驱动轮，则驱动轮可能得到的牵引力仅为 784N。显然，在此情况下，汽车不仅不能爬坡，即使在平直的良好路面上也不可能匀速行驶。

另外，例如 6100Q—1 发动机在发出最大功率 99.3kW 时的曲轴转速为 3000r/min。假如将发动机与驱动轮直接连接，则对应这一曲轴转速的汽车速度将达到 510km/h。这样高的车速既不实用，也不可能实现（因为相应的牵引力太小，汽车根本无法启动）。

为解决这些矛盾，必须使传动系具有减速增距作用（简称减速作用），亦即使驱动轮的转速降低为发动机转速的若干分之一，相应的驱动轮所得到的扭矩增大到发动机扭矩的若干倍。

汽车的使用条件，诸如汽车的实际装载量、道路坡度、路面状况，以及道路宽度和曲率、交通情况所允许的车速等，都在很大范围内不断变化。这就要求汽车牵引力和速度也有相当大的变化范围。对活塞式内燃机来说，在其整个转速范围内，扭矩的变化范围不大，而功率及燃油消耗率的变化却很大，因而保证发动机功率较大而燃油消耗率较低的曲轴转速范围，即有利转速范围很窄。为了使发动机能保持在有利转速范围内工作，而汽车牵引和速度有能在足够大的范围内变化，应当使传动系传动比（所谓传动比就是驱动轮扭矩与发动机扭矩之比以及发动机转速与驱动轮转速之比）能在最大值与最小值之间变化，即传动系应起变速作用。

2.2.2　实现汽车倒驶

汽车在某些情况下，需要倒向行驶。然而，内燃机是不能反向旋转的，故与内燃机共同工作的传动系必须保证在发动机选择方向不变的情况下，能够使驱动轮反向旋转。一般结构措施是在变速器内加设倒档（具有中间齿轮的减速齿轮副）。

2.2.3 必要时中断传动

内燃机只能在无负荷情况下起动，而且启动后的转速必须保持在最低稳定转速上，否则即可能熄火，所以在汽车起步之前，必须将发动机与驱动轮之间的传动路线切断，以便起动发动机。发动机进入正常怠速运转后，再逐渐地恢复传动系的传动能力，即从零开始逐渐对发动机曲轴加载，同时加大节气门开度，以保证发动机不致熄灭，且汽车能平稳起步。在变换传动系传动比挡位（换挡）以及对汽车进行制动之前，都有必要暂时中断动力传递。为此，在发动机与变速器之间，可装设一个依靠摩擦来传动，且其主动和从动部分可在驾驶员操纵下彻底分离，随后再柔和接合的机构——离合器。

同时，在汽车长时间停驻时，以及在发动机不停止运转情况下，使汽车暂时停驻，传动系应能较长时间中断传动状态。为此，变速器应设有空挡，即所有各档齿轮都能自动保持在脱离传动位置的档位。

2.2.4 差速作用

当汽车转弯行驶时，左右车轮在同一时间内滚过的距离不同，如果两侧驱动轮仅用一根刚性轴驱动，则二者角速度必然相同，因而在汽车转弯时必然产生车轮相对于地面滑动的现象。这将使转向困难，汽车的动力消耗增加，传动系内某些零件和轮胎加速磨损。所以，我们需要在驱动桥内装置具有差速作用的部件——差速器，使左右两驱动轮可以以不同的角速度旋转。

工程机械传动系可用简图表示其动力的传递途径和系统组成情况。常见的工程机械中，T2—120A 推土机、快速履带式推土机为机械传动。其传动系简图如图 2－5、图 2－6 所示。

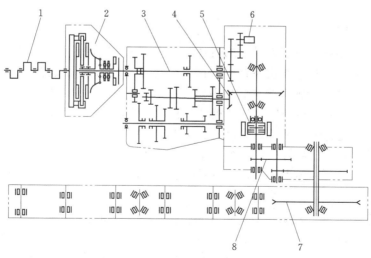

图 2－5 T2—120A 推土机传动简图

1—发动机；2—主离合器；3—变速器；4—中央传动；5—转向制动装置；

6—工作油泵；7—驱动轮；8—侧传动装置

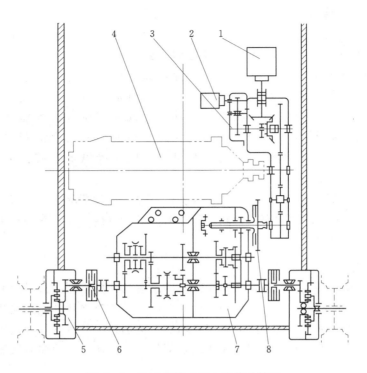

图 2-6 快速履带式推土机传动简图

1—作业油泵；2—助力油泵；3—齿轮传动箱；4—发动机；5—侧减速器；
6—转向离合器；7—变速器；8—主离合器

2.3 行 驶 装 置

2.3.1 行驶系的功用

施工机械传动系在解决了发动机的特性与使用要求之间的矛盾后，还必须设置一套将所有部件联成一体，并把从传动系接受的扭矩转化为驱动力，促使施工机械运动的机构，这套机构称为行驶系。行驶系的主要功用如下：

（1）将发动机传来的扭矩转化为使机械行驶（或作业）的牵引力。

（2）承受并传递各种力和力矩，保证机械正确行驶或作业。

（3）将机械的各组成部分构成一个整体，支承全机质量。

（4）吸收振动、缓和冲击，轮式行驶系还要与转向系配合，实现机械的正确转向。

2.3.2 行驶系的分类

施工机械的行驶系可分为轮式行驶系和履带式行驶系两类。

1. 轮式机械行驶系

轮式机械行驶系由于采用了弹性较好的充气橡胶轮胎以及应用了悬挂装置，因而具有良好的缓冲、减振性能，而且行驶阻力小。故轮式机械行驶速度高，机动性好。尤其随着轮胎性能的提高以及超宽及超低压轮胎的应用，轮式机械的通过性能和牵引力都比过去有了较大的提高。故近年来采用轮式机械行驶系的机械已日益增多，轮式机械在工程机械中的比例也越来越大。

轮式机械行驶系与履带式行驶系相比，它的主要缺点是附着力小，通过性能较差。

2. 履带式机械行驶系

履带式行驶系与轮式行驶系相比，它的支承面大，接地比压小，一般在 0.05MPa 左右，所以在松软的土壤上的下陷深度不大，滚动阻力小，而且大多数履带板上都制有履齿，可以深入土内。因此，它比轮式行驶系的牵引性能和通过性能好。

履带式行驶系的结构复杂，质量大，而且没有像轮胎那样的缓冲作用，易使零部件磨损，所以它的机动性差，一般行驶速度较低，并且容易损坏路面，机械转移作业场地困难。

由于轮式机械行驶系和履带式行驶系各自有比较突出的优点，所以两种行驶系在工程机械上的应用都比较广泛。

2.3.3 行驶系组成

1. 轮式机械行驶系

轮式行驶系一般由车架、车桥、车轮和悬架（悬挂）等组成，如图 2-7 所示。车轮 4 和车轮 5 分别安装在车桥 3 和车桥 6 的两端。为减小机械车辆在不平路面上行驶时车身所受到的冲击及车身的振动，车桥又通过悬挂装置 2 和 7 与车架 1 连接。

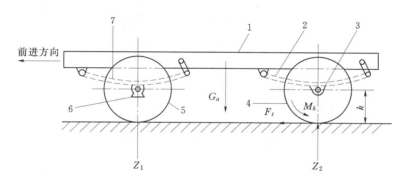

图 2-7 轮式行驶系结构图

1—车架；2—后悬架；3—驱动桥；4—后轮；5—前轮；6—从动桥；7—前悬架

施工机械的悬挂多数是刚性的，也就是把车架和车桥直接地连接起来，主要是为了提高机械作业时的稳定性。行驶速度大于 40～50km/h 的起重机采用汽车底盘，行驶系采用钢板弹簧悬架，可缓和行驶中的冲击、振动。

随着轮式工程机械行驶速度的提高，为了获得良好的减振效果，一些大、中型机械逐渐采用了油气悬挂。

2. 履带式机械行驶系

履带式行驶系的功用是支承机体及机械的全部质量，将发动机传到驱动轮上的扭矩转变成机械行驶和进行作业所需的牵引力，传递、承受各种力、力矩，缓和路面不平引起的冲击、振动。

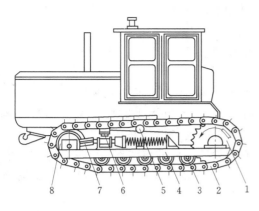

图 2-8 履带式行驶系的组成

1—驱动轮；2—履带；3—支重轮；4—台车架；5—托带轮；6—悬架；7—张紧缓冲装置；8—引导轮

履带式行驶系（图 2-8）通常由车架、行驶装置、悬架 3 大部分组成，其中行驶装置由台车架、履带、支重轮、驱动轮、张紧轮（引导轮）、缓冲装置组成，一般将支重轮、托带轮、引导轮缓冲装置都装在台车架上，构成一个整体，称之为台车。履带式机械左右各有一个台车。

快速履带式推土机的行驶系（图 2-9）由履带推进装置和悬挂（减振）装置组成。履带推进装置主要包括主动轮 7、负重轮 4、引导轮 3、托带轮、履带 1、闭锁器等。悬挂装置主要包括扭力轴 8 和液压减振器 6 等。

履带式行驶系与轮式行驶系相比有如下特点：

（1）支承面积大，接地比压小。例如，履带推土机接地比压为 0.02MPa，而轮式推土机的接地比压一般为 0.2MPa。因此，履带推土机适合在松软或泥泞场地进行作业，下陷度小，滚动阻力也小，通过性能良好。

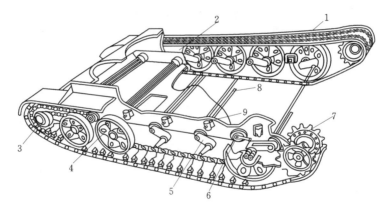

图 2-9 快速履带式推土机行驶系的组成

1—履带；2—平衡肘支架；3—引导轮；4—负重轮（支重轮）；5—平衡肘；6—液压减振器；7—主动轮；8—扭力轴；9—限制器

（2）履带支承面上有履齿，不易打滑，牵引附着性能好，有利于发挥较大牵引力。

（3）结构复杂，质量大，运动惯量大，减振功能差，使得零件易损坏。因此，行驶速度不能太高，机动性能差。

2.4 回 转 装 置

2.4.1 转向系的功用

工程机械在行驶或作业中，根据需要改变其行驶方向，称为转向。控制机械转向的一整套机构，称为工程机械的转向系。

转向系的功用是使工程机械按照其需要保持稳定的直线行驶或准确灵活地改变行驶方向（即转向）。

转向系对工程机械的使用性能影响很大，转向系性能的好坏，对于保证工程机械的行驶安全，减轻驾驶人员的劳动强度和提高作业生产率具有重要的意义。

2.4.2 转向系的基本组成

（1）转向操纵机构主要由转向盘、转向轴、转向管柱等组成。

（2）转向器是将转向盘的转动变为转向摇臂的摆动或齿条轴的直线往复运动，并对转向操纵力进行放大的机构。转向器一般固定在汽车车架或车身上，转向操纵力通过转向器后一般还会改变传动方向。

（3）转向传动机构是将转向器输出的力和运动传给车轮（转向节），并使左右车轮按一定关系进行偏转的机构。

2.4.3 转向系的类型及工作原理

1. 转向系的分类

按转向能源的不同，转向系统可分为机械转向系统和动力转向系统两大类。

（1）机械转向系统。以驾驶员的体力（手力）作为转向能源的转向系统，其中所有传力件都是机械的。

图 2-10 是一种机械式转向系统。需要转向时，驾驶员对转向盘 1 施加一个转向力矩。该力矩通过转向轴 2 输入转向器 8。从转向盘到转向传动轴这一系列部件和零件即属于转向操纵机构。作为减速传动装置的转向器中有 1、2 级减速传动副（图 2-10 所示转向系统中的转向器为单级减速传动副）。经转向器放大后的力和减速后的运动传到转向横拉杆 6，再传给固定于转向节 3 上的转向节臂 5，使转向节和它所支承的转向轮偏转，从而改变了汽车的行驶方向。这里，转向横拉杆和转向节臂属于转向传动机构。

（2）动力转向系统。兼用驾驶员体力和发动机（或电机）的动力为转向能源的转向系统，它是在机械转向系统的基础上加设一套转向加力装置而形成的。

图 2-11 为一种液压式动力转向系统示意图。其中属于转向加力装置的部件是：转向油泵 5、转向油管 4、转向油罐 6 以及位于整体式转向器 10 内部的转向控制阀及转向动力缸等。当驾驶员转动转向盘 1 时，转向摇臂 9 摆动，通过转向直拉杆 11、横拉杆 8、转向节臂 7，使转向轮偏转，从而改变汽车的行驶方向。

与此同时，转向器输入轴还带动转向器内部的转向控制阀转动，使转向动力缸产生液压作用力，帮助驾驶员转向操纵。这样，为了克服地面作用于转向轮上的转向阻力矩，驾驶员需要加于转向盘上的转向力矩，比用机械转向系统时所需的转向力矩小得多。

2. 对转向系统的要求

尽管转向系有很多种类，结构上也各有特点，但都应尽量满足以下基本要求。

（1）各车轮形成统一的转向中心。车轮转向时，各车轮应处于纯滚动而无侧向滑移的运动状态，否则将会增加转向阻力以及加剧轮胎磨损。为此，转向时各车轮要绕统一的转向中心转动。

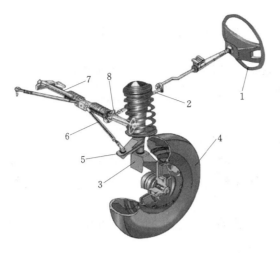

图 2-10 机械转向系统

1—转向盘；2—安全转向轴；3—转向节；4—转向轮；
5—转向节臂；6—转向横拉杆；
7—转向减振器；8—机械转向器

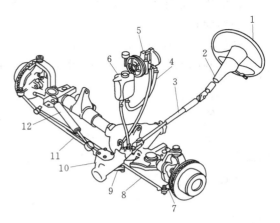

图 2-11 动力转向系统

1—方向盘；2—转向轴；3—转向中间轴；4—转向油管；
5—转向油泵；6—转向油罐；7—转向节臂；8—转向横
拉杆；9—转向摇臂；10—整体式转向器；
11—转向直拉杆；12—转向减振器

（2）工作可靠。转向系在工作中要避免出故障，这对整机性能的充分发挥和安全工作关系重大。因此对所选用的材料和具体结构等都要求工作可靠。

（3）操纵轻便。转向时，操纵方向盘的力要尽可能小，里面对车轮的冲击力应尽量小地反传到方向盘上。这对减轻驾驶员的劳动强度，保证安全是很重要的。

（4）转向灵敏。方向盘的转动角度与车轮偏转大小应配合好。一般来说，方向盘转过一定的角度，车轮偏转角度越大，则转向越灵敏；反之，灵敏性就越低。但过于灵敏也不好，那样会使操纵沉重。另外，方向盘至转向轮应有一定的传动可逆性，使转向轮能自动回正，驾驶员有一定的路感，又不至于"打手"造成驾驶员的疲劳感和不安全感。

2.4.4 实例

履带式液压挖掘机是通过操纵阀控制油泵对行走马达的供油方式来实现转向的，而轮胎式液压挖掘机则有自己专用的转向机构。

1. 对转向机构的基本要求

（1）轮胎式液压挖掘机对其转向机构的基本要求：

1）因挖掘机工作条件很差，经常在崎岖不平的土地上行驶，故对转向机构零部件的强度和使用寿命有较高的要求，以保证转向机构工作安全、可靠。

2）因挖掘机转向操作频繁，应操纵轻便，减轻驾驶员的劳动强度，以便提高挖掘机的生产效率。

3）为减少挖掘机行驶阻力，保证其行驶方向及运动轨迹的准确性，并减轻轮胎磨损，转向时车轮应纯滚动，且车轮在水平面内无摆动。

4）转向机械的逆效率应较低，以减少车轮冲击对方向盘的反应。

5）转向机构应保养方便，调整部位少而简单。

6）能保证挖掘机上部转台相对于底架回转360°。

（2）轮胎式液压挖掘机的转向方式有：

1）按整机转向型式有偏转车轮转向和折腰式转向等。

2）按转向机构的传动方式有机械式转向、液压助力转向、液压转向和气压助力转向等。

3）按转向轮位置有前轮转向、后轮转向和全转向等。

2. 转向原理

目前轮胎式液压挖掘机广泛采用偏转前轮液压转向方式，并利用反馈机械解决方向盘与转向轮之间的联锁问题。

轮胎式液压挖掘机偏转前轮液压转向是通过转向器的操纵，油泵输出的压力油经中心回转接头进入转向油缸，推动左转向节臂，使其绕转向节主销转动。通过转向横拉杆带动右转向节臂，使两侧转向轮同时偏转，从而实现转向。转向器由驾驶员操纵方向盘控制。

上述转向节臂有用液压推动、液压助力推动、气压助力推动和静液压推动等几种方式，但以液压推动最为普遍。

目前我国轮式装载机已普遍采用全液压转向系统。ZL50型轮式装载机由于重量较大，为使操纵轻便，一般都采用全液压流量放大转向系统。柳工ZL50C型用的全液压流量放大转向系统是全行业使用这一系统最早也最成功的。图2-12为柳工ZL50C型流量放大转向系统结构示意图。操纵方向盘6，打开全液压转向器3，通过全液压转向器的先导、小流量去操纵流量放大阀2的阀杆左右移动，使转向泵8的大流量通过流量放大阀进入左右转向缸，使装载机完成左右转向，这就叫流量放大转向。驾驶员操纵一个排量很小只有125mL的全液压转向器，因此操纵力很小，转向十分轻便灵活，且安全可靠。进入转向器的先导油来自流量放大阀进油道，通过减压阀7减压后进入转向器3。这样省掉了一个先导油泵。使结构简化，且降低了成本。图2-13为该转向系统的原理图。该系统还增设

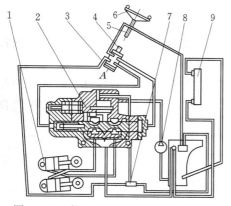

图2-12　柳工ZL50C型装载机全液压
转向系统结构示意图

1—转向缸；2—流量放大阀LF—32；3—全液压转向器BZZ—125；4—转向柱；5—套管；6—方向盘100×421105；7—减压阀JY25A；8—转向泵CBG2063A；9—液压油散热器SF—6

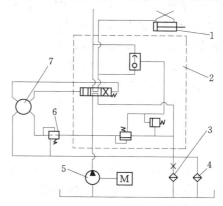

图2-13　全液压流量放大转向系统原理图

1—转向缸；2—LF—32型流量放大阀；3—滤油器；4—SF—6型液压油散热器；5—CBG2063A型转向泵；6—JY25A型减压阀；7—BZZ3—125型全液压转向器

了液压油散热器，使系统油温下降了 10°，对系统元件及密封件大有好处。

2.5　操　纵　控　制　机　构

普通汽车的操纵主要靠方向盘控制行驶转向，刹车来进行行驶制动，等等。而施工机械除了对行驶的控制，还要对工作中进行的动作进行控制，下面以液压挖掘机为例。

液压挖掘机的作业操纵系统是用来完成挖掘作业中各种动作的操纵，它是挖掘机的主要操纵系统。

液压挖掘机挖掘作业过程中主要有铲斗转动、斗杆收放、动臂升降和转台回转等四个动作。作业操纵系统中工作油缸的推拉和液压马达的正、反转，绝大多数是采用三位轴向移动式滑阀来控制油液流动的方向，而作业速度则是根据液压系统的型式（定量系统或变量系统）和阀的开度大小等由操作人员控制或者通过辅助装置来控制。

1. 对作业操纵系统的基本要求

对液压挖掘机作业操纵系统的基本要求包括：

（1）作业操纵系统要集中布置在驾驶室内，并符合人体机能学的要求。例如，按男子 160～180cm、女子 150～170cm 身高来设计、布置操纵装置及驾驶室。

（2）作业操纵时的启动和停止应平稳，并控制其速度和力量。可以同时控制复合动作。

（3）操纵简单，轻便和直观。一般手柄上的操作力不超过 40～60N，而单边的手柄操作选种不超过 17cm，转动手柄的转角不超过 35°～40°。脚踏板转动角度不超过 60°～70°。踏板行程在 6～20cm 范围内，踏板的踏动力不超过 80～100N。

（4）操纵机构的杠杆变形要小，机构组成的间隙和空行程要小。

（5）操纵手柄和脚踏板的数目量少，最好可以手脚联动，便于操作人员做复合操作。

（6）应保证在 −40～50℃ 的范围内操作性能正常。

2. 作业操纵系统的基本形式

根据推动主分配阀的动力来源，液压挖掘机作业操纵系统的基本型式可分为机械杠杆式、液压式、气压式和电气式等。

由于液压挖掘机所采用的油路流量大、压力高，主分配阀阀杆的推动力较大，因此采用液压式、气压式和电气式操纵可以减轻操作人员的劳动强度，并便于操纵系统的合理布置。

3. 机械操纵系统

目前许多的液压挖掘机仍采用机械操纵系统，其优点是结构简单、工作可靠。

在机械操纵系统中，挖掘机的铲斗、动臂、斗杆和回转分别是由各自的控制手柄通过杠杆和主分配阀连接。

从"前开始供油"到"后开始供油"的区段为手柄空行程。空行程的大小一般取决于销轴的装配间隙和杠杆的刚度，即间隙小、刚度大时空行程小，反之则大。空行程不宜过大，以便挖掘机工作装置的动作及时，空行程一般不超过 60mm。

从"前、后开始供油"至"额定速度"区段为加速段，一般在 20～40mm 之间。前、后终点之间的操纵手柄总移动量不应超过 340mm。

为减少驾驶员操纵换手时间和增加复合动作的机会，现在的液压挖掘机均将传统的四手柄操纵系统改进为双手柄操纵系统，即挖掘机的 4 个作业动作用两个手柄来操纵。

4. 液压操纵系统

液压挖掘机的液压操纵是依靠油液压力来推动主分配阀的阀杆，其油路可以是独立油路，也可以从主油路系统引出油路。现在越来越多的液压挖掘机采用液压操纵，其型式有机械反馈随动式、操纵阀与主分配阀一体式和先导阀操纵式等。其中后者应用居多。它又分为压力发生式和减压阀式两种。

（1）压力发生式先导阀操纵。这是一种远距离操纵阀，驾驶员利用先导阀的压力油来操纵主分配阀。

（2）减压阀式先导阀操纵。与上述的压力发生式先导阀操纵一样，这种操纵装置主分配阀滑阀的移动，也是用液压导向而进行间接控制的。所不同的是采用了减压式先导阀。

本 章 小 结

通过本章的学习，应让学生对常见的施工机械的动力装置、行使装置、转向装置、工作装置、操纵控制机构等装置有初步的认识和了解。

复 习 思 考 题

1. 什么是发动机的工作循环？

2. 发动机主要由哪些机构和系统组成？它们各有何功用？

3. 简述汽车行驶系的作用。

4. 简述转向系的作用。为什么转动转向盘能使两前轮同时偏转？

第3章 基础工程机械

3.1 打桩设备

基础是将上部荷载传递到地基的一种结构物，而桩基础就是其中一种。当天然地基上的浅基础沉降量过大或地基承载能力不能满足建筑物的要求时，常采用桩基础。现在桩基础已广泛应用在海上采油平台、大型港口、深水码头及各种桥梁的基础工程中。特别对于一些建造在海边、河滩等软弱地基上的构筑物，桩基础则更显示出其独特的优越性。

按施工方法的不同，桩分为预制桩和灌注桩两大类。无论灌注桩还是预制桩其关键都在于成桩。预制桩施工是将事先预制好的桩沉入设计要求的深度；灌注桩施工则是先在地基上按设计要求的位置、尺寸成孔，然后在孔内安置钢筋、灌注混凝土而成柱。桩工机械主要有预制桩施工机械和灌注桩施工机械两类。

预制桩施工主要有打入、振动沉入和压入3种施工方法。每种施工方法均有相应的施工机械。本节只介绍应用较广泛的打入法和振动沉桩的施工机械。

3.1.1 柴油打桩机

柴油打桩机是由履带起重机改装而成，在回转平台上固定有立柱，用斜撑调整成垂直位置。在立柱上装有柴油锤，并有起重滑轮组可使锤头升降。柴油锤产生的打击力，使之贯入土中。

1. 柴油桩锤的工作原理

柴油锤实质上是一个单杠二冲程的柴油发动机，是利用柴油燃烧释放的能量提升冲击体进行打桩。

按桩锤实质的结构和动作特点不同，柴油锤分为导杆式、汽缸式和筒式3种形式，如图3-1所示。

其中筒式的结构和技术性能最为先进，为目前国内产品广泛采用。筒式柴油锤的工作原理是汽缸固定，活塞往复运动，而进行打桩。其工作循环可分为如下几个阶段，如图3-2所示。

（1）扫气、喷油。上活塞在重力作用下降落，进行清扫汽缸内的废气。当上活塞继续下降触碰油泵的曲臂时，燃油泵就将一定量的燃油注入下活塞的凹球碗内，如图3-2（a）所示。

（2）压缩。上活塞继续下降，将吸排气口关

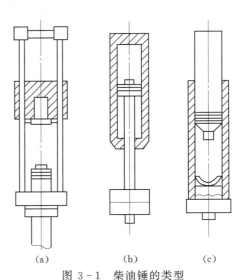

图3-1 柴油锤的类型
（a）导杆式；（b）汽缸式；（c）筒式

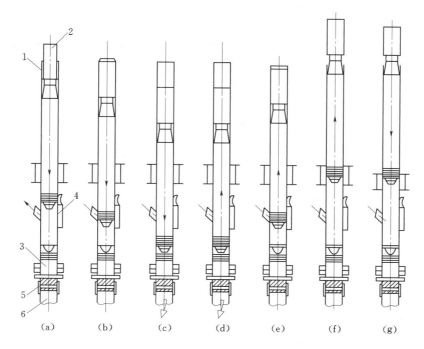

图 3-2　筒式柴油锤工作过程

(a) 喷油；(b) 压缩；(c) 冲击；(d) 爆发；(e) 排气；(f) 吸气；(g) 降落

1—汽缸；2—上活塞；3—活塞；4—燃油泵；5—桩帽；6—桩

闭，汽缸内的空气被压缩，空气的压力和温度升高，如图 3-2（b）所示。

（3）冲击。上活塞下降与下活塞相碰撞，产生强大的冲击力，使桩下沉。这是使桩下沉的主要作用力，如图 3-2（c）所示。

（4）爆发。在上活塞冲击下活塞的同时，下活塞球碗中的燃油被雾化，雾化的燃油与高温气体混合而燃烧，爆发出很大的压力，一方面使桩再次下沉，同时又使活塞向上跳起，如图 3-2（d）所示。

（5）排气。上活塞因燃油爆发燃烧产生的压力作用而上升至一定高度时，吸气口和排气口都打开。燃烧过的废气在膨胀压力作用下由吸排气口排出。当上活塞越过油泵的曲臂后，曲臂在弹簧力作用下恢复原位，此时吸入一定燃油，准备下一次喷油，如图 3-2（e）所示。

（6）吸气。上活塞在惯性作用下，继续向上运动，当汽缸内产生负压时，从进气口吸入新鲜空气，如图 3-2（f）所示。

（7）降落。上活塞在重力作用下降落，继续下一个工作循环，如图 3-2（g）所示。

2. 柴油打桩机的特点

柴油锤的特点是：结构简单、打桩数量大。本身既是原动机又是工作机，不需另设能源机器，工作过程自动化。打桩数量可随沉桩阻力自动增减调节。当地基阻力大时，上活塞上跳高度大，打桩能量就大；地基阻力小时，桩下沉量大，打桩能力随之减小，对打桩工作非常有利。柴油锤的主要缺点是产生噪音、振动和对空气有污染等。

其主要参数为：冲击部分质量 W、行程 H、每次冲击最大能量 E 和每分钟冲击次数 n。

冲击部分质量 W：对筒式柴油锤为上活塞质量，它是选锤的主要参数。我国柴油锤系列的 W 见表 3-1。

表 3-1　　　　　　　　　　　　　筒式柴油锤型号及系列

型　号	D2—1	D2—6	D2—12	D2—18	D2—25	D2—40	D2—60
冲击部分质量（kg）	120	600	1200	1800	2500	4000	6000
每次最大打击能量（不小于 kg·m）	200	1500	3000	4600	6250	10000	15000

行程 H 是上活塞跳起的高度，一般为 2～2.5m。

每次冲击最大能量 E（kg·m）采用以下近似公式计算

$$E = 1.2WH$$

每分钟冲击次数 n

$$n = \frac{60}{\sqrt{H}}$$

筒式柴油锤的主要技术性能见表 3-2。

表 3-2　　　　　　　　　　　　　筒式柴油锤的主要技术性能

型号 主要技术性能	D40	东风 7135	德国 DelmagD55	日本神户制钢 K150
上活塞质量（kg）	4000	3500	5400	15000
上活塞最大行程（m）	2.5	2.5		
最大冲击能（kg·m）	10000	8750	16200	36000
冲击频率（Hz）	0.67～1	0.67～1	0.6～0.78	0.75～1
燃料消耗量（L/h）	23	12～16		
缸径（mm）	520			
压缩比	13：1			
桩的极限贯入（mm）	0.5	0.5		
下活塞行程（mm）	280	350		
总质量（包括起落架）	9150	8000	11956	36500
总高（mm）	4500	4300	5410	7000
最大外径（mm）	785			
锤与导杆中心距（mm）	565	500		
导杆中心距（mm）	330	330		
冷却方式	水冷	水冷	风冷	水冷
生产厂家	浦源工程机械厂	大桥工程局桥梁机械制造厂		

3.1.2 蒸汽锤

蒸汽锤是以蒸汽（或压缩空气）为动力的打桩机械。由于蒸汽锤需要配备一套锅炉设备，效率低，使用不方便，所以曾一度被柴油锤取代。后因大型桩基及打45°斜桩的需要，蒸汽锤又得以发展。它不仅可以向超大型发展，可以打斜桩甚至打水平桩，而且还能在水下打桩，可在25％～100％的范围内无级调节冲击能量，对桩的损伤小，工作性能不受土层软硬和工作时间长短的影响，无废气污染。锅炉蒸汽压力可达10个大气压，蒸汽产量可为500～1400kg/h。

按照蒸汽对桩锤的作用方式不同，蒸汽锤分为单动式、双动式和差动式3种。

（1）单动式。单动式的蒸汽锤工作原理是：桩锤靠蒸汽的压力提升，当桩锤到达一定高度后，蒸汽排除，压力突降，桩锤在自重作用下下落冲击桩头进行打桩。其特点是结构简单，但效率较低。

（2）双动式。双动式也是采用蒸汽作为动力的。它的桩锤的升起和降落，都是通过蒸汽压力来实现的；降落时，由于蒸汽压力的作用，速度增快，这样就可适当减小冲击部分上升的行程，故打桩的频率和生产率提高，这是双动式蒸汽锤的最大优点。而双动式蒸汽锤要有足够的质量来平衡作用在汽缸上盖内的蒸汽压力（当桩锤下落时），所以固定部分的质量很大，一般约占桩锤质量（一般2.5～9t）的80％～90％，这是它的最大的不足之处。

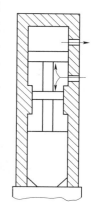

（3）差动式。差动式蒸汽锤打桩机是同一活塞杆上桩锤有两个不同有效面积的活塞，上活塞的有效面积比下活塞大，并且活塞杆下端与桩锤连接在一起。当高压蒸汽进入上下两活塞之间的空穴时，由于上活塞的面积大于下活塞，所以产生的上、下压力差使桩锤上升，而当桩锤上升到一定高度时，空穴中的蒸汽排出，压力差消除，桩锤落下冲击桩头进行打桩。其工作原理如图3-3所示。

图3-3 差动式蒸汽锤

3.1.3 自由落锤打桩机

自由落锤打桩机又称吊锤或落锤，它是利用卷扬机使重锤沿桩架的导向立柱升起，然后让其自由落下冲击桩头，其特点是构造简单，使用方便。工作时落锤冲击体靠卷扬机提升到一定高度，然后在重力作用下自由落下冲击桩头。一般锤重为1～30kN，打击次数每分钟10～12次。由于其打桩效率降低，贯入的能量对桩的损伤大，所以仅能在小规模的工程中采用。

振动打桩机又称振动锤，它是根据共振原理和振动冲击原理发展起来的，利用高频振动（700～1800次/min）产生的振动能量沉桩和借助起重机械进行拔桩。振动打桩机的主要特点是沉桩效率高、费用低、不需要辅助设备、桩头不易损坏、沉桩横向位移小、桩体变形小。这些都是柴油打桩机所不及的。

振动打桩机按其工作原理可分为振动式振动打桩机和振动冲击式振动打桩机。

（1）振动式振动打桩机。这种打桩机的工作原理是将振动器的振动通过夹桩器传给桩体，使桩也产生振动。根据夹桩器的连接形式分为刚性式振动锤和柔性式振动锤。

桩体周围的土壤颗粒在振动作用下发生位移呈现出液体状态。桩就在振动打桩机和桩体自重作用下，冲破变小的土壤阻力沉入土中。在拔桩时，振动亦可使拔桩阻力下降，只需较小的提升力就能将桩拔出。

振动器是由带偏心块和高速转动的轴组成。两轴的转速相等，方向相反。每个偏心块产生的离心力为：

$$F = mr\omega^2$$

式中　m——偏心块的质量，kg；

　　　γ——偏心块质心至回转中心的距离，m；

　　　ω——偏心块转动的角速度，rad/s。

由于一对偏心块的质量相等，且是对称安装，所以当它们转向相反时，水平方向的离心力因方向相反而抵消，垂直方向的离心力叠加为：

$$P = 2mr\omega^2 \sin\varphi$$

式中　φ——位置角，(°)。

　　　P——激振力，它通过轴承机壳夹桩器传给桩，使桩沿垂直方向产生强迫振动，N。

振动器与原动机直接刚性连接的称为刚性式振动打桩机，如图 3-4（a）所示。它的构造简单，但原动机的寿命短，振动器与原动机用减振弹簧分开的振动打桩机，可提高原动机的使用寿命，但其构造复杂。这种形式称为柔性振动打桩机，如图 3-4(b) 所示。

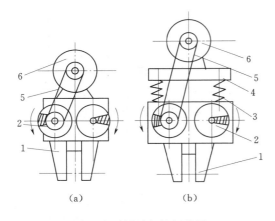

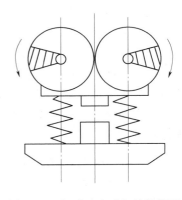

图 3-4　振动打桩机简图
（a）刚式；（b）柔式

图 3-5　振动冲击式打桩机简图

1—桩帽；2—振动器；3—弹簧；4—荷重平板；5—带传动；6—电动机

（2）振动冲击式打桩机。振动冲击式打桩机是靠振动和冲击桩，使其沉入土中。这种打桩机的振动器产生的振动，并不是直接传到桩上，而是通过冲击块作用在桩上，如图 3-5 所示。

当两偏心块反向旋转时，振动器作垂直振动，于是快速冲击下锤，再把这种冲击传给桩，使桩受到冲击和振动而沉入土中。这种打桩机具有很大的振幅和冲击力，功率消耗较少。其缺点是噪音大，能量有损失，电动机受频繁振动易损坏。

（3）振动打桩机的主要参数。

1）偏心力矩 M（N·m）。指偏心块的重力 W(N) 与其重心到回转中心距离 r(m) 乘积的总和，即 $M = \sum Wr$，一般有固定和可调两种形式。

2）激动力。是使振动锤、桩身及桩周土体振动体系产生垂直振动的力，其大小为各偏心块回转时产生的离心力的合力。它是影响沉桩的主要因素之一。

3）振动频率。偏心块为振动子的振动器，其振动频率等于偏心块的转速（r/min），按振动频率的高低，振动锤分为低频（5～11.67Hz）、中频（11.67～25Hz）、高频（25～50Hz）和超高频（≥100Hz）。目前常见的机型为中、低频。

打桩机工作时，为了避免振动锤、桩及周围的一些土壤形成的振动系统出现共振，从而产生不稳定现象；且用最小能量使沉桩速度达到较高，振动打桩机的振动频率 f_n 宜调到振动系统固有振动频率 f_n 的 85%～90%，即（0.85～0.9）f_n。

4）振幅。振幅是指沉拔桩时，桩的强制位移量，其计算式为：

$$A = \frac{mrf^2}{\sqrt{(\beta f)^2 + (k - Mf^2)^2}}$$

式中　β——阻力系数；

　　　k——土壤的刚度系数；

　　　M——振动体的质量，kg；

　　　m——偏心块的质量，kg；

　　　r——偏心块的偏心距，m；

　　　f——振动锤的振动频率，Hz。

振幅是桩下沉速度的主要参数，试验表明只有振幅大于一定数值，桩才下沉。对不同的土层和不同的桩，沉桩速度是不等的，但沉桩速度与振幅基本上是成正比变化的，沉桩速度随着振幅的增加而提高，但振幅太大，会使机械工作不平稳，消耗功率也多，一般振动锤振幅在 12～20mm 时最适宜桩的下沉。由上式可见，对不同的土壤可通过调整偏心块的偏心距 r 来改变振幅，以使沉桩达到最好的效果。

5）电动机功率。如同打桩冲击体重量一样，是能否沉桩的关键参数。

3.2　静　力　压　桩　机

3.2.1　机械式静力压桩机

机械式静力压桩机如图 3-6 所示，它由压桩机（桩架与底盘）、转动设备（卷扬机、滑轮组、钢丝绳）、平衡设备（铁块）、量测装置（测力计、油压表）及辅助设备（起重设备、送桩器）等组成。压桩机的工作原理是通过卷扬机的牵引，由钢丝绳、滑轮组及压梁，将压桩机自重及配重反压到桩顶上，使桩身分段压入土中。这种压桩机的高度为 16～40m，静压力 400～1500kN，设备总重 80～172t。机身高大笨重，移动和转场很不方便，且占地面积也较大，目前已很少采用。

3.2.2　液压式静力压桩机

液压静力压桩机如图 3-7 所示，由液压吊装机构、液压夹持、压桩机构（千斤顶）、行走及回转机构、液压及配电系统、配重铁等部分组成。工作原理是：行走装置是由"横

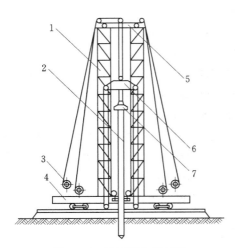

图 3-6　机械静力压桩机
1—桩架；2—桩；3—卷扬机；4—底盘；
5—顶梁；6—压梁；7—桩帽

向行走"（短船）、"纵向行走"（长船）和回转机构组成。把船体当作铺设的轨道，通过横向和纵向液压缸的伸程和回程，使桩机实现步履式的横向和纵向行走，且横向两液压缸，一只伸程而另一只回程，可使桩机实现回转。桩机利用自身的起重机把预制桩吊入夹持横梁内，夹持液压缸将桩夹紧，压桩液压缸伸程，把桩压入地层中。伸程完后，夹持液压缸松夹，压桩液压缸回程。重复上述动作，可实现连续压桩机动作，直到把桩全部压入地层。

液压静力压桩机的使用特点为：它与锤击式打桩机、振动式沉桩机相比，无冲击力，可避免桩头被打碎、桩段爆裂，压桩时对桩周土体扰动范围程度较小，可提高桩基施工质量，节约桩身材料，降低工程造价；它无振动，无噪声，无环境污染，适用于人口稠密的城市中施工。但压桩只限于压垂直桩及软土地基的沉桩施工，具有一定的局限性。

液压式静力压桩机国内已有系列产品。国产 YZY—160 型全液压静力压桩机自重 78t 配重 105t，最大压入力 1600kN，移动速度 4m/min，压桩速度 2～3m/min。

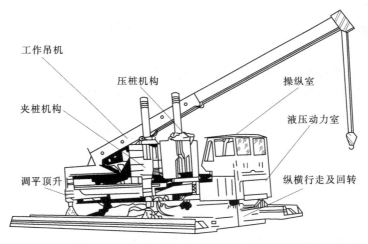

图 3-7　YZY—160 型全液压静力压桩机

3.3　灌 注 桩 成 孔 机

3.3.1　挤土成孔机械

挤土成孔机械是用振动打桩机或锤击式打桩机将钢管桩（桩尖为活瓣或用钢筋混凝土预制桩尖）沉入地基土中至设计要求的深度后，边拔管边浇注混凝土的方法。这种方法适用于直径 50cm 以下的桩。它的施工工艺过程如图 3-8 所示。

3.3.2 取土成孔机械

（1）螺旋钻孔机。螺旋钻孔机适用于地下水位以上的施工。所用的螺旋钻孔机包括长螺旋钻孔机（连续排土，一次完成钻进深度）、短螺旋钻孔机（周期性钻进、排土）和螺旋钻扩机（施工扩底桩）。

如图 3-9 所示为一种应用方便的履带式螺旋钻孔机。钻机成孔很快，成孔后提起钻杆，再向孔中灌入混凝土，即成为桩。可以钻 8～15m 的深孔，钻进速度可达 1.5～2m/min。钻孔完毕后不能把钻下的土壤全部排到孔外，致使留在孔底的松土影响浇灌桩的承载能力，因此往往采用各种措施，努力把孔底的土壤压实。

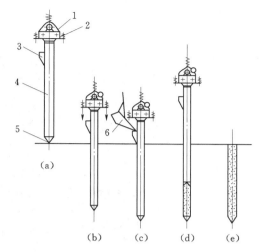

图 3-8　振动灌注桩工艺过程
1—振动装锤；2—减振弹簧；3—加料口；
4—桩管；5—活瓣桩尖；6—上料斗

（2）冲抓式成孔机。冲抓成孔机是利用冲抓斗为钻具，它以自由落体的速度冲入土中，将土、石凿成碎块，然后抓碎土碎石抛至孔外而成孔。冲抓式成孔机适用在土夹石、砂夹石、卵石及岩石层的地基中成孔。冲抓式成孔机的外形及构造如图 3-10 所示。

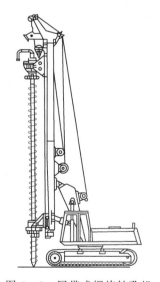

图 3-9　履带式螺旋钻孔机

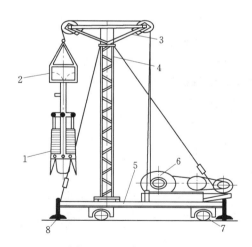

图 3-10　冲抓冲孔机
1—冲抓锥；2—活门；3—架顶横梁；4—机架立柱；
5—底盘；6—卷扬机；7—走管；8—支腿

（3）旋挖钻机。旋挖成孔是在泥浆护壁的条件下，旋挖钻机上的转盘或动力头带动可伸缩式钻杆和钻杆底部的钻头旋转，用钻斗底端和侧面开口上的切削刀具切削岩土，同时切削下来的岩土从开口处进入钻斗内。待钻斗装满钻屑后，通过伸缩钻杆把钻头提到孔口，自动开底卸土，再把钻斗下到孔底继续钻进。如此反复，直至钻到设计孔深，如图 3.11 所示。

图 3.11　旋挖钻机

3.4　高压喷射灌浆设备

高压喷射（简称高喷）灌浆技术是用钻机在地层中造孔，将带有喷头的喷射管下至孔内预定位置，用高压泵形成的高压液体和空压机产生的高压气体混合喷射，与地层中的土石颗粒之间产生强烈掺混，形成结构密实、强度大、有足够防渗性能的构筑物的技术措施。其方法有单管法、双管法、三管法和多管法；其形式有定向喷射（简称定喷）、摆动喷射（简称摆喷）、旋转喷射（简称旋喷）。

无论哪种喷射方法和哪种喷射形式，高压喷射施工机械设备均由钻机或特殊钻机，高压发生装置等组成，但喷射方法不同，所采用的机械设备也不同，不同喷射方法所使用的主要施工机械设备见表 3-3。

表 3-3　　　　　　　　　　　高压喷射灌浆主要施工设备表

设备名称	设 备 规 格	单管法	两管法	三管法	新三管法
台车	提升台车，起重 2～6t，起升高度 15m	★		★	★
	履带吊车式高喷台车，架高 34m		★	★	★
钻机	钻孔深度 100m 钻机，实用于浅孔	★	★	★	★
	钻孔深度 300m 钻机，实用于较深的高喷孔		★	★	★
	跟管钻进机		★	★	★
高压水泵	最大压力 50MPa，流量 75～100L/min		★	★	★
灌浆泵	通用灌浆泵，压力 1.0～3.0MPa，流量 80～200L/min		★	★	
	高压灌浆泵，最大压力 40MPa，流量 70～110L/min	★	★		★
	超高压灌浆泵，最大压力 60～80MPa，流量 150～200L/min		★		
搅拌机	卧式或立式	★	★	★	★

续表

设备名称	设备规格	单管法	两管法	三管法	新三管法
空气压缩机	气压 0.7～0.8MPa，气量 6m³/min		★	★	★
	气压 1.0～1.5MPa，气量 6m³/min		★	★	★
	高气压、大流量空压机，气压 2.0MPa，气量 20m³/min			★	
喷射管	单管	★			
	二重管（二管）		★		
	三重管（三列管）			★	★

注 ★表示不同喷射方法所使用的主要施工机械设备规格。

3.4.1 高压钻孔设备

（1）回转式钻机。各种回转式岩芯钻机均可在高压喷射灌浆造孔中应用。

（2）冲击回转钻机（全液压工程钻机）。这种钻机机械化程度高，对地层的适应能力强，尤其在复杂的卵砾石地层造孔工效较高。国产的机型有 MG—200（河北宣化）、MGY—100（重庆探矿）、SM—3000（河北三河）、QDG—2（北京探矿）等，进口的机型有 SM305、SM400、SM505 等。

（3）振动钻机。振动钻机适用于高喷灌浆的钻孔，能穿入覆盖层中的砂类土层、黏性土层、淤泥地层及砂砾石层。它质量轻，搬运解体方便，钻孔速度快，国产机型有 70 改进型、76 型、XJ100 等。

3.4.2 高喷灌泵设备

高压喷射灌浆设备按高压喷射灌浆施工工艺要求，有多种设备组合而成，如图 3-12 所示。

（1）搅浆机。搅浆机现常用的有卧式搅浆机和立式搅浆机两种。制浆作业时，土料、水泥和水等灌浆材料，按设计配合比，经过料斗送入搅浆筒内。灌浆材料从进料端至出浆端连续受到 10 根搅臂和 8 根定臂的高速搅拌粉碎成浆。浆体由甩浆板通过离心作用甩至滚动筛中。搅臂的最大线速度可达 16m/s。立式搅拌机原理与卧式搅浆机相同，立式搅浆机分为上、下两只浆筒，由电动机通过减速器带动搅臂旋转。

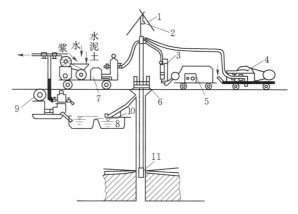

图 3-12 高压喷射灌浆设备的组装
1—三角架；2—接卷扬机；3—转子流量计；4—高压水泵；
5—空气压缩机；6—空口装置；7—搅灌机；8—贮浆池；
9—回浆泵；10—筛；11—喷头

（2）灌浆泵。根据高压喷射灌浆的要求，一般压力应大于 0.8MPa，流量大于 80L/min。单介质喷射时需用较高压力的高压泥浆泵。

HB80 型灌浆泵是一种单杠单作用的柱塞泵。

WJG80 型搅灌机是搅浆机和灌浆机组装在一起的灌浆专用设备。

几种常见灌浆泵技术性能见表 3-4

表 3-4　　　　　几种常见灌浆泵技术性能表

设备名称、型号		主 要 性 能
通用灌浆泵	BW250/50 型	压力 3～5MPa，排量 150～250L/min，功率 17kW
	200/40 型	压力 4MPa，排量 120～200L/min
	100/100 型	压力 10MPa，排量 80～100L/min，功率 18kW
高压灌浆泵	PP—120 型	压力 30～40MPa，排量 50～145L/min，功率 90kW
	SMC—H300 型	压力 10～30MPa，排量 150～750L/min，功率 132.5kW
	5T—302 型	最大压力 60MPa，排量 180～230L/min，功率 260kW
	GPB—90 型	压力 34～53MPa，排量 76～119L/min，功率 90kW

（3）水泥上料机。水泥上料机有皮带上料机、气动上料机和螺旋上料机等许多种类，工地上常用的是螺旋上料机。螺旋上料机是一种不带挠性牵引件的输送装置，它的主要部件是螺旋。螺旋体在固定的倾斜输送管（或槽）内旋转，输送各种粉状、粒状、小块状物料。易变质的、黏性大的、易结块的及大块的物料不容易输送。

（4）高压水泵和水管。

1）高压水泵和高压胶管。高压水泵的一般要求为压力 20～50MPa，流量 50～100L/min。高压喷射灌浆施工中常用的是 3D2—SZ 系列卧式三柱塞水泵，其特点为：①柱塞直径较小，为了提高泵量而大大提高了柱塞往复次数；②柱塞往复快，因此无吸程而且必须将吸水管水面提高到泵头以上 2m 左右；③柱塞承受压力高，往复快，要求填料质量好、水质清洁无泥沙。3D2—SZ 高压水泵技术规格见表 3-5。

表 3-5　　　　　3D2—SZ 高压水泵技术规格

柱塞直径 （mm）	流 量		输出压力（MPa）				流 量		输出压力（MPa）			
	m³/h	L/min	37kW	45kW	55kW	75kW	m³/h	L/min	45kW	55kW	75kW	90kW
22	2.4	40	45				3	50	45			
25	3	50	35	45			3.9	65	35	45		
26	3.2	54	38	45	51	70	4.2	70				70
28	3.9	65	28	35	42		4.8	80	28	35	48	
30	4.5	75	25	30	38	50	5.7	95	25	30	40	50
32	5.1	85	22	26	34	45	6.3	105	22	26	36	45
35	6.1	102	18	22	28	36	7.5	125	18	22	30	36
40	8.1	15	14	17	21	28	10.2	170	14	17	24	28
45	10.2	170	11	13	17	22	12.9	215	11	13	18	22

2）高压水管。高压水管一般选用 4 层或 6 层的钢丝缠绕胶管。常用的高压水管内径有 16mm、19mm、25mm、32mm 4 种，工作压力 30～60MPa。爆破压力一般为工作压力的 3 倍。胶管的连接可用卡口活接头或丝扣压胶管接头。

（5）空气压缩机。两介质和三介质高压喷射灌浆需要压缩空气和主射流（水或水泥浆）同轴喷射，以提高主射流的效果。高压喷射灌浆常用的 YV 型活塞式普通空气压缩机，其技术性能见表 3-6。

表 3-6　　　　　　　　　　常用空气压缩机技术性能

型号	排气量 （m³/min）	排气压力 （MPa）	排气温度	冷却方式	动力 （kW）	备　注
YV3/8	3	0.8	<180	风冷	电动 22	移动式
YV3/8	3	0.8	<180	风冷	电动 22	
YV6/8	6	0.8	<180	风冷	电动 40	移动式
CYV6/8	6	0.8	<180	风冷	柴油 52.9	移动式
ZV6/8	6	0.8	<180	风冷	柴油 29.4	

（6）提升、卷扬及旋摆设备。提升、卷扬及旋摆设备包括卷扬机、提升台车、旋摆机构，用于控制喷射流运动，以形成要求性状的凝结体。

1）卷扬机。卷扬机按速度可分为快速、慢速、手摇 3 种。快速卷扬机又可分为单筒式和双筒式，其钢丝绳牵引速度为 20～50m/min，单头牵引力为 4～5kN。慢速卷扬机多为单筒式，钢丝绳的牵引速度为 7～13m/min，牵引力为 30～300kN。高压喷射灌浆施工中常用卷扬机是 JD—041 型、JB—1 型单筒快速卷扬机及 JJW—20 型单筒慢速卷扬机。

2）提升台车。提升台车用于起下喷射管，固定安装卷扬机和旋摆机构。对提升台车的要求是：①应有足够的承载能力，确保台车的稳定性；②应有合理的高度，移动定位方便准确；③自重轻，便于安装、拆卸和运输。高压喷射灌浆最普遍用的提升台车为 4 腿塔架型。台车由底盘、塔腿及天轮组成。底盘上放置四根塔腿、卷扬机及孔口装置。底盘的大小和强度应根据施工现场和塔腿稳定进行设计，一般架高 18m 时，底盘尺寸为 3m×5m。台车垂直高度按一次提升喷射装置而定，一般为 15～20m，超过 20m 时，应加拉杆加强。

3）旋摆机构。旋摆机构是使喷射装置定向、摆动和旋转的设备。通常采用的旋摆装置坐落在台车底盘上，其结构如图 3-13 所示。转盘应用了转盘回转钻机的转盘体，内部为一对伞齿轮。大伞齿轮是绕转盘体的空心轴水平放置水平转动。转盘体上部装置导向卡连接摆臂，转盘的工作转速为 5～10r/min。由偏心轮、拉杆、摆臂组成的机件使转动变为摆动。摆动角度根据喷射灌浆要求确定，摆角的大小通过摆臂插入偏心轮的不同预制

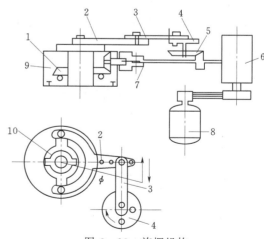

图 3-13　旋摆机构
1—转动伞齿轮；2—摆臂；3—拉杆；4—偏心轮；
5—摆动伞齿轮；6—减速机；7—旋摆离合器；
8—电机；9—转盘；10—导向卡

孔位置而调整。偏心轮上预制孔位置按四连杆机构计算确定，一般按摆角为 10°、22°、30°、45°预制孔位，也可根据工程要求专门配置偏心轮。

（7）喷射装置。喷射装置按射流介质不同可分为单介质（也称单管）、双介质（也称两管）、三介质（也称三管）和多介质喷射装置，由高压水龙头、喷射管及喷头 3 部分组成。喷头上装有（高压）喷嘴，喷嘴装在喷头的一侧、两侧和底部，喷嘴形式如图 3-14 所示。

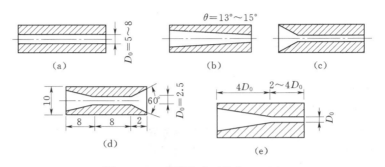

图 3-14　喷嘴形式（单位：mm）
（a）圆柱式；（b）收敛圆锥形；（c）流线型；（d）双喷嘴；（e）三重管喷嘴

1）单管喷射装置。单管喷射装置用以输送一种高压浆液，使高压浆液在地层中切割掺搅、升扬和置换土体。单管水龙头安装在喷射管的顶部，它将静止的高压胶管和旋摆的喷射管连接起来，而将高压浆液从胶管输送给喷射管、喷头。单介质喷射管一般采用 $\phi42mm$ 普通地质钻杆，上下连接采用方扣螺纹，螺纹接头处应加铜垫圈，保证有良好的密封性。用于摆动喷射时，应加配销钉孔，在反摆时用以阻止销钉倒移。单介质喷头装在钻杆的最下端。喷头的顶端做成平头或圆锥形。平头型喷头结构，如图 3-15 所示，端部装有合金块，以利钻进。圆锥型喷头结构如图 3-16 所示，用 45 号钢加工而成。圆锥型喷头对黏性土或砂类土等小粒径地层中喷射，较为理想。两种喷头上各装有高压喷嘴两个，喷嘴装在喷头的一侧或两侧，高压射流可横向射入地层。

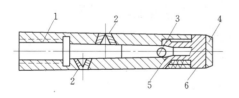

图 3-15　平头型喷头结构
1—喷嘴杆；2—喷嘴；3—钢球；4—钨合金
钢块；5—球座；6—钻头

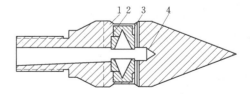

图 3-16　圆锥型喷头结构
1—喷嘴套；2—喷嘴；3—喷嘴接头；4—钻头

2）两管喷射装置。两管喷射装置中浆液和压缩空气分别输入喷射管内两根不相通的管道，使压缩空气从外环形喷头的外环形喷嘴喷出而包围在高压喷浆射流的外侧。两管喷射装置如图 3-17 所示，也由水龙头、喷射管和喷头 3 部分组成。两管水龙头由外壳和芯管组成。外壳用 45 号钢制成，内侧为与橡胶管接触部分的粗糙软管，分别与高压泥浆泵和空气压缩机连接。喷射时，外壳不动，芯管随喷射管转动或摆动。两管喷射管有两种不同介质通过，它上接水龙头，下接喷头。两管喷头的侧面设置两个浆、气同轴喷射的喷嘴，高压浆喷射嘴的外面是环状的空气喷嘴，环状间隙为 1～2mm。

　　3）三管喷射装置。三管喷射装置如图 3-18 所示，由三管水龙头、高压喷射管及喷头组成。

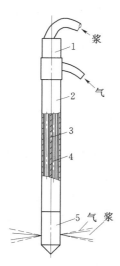

图 3-17　两管喷射装置
1—二管水龙头；2—二管；3—浆管；
4—气管；5—喷头

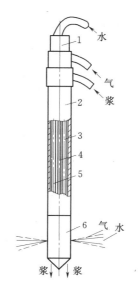

图 3-18　三管喷射装置
1—三管水龙头；2—三管；3—浆管；
4—水管；5—气管；6—喷头

　　三管高压水龙头是由外壳与芯管两部分组成。外壳上有活接头，用软管与高压水泵、空气压缩机、泥浆泵连接。旋、摆喷射时，芯管旋转，外壳不动。外壳由上、中、下底壳及底盖组成，用 45 号钢制成。三管法的喷射管能同时输送水、气、浆 3 种介质，而不互相串通。它有两种形式，一种是三列管［图 3-19（a）］，即用直径 108mm 套管内套 3 根平行放置的直径不同的管子加工制成，每节喷射管内 3 根管子用管接头压胶圈连接。三管规格为：水管直径 19.5mm，气管直径 12.7mm，浆管直径 25.4mm。另一种是三重管，由 3 个不同直径的同心管套装在一起［图 3-19（b）］。喷射管上口与水龙头连接，下口与喷头连接。

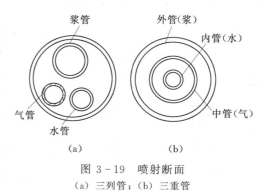

图 3-19　喷射断面
（a）三列管；（b）三重管

　　三管喷头的结构如图 3-20 所示，此喷头上装有两组水、气同轴射流的喷嘴。每组喷嘴由两个喷嘴组成，气流喷嘴成环状，套在高压水喷嘴的外侧，其间距为 1～2mm，气流喷嘴与高压水喷嘴的轴线必须重合。

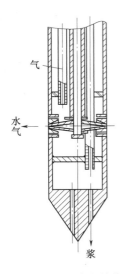

图 3 - 20 三喷头结构

4）多介质喷射装置。多介质喷射装置与三介质喷射装置相似，只是在供气方面多一套气粉装置，即用压缩空气将灌浆材料（如水泥粉）携带灌入地层，可为浆、气、粉喷射，也可为水、气、粉或水、气、粉、浆喷射，从而充分改善凝结体结构，提高桩体或墙体质量。

（8）浆液回收设施。浆液回收设施有振动筛、储浆池、回浆泵组成，通常在高压喷射灌浆中回收再利用在孔口产生的大量冒浆。振动筛用以筛除冒浆中的砂、砾石。贮浆池用于贮浆液，其大小根据现场上冒浆量大小确定。回浆泵用于将贮浆池中的浆液输送到搅灌机以重复利用。

（9）监控设备。监控设备是为了在高压喷射灌浆施工中对各种机具与机械设备工作状况及时了解，以便控制施工质量。因此，对水、气、浆的压力与流量、喷射提升速度、冒浆密度等进行记录与整理分析。水、气、浆的压力一般在管路中安装普通压力表进行测量，流量可用相应的流量计测量。通常由于水泵和浆泵是定量柱塞泵，因此一般只需测量气的流量。气量常用 LZB50 型转子流量计测量。密度用比重秤测定。提升速度用卷尺和秒表定时测量。现在一种可检测浆液密度、浆液压力、浆液流量、水压力、气流量、喷管提升速度、喷管旋转速度 7 个参数的高压喷射灌浆自动记录仪已经开发出来，并投入生产。

3.4.3　高压喷射灌泵设备的应用

四川省二滩水电站上下游挡水围堰采用高压旋喷灌泵防渗处理。选用的高压旋喷灌泵参数见表 3 - 7。选用的钻孔设备及技术参数见表 3 - 8。选用的喷灌设备及技术参数见表 3 - 9。设备生产率：钻孔实际平均进尺 165m/d，灌浆进尺 127m/d。效果：检查孔渗透系数 7.14×10^{-8} cm/s，高喷体防渗性能良好。

表 3 - 7　　　　　　　　　　高压旋喷灌泵参数表

灌喷压力 （MPa）	浆量 （L/min）	风压 （MPa）	风量 （m³/min）	提升速度 （cm/min）	旋喷速度 （r/min）
42～43	180～200	1.0	7～10	15～25	25～30

表 3 - 8　　　　　　　　　　钻孔设备及技术参数表

项　　目	SM305 钻机	SM505 钻机	项　　目	SM305 钻机	SM505 钻机
钻机质量（kg）	9000	17000	给进压力（kN）	60	120
电机功率（kW）	90	128	提升力（kN）	90	17
钻机行走速度（m/min）	0～27	0～27	提升速度（m/min）	0～27	0～27
给进塔架长度（m）	5.9	6.3	回转器转数（r/min）	0～350	0～700
回转器形程（m）	3.9	4.0	回转器最大力矩（kN·m）	11	20

表 3-9 喷灌设备及技术性能表

设 备 名 称	型 号	技 术 性 能
高压灌浆泵	5T—302	最大使用压力 50MPa，正常工作压力 40MPa，设计排量 207L/min
自动灌浆记录仪	VOBI—Ⅱ	量测范围大，精度高，抗振防潮性能好
高喷台车		40t 履带吊；EC—30 型高喷塔架，提升高度 35m
制水泵（制水泵站）		1 套电子计量系统，1 台小型气压机，1 台 20kW 发电机

3.5 钻 孔 灌 浆 设 备

3.5.1 钻孔设备

　　灌浆工程的钻孔设备包括钻机和钻进工具。钻进工具是指水龙头以下与其连接组成的全套工具。钻进方法不同，机具配置也不同。图 3-21 为回转式岩芯钻机主要设备布置及钻具结构示意图。

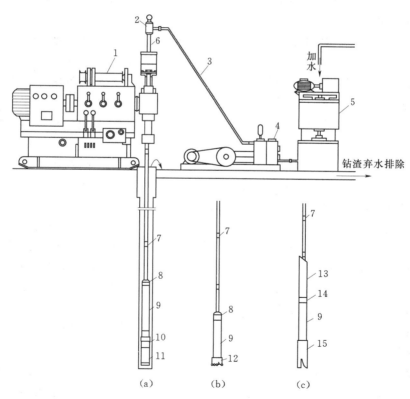

图 3-21　在地回转式岩芯钻机主要设备布置及钻具结构图
(a) 金刚石钻进；(b) 硬质合金钻进；(c) 钢粒钻进
1—钻机；2—水弯头；3—进水管；4—灌浆水泵；5—储浆（水）槽；6—竖机钻杆；7—钻杆接头；
8—岩芯管接头；9—岩芯管；10—金刚石扩孔器；11—金刚石钻头；12—合金钻头；
13—沉淀管；14—三用接头；15—铁砂钻头

选择钻机主要考虑施工条件、岩石性质、钻孔深度、钻孔方向、钻孔直径和灌浆方法等因素。钻机按照破碎岩石方法不同分为回转式钻机、冲击式钻机和冲击—回转式钻机。

1. 回转式钻机

回转式钻机，是利用钻机的回转器带动钻具旋转，以磨削孔底岩石进行钻进。其钻具多为筒状，能取出完整柱状岩心。这种钻机的钻进速度较高，适用于各种硬度级别的岩石钻进，可钻直孔、斜孔、深孔。回转式钻机，由于结构和性能的不同，一般可分为立轴式钻机，转盘式钻机和动力头式钻机等。它是目前使用最多的一种钻孔设备，按回转机构的不同分为立轴式、转盘式和动力头式 3 种。立轴式又分为手把式、液压式、螺旋差动式和全液压式 4 种。其中立轴式液压钻机由于分档较多、转速高、机身轻、操作方便，能耗较低，是帷幕灌浆的主要设备。

立轴式液压钻机，是我国现在普遍使用的一种回转式钻机。该钻机可使用金刚石钻头，硬质合金钻头，钻粒钻头和鱼尾钻头等。可进行取心钻进和不取心的全孔钻进。用卷扬机也能配合进行冲击。现介绍几种不同型号的液压钻机。

（1）SGZ—ⅢA 型钻机。SGZ—ⅢA 型钻机，是水利水电系统钻探机械厂制造的立轴式岩心钻探机械。可钻凿与地面垂直或倾斜的孔。主要用于水电工程钻探，坝基灌浆，探矿，以及道路，桥梁和爆破等钻孔。

SGZ—ⅢA 型钻机的特点是：①结构紧凑，质量轻，分解性好，便于搬运；②液压卡盘，液压给进和液压移动机体，大大减轻了操作人员的劳动强度；③手把集中，操作方便；④有孔底压力指示器，可随时控制、调整孔底压力；⑤转速档数多，可满足钢粒、硬质合金，金刚石等多种钻进工艺需要。

SGZ—ⅢA 型钻机的动力装置，根据钻机使用场所的不同，可在订货时提出动力配备，用电动机或柴油机。

柴油机：采用 485Q 型高速柴油机，持续功率 16～18kW，额定转速 1500r/min。

电动机：采用 Y140M—4 型电动机，功率 18.5kW，额定转速 1470r/min。

（2）XU300—2 型钻机。XU300—2 型钻机与 SGZ—ⅢA 型钻机的适用范围相同。其特点是：①采用机械传动和液压传动相结合的结构，因而结构紧凑、质量轻；可拆性好，搬迁方便，能适应各种地形钻进；②采用液压给进、液压卡盘、液压移动钻机，并配有液压拧管机，操作方便，可大大减轻操作者的劳动强度；③配有压力表和空底压力指示器、立轴转速表、便于操作，及时掌握孔类情况，操作安全；④有 4 个正转速度、2 个反转速度，可供选择使用。适用于硬质合金钻机、钻粒钻进。反转可供处理钻孔事故和特殊情况下反向钻进；⑤采用六方主动钻杆与液压卡盘相结合，可不停车倒杆，并可利用卷扬机升降钻具，进行快速扫孔。

（3）XY—2 型钻机。XY—2 型钻机是机械传动，液压给进立轴式岩心钻机。它除了适用于以钢粒、硬质合金、金刚石为主的岩心钻探外，也可用于工程地质勘察，水文、水井钻探及大口径钻进。其特点是：①钻机具有较多的转速级数（8 档）和合理的调速范围。因此，适用范围广，可一机多用；②钻机功率大，结构合理；③质量轻、可拆性好，搬迁方便，适宜山区和水网使用；④结构简单、布局合理、便于保养和维护；⑤给进行程长，有利于提高钻机效率，减少堵、埋、烧结等事故；⑥采用双联油泵供油，系统压力稳定，油温较低，功率消耗少；⑦操作集中、简单、灵活可靠、便于掌握；⑧回转器适于任何倾角，液压卡盘定心正，夹持安全可靠，高速钻进稳定；⑨钻机可进行高速钻进，也可进行低速钻进。

此外常见其他类型钻机还有：XY—2B 型钻机、XY—2PB 型钻机、XY—2PC 型钻机、GX—1T 型钻机，这里不再详述。

2. 冲击式钻机

冲击式钻机属于大口径型钻机，是利用钢丝绳将钻具提升到一定高度，然后自由下落，冲击地层，使孔底岩石破碎而进行钻进。其钻头多为十字形，不能采取完整岩心。该钻机适用于疏散岩石、软岩石和硬地层的钻孔工作。主要用于钻凿地质工程中的水文井，地基处理中的防渗墙槽孔，工农业中的机井、矿区副井、露天爆破孔和桥墩、水闸、高层建筑等地基工程造孔。各种冲击式钻机虽然型号不同，但其结构原理基本相同，都属于曲柄—连杆机构式的，将回转运动变为往复运动。这种钻机的最大特点是对各种不同地层适应性很大。造孔后，在孔壁周围形成一层密实土层，对稳定孔壁、提高桩基承载能力尤为有利。但其生产效率较低。常用的冲击式钻机有：CZ—22 型、CZ—30 型和 KCL—100 型。

(1) CZ—22 型钻机。CZ—22 型冲击式钻机，由主轴、工具卷筒、抽筒卷筒、滑车卷筒、冲击机构、桅杆、机架、操作机构和电器部分等组成，如图 3-22 所示。

动力机为电动机，通过三角皮带传动使主轴旋转更换电动机轴上 3 个不同直径的主动皮带轮，可改变主轴的转速，使钻具得到 3 种不同的冲击次数，工具卷筒、抽筒卷筒和滑车卷筒上的钢丝绳得到 3 种不同的线速度。

主轴是传动的分配机构，通过它可以将电动机的转动传递给钻机的各个工作机构。主轴在 3 个滚动轴承体内旋转，轴承座装在机架的大梁上。轴端有一个传动大皮带轮，是悬装在具有切槽的锥形衬套上。主轴上装有冲击小齿轮和抽筒小齿轮、滑车小齿轮，分别与冲击大齿轮、抽筒卷筒大齿轮、滑车卷筒大齿轮相啮合；冲击离合器、抽筒卷筒离合器和滑车卷筒离合器分别与冲击小齿轮、抽筒小齿轮和滑车小齿轮连为一体。

工具卷筒用于在钻进时起落钻具和调节钻具对孔底的位置。卷筒轴两端装在两个滚动轴承体内，轴承座固定在机架的大梁上。

冲击机构是把冲击轴的旋转运动变换为钻具的往复（冲击）运动的重要机构，如图 3-23 所示。

抽筒卷筒是用来在清洗钻孔时升降抽筒的；滑车卷筒是用来升降套管和进行安全起重工作时用的。当升降笨重的重物时可采用滑轮组。为了减少轴的根数，抽筒卷筒和滑车卷筒通过滚动轴承装在一根轴上，每个卷筒由单独的齿轮来传动，其结构与工具卷筒相似。为使抽筒卷筒上的钢丝绳使用部分与不使用部分分开，在卷筒中间焊有一个两半圆形的圆盘。

桅杆是供升降钻具、抽筒和套管之用。凡在桅杆负载能力范围内的，都可以用桅杆进行起吊。桅杆是由角铁、扁钢焊接而成的方形框架结构。

钻机的操作手把集中在钻机的左前角（面向钻机方向看），既便于操作，又便于观察孔内的情况，还便于右手扶着钢丝绳，凭手的感觉判断孔内钻进情况和地层的变化情况。钻机有 4 个离合器（工具卷筒、抽筒卷筒、滑车卷筒和冲击机构离合器）和 3 个制动器

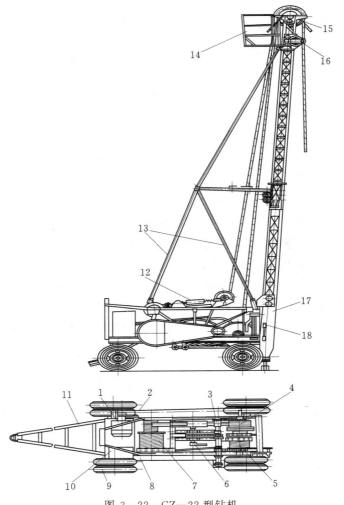

图 3-22 CZ—22 型钻机

1—电动机；2—三角皮带；3—主轴；4—抽筒卷筒及大齿轮；5—滑车卷筒及大齿轮；6—冲击轴；
7—工具卷筒及大齿轮；8—机架；9—轮胎；10—控制箱；11—拖架；12—冲击机构；
13—桅杆拉杆；14—工作台；15—工具滑轮和抽筒滑轮；16—滑车滑轮；
17—桅杆；18—操纵手把

（工具卷筒、抽筒卷筒、滑车卷筒制动器），分别用 6 个操作手把进行操作，其中冲击机构和滑车卷筒共用一个离合器手把。

（2）CZ—30 型钻机。CZ—30 型钻机和 CZ—22 型钻机结构原理相同，但结构尺寸和质量均大于 CZ—22 型钻机，因而钻孔直径和钻孔深度也较 CZ—22 型钻机大。该钻机也有 4 个离合器、3 个制动器，用 5 个手把分别进行操作，其中冲击机构和滑车卷筒共用一个离合器手把，抽筒卷筒的离合器和制动器共用一个离合器手把。

（3）KCL—100 型钻机。KCL—100 型钻机和 CZ—22 型钻机相似，它与 CZ—22 型钻机不同的地方有：

1）KCL—100 型钻机只有一节桅杆，工作高度降低了。

2）没有滑车卷筒。因此，在桅杆上部也没有滑车、滑轮。

3）钻具质量和钻孔直径都增大了，但钻孔深度减小了。

3. 冲击反循环钻机

冲击反循环钻机，是在冲击钻机的基础上研制出的新型机。由抽筒抽砂，改为泵吸排砂，故称冲击反循环钻机。

GCF—1500 型冲击反循环钻机是钻进灌注桩孔、大口径水井、回灌井、矿山通风孔和防渗、挡土连续墙槽孔施工的机械。其主要特点：

（1）采用射流反循环系统，易于实现正反循环的转换。

（2）冲击机构有手动和自动两种操作方式，冲击卷扬有自动同步装置。技术先进，工作可靠。

（3）钻机有高压射水装置，钻进土层时，用正循环方法，从而提高钻进效率。

（4）设有步履机构，按极坐标方式自动就位，中孔对位准确、迅速。

GCF—1500 型冲击反循环钻机技术性能参数见表 3 - 10。

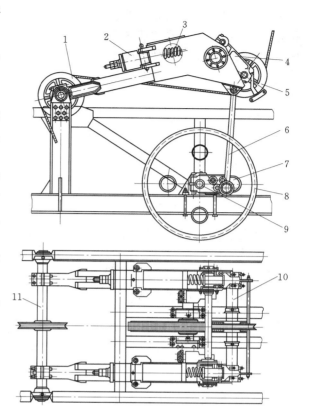

图 3 - 23 CZ—22 型钻机冲击机构
1—后导向滑轮；2—冲击梁架；3—主弹簧；4—辕杆；
5—前导向滑轮；6—连杆；7—曲柄；8—冲击大齿轮；
9—冲击轴；10—前导向轴；11—后导向轴

表 3 - 10　　　　　　　　GCF—1500 型冲击反循环钻机技术性能参数表

项　　目	单位	数值	项目	单位	数值
钻孔直径	m	0.5～0.8	功率	kW	37～45
钻孔深度	m	40	外形尺寸	m	7.1×2.9×8.8
钻孔质量	kg	3000～5000	主机运输质量	kg	8000～10000
冲程	mm	500～3000	工作泵功率	kW	37
卷扬提升能力	kN	40	工作泵排量	m^3/h	120～160
主钻架高度	m	8.5			
主钻架大钩负荷	kN	180			

4. 冲击回转式钻机

冲击回转式钻机是以回转式钻机为基础，在钻头上部连接一个专门的冲击器（也称潜孔锤）的一种机械。在钻进中，钻机提供一定的轴向压力和回转力矩，冲击器给钻具一定频率的冲击能量，在孔底以冲击和回转切削的共同作用破岩钻进。按使用动力的不同，其常用的冲击器有风动式和液动式。与回转式钻机相比，它钻孔速度快、机动灵活、费用较低。冲击回转式钻机的种类较多，灌浆工程中常用的型号及其性能见表 3-11。

表 3-11 部分冲击回转钻机型号及性能表

钻机型号	钻孔深度 （m）	钻孔直径 （m）	钻孔倾角 （°）	转速 （r/min）	配备动力 （kW）	主机质量 （kg）
QDG—2—1	50	120～300	120	15～132	30	3700
GZ—150	80	73～150	0～90	10～144	37	2000
QDG—1	25	150～200	20～90	25～130	11	1000
DK—150	100	36～59	0～360	135～1290	7.5	300
MGJ—50	60	57～70	0～180	26～48	11	720
NGY—100	100	100～200	20～110	6～162	37	3000
MD—30	50	65～130	0～90	11～118	15	
MD—50	50	110～150	—10～90	20～167	18.5	590
MD—100	100	110～200	0～90	11～212	37	3460
JMZ—150	30～50	80～150	—10～90			
SM—305		60～315	0～360	0～463	75	9000
SM—400		60～315	0～360	0～463	108.8	10500
Klemm802 系列	150	254	0～90		80.5～114	8500～21000

5. 钻具

钻具及钻进工具，由主动钻杆、钻杆、钻铤、岩芯管、沉淀管、各种连接接头、接箍及钻头组成。这里主要介绍几种常用的钻头和扩孔器。

（1）硬质合金钻头。硬质合金钻头的结构要素有钻头体、切削具出刃、切削具镶焊角、切削具在钻头底面的布置、切削具在钻头上的数目、钻头的水口和水槽等。

硬质合金钻头适合于在可钻性为 7 级以下硬度的岩石中钻孔，有较高的钻进效率。与钻粒钻头相比，它具有钻进时钻机平稳、成本低、孔壁圆整、不受钻孔方向限制等优点，但在坚硬岩石中钻进效率不高。常用硬质合金钻头的结构型式有：阶梯肋骨钻头、内外镶硬合金钻头、三八式硬合金钻（也称三八连续掏槽式硬合金钻头）、扭方柱硬质合金钻头（也称"负前角阶梯钻头"）、毛式钻头、三翼片阶梯硬质合金钻头等。

（2）金刚石钻头。

1）金刚石钻头与扩孔器。金刚石钻头具有钻进效率高、钢材消耗少等优点。它不受岩石硬度、钻孔方向的限制。金刚石钻头与扩孔器可分为表镶和孕镶两种方式，这里主要介绍的是孕镶金刚石钻头与扩孔器。

2）金刚石取芯钻具。灌浆工程先导孔和检查孔常常需要采取岩芯，合理地选择和使用取芯钻具是提高岩芯采取率的重要条件。常用的有单管取芯钻具、单动双管取芯钻具，较特殊的有三层岩芯管取芯钻具、喷射式孔底反循环取芯钻具等。

3）钻粒钻头。由于人造金刚石的应用，金刚石钻进工艺发展迅速，钻粒钻进的应用大大缩小。钻粒钻头标准系列有 $\phi75$、$\phi91$、$\phi110$、$\phi130$、$\phi150$ 五种规格。钻进效率的高低，钻头水口起主要作用，常用的钻头水口形状有单弧形、双弧形、单斜边、双斜边、斜梯形等。

4）冲击器。按动力方式，冲击器可分为液动冲击器、风动冲击器（潜孔锤）和机械作用式冲击器。前两种用得较多。风动冲击器（潜孔锤）。潜孔锤是在孔底做功的冲击器，分为阀式和无阀式两种型式。无阀式冲击器对风压要求较低、零件使用寿命长、适应性强，较多采用。潜孔锤由配气装置、活塞、气缸、外套和一些附属零件组成。液动冲击器是以冲洗泵输送的高压液流作为动力源的。液动冲击器种类较多，其中阀式冲击器比较成功。

6．测斜仪

在灌浆工程中，由于地质和工艺的原因，钻孔偏斜是不可避免的。但孔斜会产生极大的危害性，如容易导致孔内事故发生，可能使技术人员对灌浆质量作出错误的判断等。为了防止钻孔偏斜，都需要进行钻孔测斜。

在测斜工作中，磁针式测斜仪是应用最广泛的。它有许多型号：按记录数据方式分，有机械顶卡型、液体凝固型、电测记录型和照相记录型等；按一次下孔测取读数次数分，有单点式和多点式。磁针式测斜仪只能用于非磁性干扰条件下钻孔偏斜的测量，不能应用于随钻测量中。

灌浆孔不同于地质勘探孔，它是灌浆工程的一部分，数量很多，测斜工作量很大，因此用于灌浆孔的测斜仪应当满足一定的精度要求，性能稳定、坚实耐用操作和维修简便，一般不需要追求过高的精度。我国生产的多种型号的测斜仪，能满足灌浆工程钻孔施工的需要。部分测斜仪型号与规格性能见表 3－12。

表 3－12　　　　　　　　　部分测斜仪型号与规格性能表

序号	型号	测量范围		测量精度		仪器参数			运行时最高温度（℃）
		顶角	方位角	顶角	方位角	外径（mm）	长度（mm）	质量（kg）	
1	KXP—1	0～50°	4°～356°	±40′	±4°	40	1230	6	50
2	KXP—2	0～50°	4°～356°	±2°	±4°	40	1230	6	80
3	KXZ—1	0～50°	0～360°	±0.2°	±1.5°	40			−10～50
4	JXX—1	0～50°	4°～356°	±0.5°	±4°	40	1800	11	
5	JTL—50	0～50°	0～360°	±30′	±6°	56			−10～45
6	YSS—48F	0～50°	0～360°	±0.2°	±1.5°	48			125
7	YSS—48D	0～50°	0～360°	±0.2°	±1.5°	45			125
8	YST—35	0～50°	0～360°	±0.2°	±1.5°	48			125
9	YSS—32	0～50°	0～360°	±0.2°	±1.5°	45			150
10	CX—1	0～4°	0～360°	6′	1°	47	800		−5～45
11	CX—5	0～60°	0～360°	±1′	±1°	47	1000		−10～45
12	CX—6	0～60°	0～360°	±1′	±5°	55	1000		−10～50

续表

序号	型号	测量范围		测量精度		仪器参数			运行时最高温度（℃）
		顶角	方位角	顶角	方位角	外径（mm）	长度（mm）	质量（kg）	
13	DUZ—D	0～90°	0～360°	±0.2°	±1.5°	32			
14	JJX—3SⅡ	0～15°	0～360°	±6′	±4°	50	1350	15	
15	JTL—50A	0～50°	0～358°	±30′	±4°	50	560	15	
16	GSX—40	0～108°	0～360°	±0.5°	±1.5°	40			

3.5.2 灌浆设备

1. 灌浆设备的组成

灌浆机具主要包括灌浆泵、制浆和储浆设备、灌浆塞等。图 3-24 为纯压式灌浆泵、浆液搅拌机和灌浆塞等。

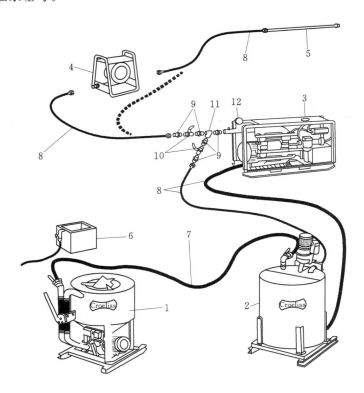

图 3-24 纯压式灌浆泵主要设备配置示意图
1—高速搅拌机；2—储浆搅拌机；3—灌浆泵；4—记录仪；5—灌浆塞；
6—计量水箱；7、8—管路；9、10、11—管件；12—压力表等

（1）灌浆泵。灌浆泵是水泥灌浆施工中的主要设备，要求有较大的工作压力和排浆量，能方便地调节泵的排量，易损配件有较高的耐磨性和耐蚀性，结构简单易于维修。当前国内所使用的灌浆泵多为往复式泵。若遇到特大吸浆量地层，还可以使用隔膜式砂石灌

注水泥砂浆、流态混凝土等，灌注膏状浆液可以使用螺杆泵。表 3－13 所列为常用灌浆泵型号及主要性能参数。

表 3－13   **部分灌浆泵或代用泵主要技术参数**

型 号	流量 (L/min)	压力 (MPa)	功率 (kW)	质量 (kg)
BW—160H 泥浆泵	160	1.3	5.15	130
HBW—150/10 泥浆泵	50～153	3.3～10	11	
HBW—160/10 泥浆泵	44～160	2.5～10	11	
BW—200/5 泥浆泵	160～200	4.0～5.0	18.8	
BW—200 泥浆泵	102～200	5.0～8.0	22	
BW—250 泥浆泵	35～250	2.5～7	15	
SXS200 高压注浆泵	86～204	6～10	22	1000
2SNS 高压注浆泵	63～135	4～8	11	612
3SNS 高压注浆泵	54～161	4～12	18.5	700
3SNST 变量注浆泵	0～85 0～177	4～10	18.5	730
ZBB—2 变量泥浆泵	35～178	2.7～6	11	300
BW—160 泥浆泵	160	1.3	7.5	200
BW—200 泥浆泵	125～200	4～6	11	300
BW—120QF 泥浆泵	120	1.4	7.5	120
LGB—200 螺杆泵	200	3.5		
SGB—10 泥浆泵	100	10	18.5	750
SGB—1 泥浆泵	90	8	11	400
NSB100 泥浆泵	100	3	7.5	210
ZBE—100 灌浆泵	90	5～14	7.5	380
ZBA150—01 灌浆泵	150	0～3.7	气动	190
PUMPAS 搅拌机组及泵组	200	10	22	1300

下面介绍几种常见的灌浆泵：

1）高喷泵。以 3XB 系列产品为例：3XB 系列产品以固定形式成套供货时，其产品代号为 XZ。XZ—75/50 型柱塞泵额定输出压力为 50MPa 流量为 75L/min。3XB 系列卧式三缸往复式柱塞泵基本技术性能参数见表 3－14。

2）全液压灌浆泵。YGB5—10 型全液压灌浆泵，是水泥浆压力灌注的专用泵。主要用于大坝、矿井、隧道、桥梁等各种工程的基础处理。由于它结构紧凑，尤其适用于廊道内高压灌浆作业。

YGB5—10 型全液压灌浆泵，是由电动机通过弹性齿轮联轴节，带动轴向变量柱塞泵而产生高压油。通过液压换向阀，进入液压缸前后两个腔，驱动液压缸内活塞。液压缸内活塞带动工作缸活塞作连续的往复运动。该泵在工作缸活塞作用下，通过进浆阀和排浆阀完成排浆和吸浆过程。

表 3－14   **3XB 系列卧式三缸往复式柱塞泵基本技术性能参数**

额定输出压力（MPa）					50				
输入转速（r/min）					1480（用 Y 系列电动机）				
柱塞行程（mm）					95				
曲轴转速	405 r/min					500r/min			曲轴转速
齿轮减速比	3.652				柱塞行程	2.936			齿轮减速比
流量（L/min）	电动机				（mm）	电动机			流量（L/min）
	37kW	45kW	55kW	75kW		45kW	55kW	75kW	90kW	
40	45				22	45				50
50	35	45			25	35	45			65
65	28	35	42		28	28	35	48		80
75	25	30	38	50		25	30	40	50	95
85	22	26	34	45	32	22	26	36	45	105
100	18	22	28	36	35	18	22	30	36	125
135	14	17	21	28	40	14	17	24	28	170
170	11	13	17	22	45	11	13	18	22	215

    泵的流量通过油泵上的手轮可进行调节，最大流量可达 90～100L/min。工作活塞的往复次数可通过计数器记录。每个冲程的排量约为 2.7L。泵通过换向阀上面的溢流阀手轮进行调节，最大压力可达 10MPa。YGB5—10 型全液压灌浆泵技术性能参数见表 3－15。

表 3－15   **YGB5—10 型全液压灌浆泵技术性能参数**

项　目	单　位	数　值	项　目	单　位	数　值
压力可调范围	MPa	10～0	电动机型号		Y160M—4B₃
排量可调范围	L/min	0～90	电动机功率	kW	11
工作缸直径	mm	110	电动机转速	r/min	1450
液压缸直径	mm	80	液压泵型号		MXBS1—H40FL
进浆管直径	mm	64	外形尺寸	mm	1490×716×760
排浆管直径	G11/2A 管接头或 M39×2 胶管接头		质量	kg	460

2. 灌浆辅助设备

（1）智能灌浆记录仪。J—21 型智能灌浆记录仪，是基础灌浆中的监测记录仪器。它能自动采集、显示、记录、打印灌浆过程中的有关参数，为质量检查与分析提供了完整的资料。记录在磁带上的原始数据可输入微机处理，打印出完备的工程文件。该智能记录仪还可用于其他工程需要记录压力和流量的施工项目。

    J—21 型智能灌浆记录仪，可分为两部分：①变送器，压力变送器和流量变送器接入灌浆管路中，分别把管路中的灌浆压力和流量信号变为 4～20mA 直流信号送入主机；②主机，主机为智能灌浆记录仪的主体，定时将送入的压力和流量信号，经数据处理后显示出来，并按设置的时间间隔打印出时间、压力、流量和水灰比等。当灌浆结束时，自动计算、打印总耗灰量，并可把全部过程数据存入磁带。J—21型智能灌浆记录仪技术性能参数见表3-16。

表 3-16　　　　　　　　J—21型智能灌浆记录仪技术性能参数

项　目	单　位	数　值	项　目	单　位	数　值
工作电压	V	220	记录水灰比		8∶1、5∶1 4∶1、3∶1
压力范围	MPa	0～10	环境温度	℃	−5～40
流量范围	L/min	0～100	相对湿度	%	95
精度	%	±0.5	主机外形尺寸	mm	480×380×260
储存时间	h	36～180	质量	kg	15
打印时间间隔	min	2、5、10			

　　（2）水泥浆搅拌机。水泥搅拌机是重要的灌浆设备，它对浆液质量、灌浆施工的工效和质量影响很大。水泥搅拌机按其用途可分为制浆搅拌机和储浆搅拌机，前者的作用是搅拌生产水泥浆，需要对浆液进行强力搅拌，充分分散水泥颗粒；后者的作用是储存水泥浆，只需要对浆液进行慢速搅拌，防止浆液沉淀。

　　（3）灌浆塞。灌浆塞的型式很多，按膨胀塞体材料和结构形式主要分为胶球式和胶囊式两大类。两类灌浆塞都有单塞和双塞两种形式，单塞只封闭孔段的一端，多用于自上而下分段灌浆法、自下而上分段灌浆法或全孔一次灌浆法；双塞多用于预埋花管灌浆法和指定孔段的压水试验。

本　章　小　结

　　本章主要介绍了打桩设备、静力压桩机、灌注桩成孔机械、高压喷设灌浆设备和钻孔灌浆设备。在打桩设备中，主要介绍了柴油打桩机、蒸汽锤、自由落锤打桩机、振动打桩机的工作原理及其特点，重点介绍了筒式柴油锤的工作循环过程；在静力压桩机设备中，主要介绍了机械式静力压桩机和液压式静力压桩机的组成、工作原理及特点；在灌注桩成孔机械中，介绍了挤土和取土两种成孔机械；在高压喷设灌浆设备中，介绍了各组成设备的特点、使用要求及生产能力，特别强调旋摆机构的不同使用特点和应用范围；在钻孔灌浆设备中，主要介绍了冲击回转式钻孔设备、冲击反循环钻机的特点、工作原理。

　　通过本章学习，了解基础工程机械的基本性能、工作原理及其选择方法，使学生初步具有基础工程机械使用的技能，培养学生正确选用基础工程机械的能力。

复　习　思　考　题

1. 预制桩施工机械一般有哪些？各有什么特点？
2. 筒式柴油锤在打桩机中，为什么应用较广泛？

3. 蒸汽锤的工作原理如何？它有何缺点？

4. 振动沉桩机的工作原理如何？它有何优缺点？

5. 液压式静力压桩机的使用范围如何？它有哪些优缺点？

6. 灌注桩成孔的方法有哪几种？简述其成孔的原理。

7. 高压喷射灌浆设备有哪些？各有什么要求？

8. 什么叫旋喷？

9. 简述回转式钻机和冲击式钻机的工作特点。

10. 常见灌浆设备有哪些？

第4章 土石方施工机械

4.1 凿岩钻孔机械

4.1.1 概述

1. 凿岩机械的分类

(1) 按工作机构动力分：液压式、风动式、电动式和内燃式。

(2) 按破岩造孔方式分：冲击式、回转式以及冲击回转式。

(3) 按行走方式分：履带式、轮胎式、自行式和拖式。

2. 用途

凿岩机械广泛用于水利水电、矿山、交通、建材、国防等工程的凿岩作业。其中有的既可以钻孔又可以安装锚杆，称为锚杆台车。

3. 凿岩机械的结构

凿岩机械主要由以下4部分组成：

(1) 底盘包括机架、行走机构、回转机构和动力驱动装置等。

(2) 工作机构包括凿岩机、钻臂、给进机构、钻杆和钻头。

(3) 辅助装置包括排渣集尘系统、空气压缩机等。

(4) 操作和电气系统。

4.1.2 凿岩机械

1. 潜孔钻机

潜孔钻机是装有潜孔冲击器的钻机。作业时作为动力的冲击器潜入孔底工作，可以钻凿向下垂直孔、倾斜及水平的大直径深孔，适用大型露天矿山作业及水利水电开挖工程。

潜孔钻机型号识别以 KQJ100 为例：K——矿用钻机；Q——潜孔；J——柱架式；100——凿孔直径（mm）。另有 L——履带式；G——高风压；X——切削式。钻机技术参数见表 4-1。

2. 顶锤式液压钻机

顶锤式钻机是为了区别潜孔式钻机，作业时其凿岩机在钻杆顶部工作。它广泛用在水利水电、国防、建材、矿山、交通等工程的钻孔作业。

3. 露天钻车

露天钻车主要用于露天凿岩作业，有轮胎式和履带式两种。一般配备相应的凿岩机或潜孔冲击器，可钻凿各种方位的爆破孔。广泛用于水利水电、建材、矿山、国防、交通等工程的凿岩作业。还可用来打预裂孔、灌浆孔和勘测孔等。

表 4 - 1　　　　　　　　　　　　部分国产潜孔钻机技术参数

规格型号	凿孔直径 （mm）	凿孔深度 （mm）	驱动方式	工作压力 （MPa）	功率 （kW）	耗气量 （L/s）	推进力 （kN）	重量 （t）
KQJ100	80～115	65	气动	0.63		200	0.92	0.52
KQJG165	165	70		0.63～1.2		300	31	1.0
KQLG115	80～125		气动 液压			330	12	5.3
KQLG165	155～175			0.63～2.0		580	31	6.0
KQJ90	83～100	21	气动 液压	0.45～0.63	37.75	150	5.0	0.23
KQX100	100	25				133	40	7.5
KQL120	115	20				300	16	5.28
KQY90	83/95	20		0.5	8.8	120	4.5	

露天钻车型号识别，以以下 3 种型号为例：①CL15：C——钻车，L——履带式，15——推进力（kN）；②CLQ15：C——钻车，L——履带式，Q——潜孔，15——推进力（0.15kV）；③CTQ600：C——钻车，T——轮胎式，Q——潜孔，600——推进力（×6kN）。部分厂家露天钻车的技术参数见表 4 - 2。

表 4 - 2　　　　　　　　　　　　部分厂家露天钻车技术参数

规格型号	钻孔直径 （mm）	钻孔深度 （m）	工作压力 （MPa）	推进长度 （m）	推进力 （kN）	功率 （kW）	耗气量 （L/s）	爬坡 （°）	配套凿岩机 或冲击器
CL15	65/100		0.63	3.0	10		350	25	YGZ170
CLQ15	100/105						300		QC100
TC101	45/115			3.3	13		280	26	
TC102	105/115		2.1		15		330		
TROC712HC	48/89	20	12/14	4.4	13	104		30	YYG150
TROC812HCS	64/115		15/24		20	125			COP1238
CTQ600	83/100	20	0.63	1.6	4.5		150		QC90
CM315	100/165		2.1		1.35	46	330	30	DHD340/360
CM341	90/140	18		3		41		25	DHD340，CWG90
CLQ80A	90/110		1.2		1.2	21	285		CLR90、110

4. 导轨式凿岩机

导轨式凿岩机是装在钻车、钻架推进器的导轨上进行凿岩作业的凿岩机械，主要用于矿山开采及石方工程的中深孔凿岩作业。

导轨式凿岩机型号识别以 YG80 为例：Y——凿岩机，G——导轨式，80——机重（80kg）。YG 后面加 Z 为独立回转；加 P 为高频。部分厂家导轨式凿岩机的技术参数见表 4 - 3。

表 4 - 3　　　　　　　　　　部分厂家导轨式凿岩机的技术参数

规格型号	钻孔直径 (mm)	钻孔深度 (m)	冲击能量 (J)	频率 (Hz)	耗气量 (L/s)	机重 (kg)
YG40	40～55	15	98	33	115	36
YG80	50～70	20	176	32	173	69
YGZ100	58～80	25		33	231	100
YGZ170	65～102	30	230	32	258	170
YGZ50	38～60	15	112	45	195	50
YGP28	38～50	5.0	88	43.3	75	31
YGZ70	38～55	8.0	112	43	159	70
YGZ90	50～75	30	225	34	217	90

4.1.3　锚杆台车

1. 锚杆台车的用途

锚杆台车是用来钻孔、向孔内注浆、安装锚杆的联合作业机械。它是一种快速、有效加固岩石的设备，可以用于洞室顶拱和边壁，以及边坡的加固。

2. 锚杆台车的特点

（1）可以实现机械化作业，工作效率高。

（2）操作安全可靠，保证人员专心工作。

（3）质量稳定，安装的锚杆 90% 以上是性能良好的。

（4）降低劳动强度，所有的操纵如钻臂定位、钻孔、注浆、推入锚杆、拧紧等，都能由一个人完成。

（5）适用范围广，能安装直径 16～39mm 的各种锚杆。

3. 锚杆台车的构造

锚杆台车可分为风动和液压两大类。以太姆洛克 ROBOLT 锚杆台车为例，其构造大体如下。

（1）锚杆机头。该部分采用坚固的钢结构，在其上装有钻机推进器、锚杆推进器，它是锚杆作业时的旋转中心。它由以下几部分组成：

1）凿岩机：HL300S 型和 HL500S 型凿岩机。

2）钻机推进器：其长度取决于锚杆的长度，可在 1.4～6.0m 之间选择。

3）取锚杆臂：可以从锚杆架上取下锚杆，将其插入到旋转马达的卡盘里，并引导锚杆到孔位。

4）锚杆推进器：把锚杆插入到钻好的孔中。

5）定位器：是个液压缸，它顶在岩石上，作用是在锚杆作业时固定锚杆头。

6）太姆洛克生产的锚杆机头型号及适应范围见表 4 - 4。

（2）钻臂。钻臂型号有 ZRU707、ZRU1407 等，它具有负载传感式比例控制的运动方式，使其定位平稳准确。

（3）底盘。型号是 TC100、TC200、TC300 等几种。

表 4 - 4　　　　　　　　　　太姆洛克生产的锚杆机头适应范围

锚杆机头型号	锚杆长度（m）	最小隧洞高度（m）	最大隧洞高度（m）
BH15	1.4～1.5	2.85	10.10
BH18	1.4～1.8	3.1	10.10
BH22	1.4～2.2	3.55	10.10
BH24	1.4～2.4	3.70	10.10
BH27	2.4～2.7	4.00	10.60
BH30	2.4～3.0	4.30	10.60
BH40	2.4～4.0	5.55	11.40
BH50	2.4～5.0	6.50	12.40
BH60	2.4～6.0	7.50	12.40

（4）泵送系统。水泥浆泵送系统的工作程序是：先把注浆管插到孔底，在注浆管缓慢退出时，向锚杆孔内泵送水泥浆，以形成高质量、满实的注浆体，避免产生气泡。水泥浆的水灰比一般为 0.3。

4. 几种膨胀锚杆技术参数

膨胀锚杆技术参数见表 4 - 5。

表 4 - 5　　　　　　　　　　几种膨胀锚杆技术参数

锚杆类型	平均破坏荷载（kN）	钻孔直径（mm）	锚杆类型	平均破坏荷载（kN）	钻孔直径（mm）
标准膨胀锚杆	117.7	32～39	重型膨胀锚杆	235.4	43～52
柔性膨胀锚杆	88.3	32～39	柔性重型膨胀锚杆	176.5	43～52
涂层膨胀锚杆	117.7	32～39	涂层重型膨胀锚杆	235.4	43～52

5. 锚杆安装过程

安装过程见图 4 - 1。

4.1.4　多臂钻车

多臂钻车又称凿岩台车，主要用于岩石地层地下开挖工程的钻孔作业。它代替了传统的手持风钻和支腿钻机，大大地提高了钻孔效率，是近些年来受欢迎的开挖机械。

多臂钻车的分类按操作方式可分为风动、液压式和电脑操作式；按行走方式：可分为轮胎式、履带式和轨轮式；按配置的钻臂：可分为单臂、双臂、三臂和四臂。钻臂的多少是选择多臂钻车需主要考虑的问题，它要根据隧洞开挖断面和高度来确定。通常是 $20m^2$ 以下用轻型；$20～50m^2$ 时用中型；$50m^2$ 以上使用重型。

我国生产多臂钻车的厂家很少，主要有南京工程机械厂、宣化英格索兰矿山工程机械有限公司。目前，国内使用的主要是进口产品。国外生产该种设备的厂家主要有阿特拉斯、太姆洛克（山特维克）、英格索兰和日本古河。

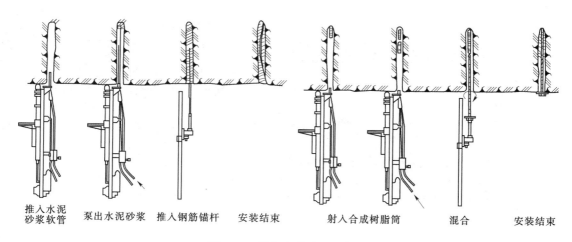

推入水泥砂浆软管　　泵出水泥砂浆　　推入钢筋锚杆　　安装结束　　　　　射入合成树脂筒　　混合　　安装结束

图 4-1　锚杆安装过程示意图

1. 多臂钻车的构造

（1）底盘。基本是专用底盘，主要安装传动系统和工作装置，如发动机、液力变矩器、变速箱、传动轴、驱动桥、轮边减速器等以及钻臂、工作平台。

（2）钻臂定位机构。钻臂定位机构是用来保证炮孔的精确位置，减少定位时间，以提高钻孔效率。钻臂可以延伸、推进器翻转及 90°俯仰，可钻上向、下向和横向炮孔。钻臂所有铰接点，均采用可调节的弹性膨胀销轴连接，提高了精度。

（3）推进器。以阿特拉斯 BMH 系列为例，推进按一次推进长度的不同，可分为 4 种型号：BMH612——最大钻孔深度为 3405mm；BMH614——最大钻孔深度为 4005mm；BMH616——最大钻孔深度为 4615mm；BMH618——最大钻孔深度为 5235mm。

（4）液压凿岩机：液压凿岩机是凿岩作业的主要工具，过去国内还很少生产，2003年阿特拉斯—科普柯公司在沈阳成立了全资子公司，即阿特拉斯（沈阳）建筑矿山设备有限公司，它的主打产品之一就是液压凿岩机。

该公司的液压凿岩机品种很多，以 COP1238 为例就有 11 种变型可分 3 大类：COP1238HF——高冲击频率，钻孔直径为 38～51mm，功率为 14kW；COP1238LE——低冲击频率，钻孔直径为 48～115mm，功率为 10kW；COP1238ME——中等冲击频率，钻孔直径为 48～115mm，功率为 15kW。

（5）工作平台。主要用于为钻臂、推进器提供空间检修平台，同时也可用来进行装填炸药和危岩处理。

2. 多臂钻车工作原理

多臂钻车工作时将钻机开进工作场地，放下支腿，用 1 号臂与隧道中的定位激光束对齐，进行标定，其目的是通知计算机钻机在隧道中的位置，如图 4-2 所示。

使用计算机导向钻孔的要求：在隧道中设立固定的激光束，并严格测定其坐标值；在直线隧道中，激光束的有效长度应不少于 200m；操作人员应有较高的文化程度；有较高的管理水平，水、电必须保证，装药必须精确，出渣要干净；具有团队精神，所有工作人员协调配合好，才能体现计算机台车的优势。

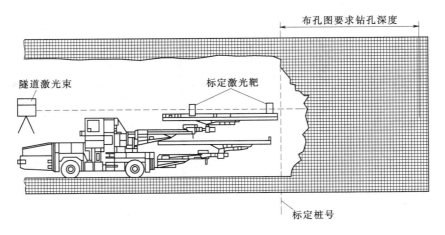

图 4-2　电脑台车工作顺序图

4.2　挖　掘　机　械

4.2.1　挖掘机

1. 单斗挖掘机

（1）概述。单斗挖掘机是用单个铲斗开挖和装载土石方的挖掘机械。可就近卸土或配备自卸汽车进行远距离卸土。其特点是：挖掘力大，可以挖Ⅳ级及Ⅳ以下的土壤和爆破后的岩石；工作装置可更换，以进行挖、装、填、夯、抓、刨、吊、钻等多种作业，使用范围大，生产率高。由于用单斗挖掘机进行土方施工有很明显的经济效益，所以，各种类型的挖掘机已广泛应用在工业与民用建筑、交通运输、水利电力工程、农田改造、矿山采掘以及现代化军事工程等机械化施工中。

单斗挖掘机通常由工作装置、回转装置、动力装置、传动操纵机构、行走装置和辅助设备等组成（图 4-3）。

单斗挖掘机的作业过程是以铲斗（一般装有斗齿）的切利刃切削土壤并将土装入斗内，斗装满后提升，回转至卸土位置进行卸土，卸空后机械上车再转回并使铲斗下降到挖掘面进行下一次挖掘。当挖掘机挖完一段土后，机械移动一段距离，以便继续作业。因此单斗挖掘机是一种周期作业的自行式土方机械。

单斗挖掘机的种类很多，按传动方式分为机械式（图 4-4）和液压式（图 4-5）两类。液压挖掘机在结构和使用方面有下列特点：技术性能高，工作装置品种多。液压单斗挖掘机的挖掘力比同级机重的机械式挖掘机提高约一倍，它的最大挖掘力可达机重的 1/2，而机械挖掘机只能达到机重的 1/4，行走牵引力与机重之比大大高于机械挖掘机，故行走速度和爬坡能力大；履带式液压挖掘机两边履带分别驱动，机械可绕自身的中心原地转向，大大提高了通过能力；液压传动挖掘机省去了许多复杂的机械中间传动件，简化了结构并减少了易损零件，重量减轻 30%～40%；传动性能改善，工作平稳，能实现无级调速且调速范围大；操作灵活、省力，易实现自动控制。此外，

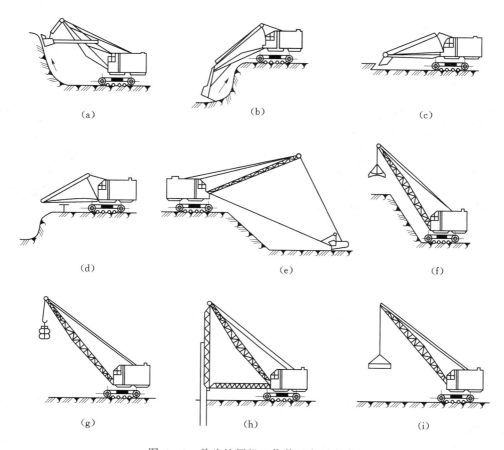

图 4－3　单斗挖掘机工作装置主要形式

（a）正铲；（b）反铲；（c）刨铲；（d）刮铲；（e）拉铲；（f）抓斗；（g）吊钩；（h）桩锤；（i）夯板

液压挖掘机还具有机构布置合理紧凑、易于实现标准化等优点。所以，在中小型单斗挖掘机中机械式已逐渐被淘汰。

挖掘机按工作装置型式分为反铲、正铲、抓铲、拉铲等型式。反铲挖掘方向朝向机身，用在挖掘停机面以下的土壤，工作灵活，使用较多，是液压挖掘机中的主要工作装置型式。

正铲挖掘方向向前（离开机身），用在挖掘停机面以上的土壤，大型矿用挖掘机多用正铲。抓铲主要用于小面积深挖，如挖井、深坑等。拉铲的铲斗依靠挠性件（钢丝绳）工作，用于停机面以下挖掘，挖掘范围大。土方工程常用的建筑型挖掘机，其可换工作装置可达 70 余种，故也称通用挖掘机。采矿型和剥离型挖掘机一般只配备有一种工作装置，进行专一作业，故又称专用挖掘机。

按行走装置的型式分为履带式、轮胎式、步行式、浮动式、铁路式和步履式等 6 种。最常用的是履带式和轮胎式。履带式挖掘机接地比压小，重心低，稳定性好，应用最广，轮胎式挖掘机行走速度快，机动性好。行走驱动一般采用机械传动或单个液压马达集中

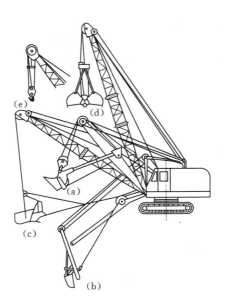

图 4-4　机械单斗挖掘机

（a）正铲；（b）反铲；（c）拉铲；

（d）抓铲；（e）起重

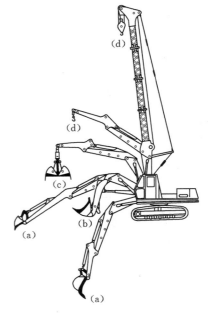

图 4-5　液压单斗挖掘机

（a）反铲；（b）正铲或装载；

（c）抓铲；（d）起重

传动。

　　按动力装置的不同，有柴油机驱动、电驱动、复合驱动和蒸汽机驱动等型式，后者已基本淘汰。

　　表 4-6 列有国产挖掘机的分类和型号编制方法。按新制订的专业标准规定，以机重作为主参数来编制型号。如整机质量 25t 的液压单斗挖掘机，型号为 WY25，该机斗容量为 1m³，对应过去的旧型号为 WY100（1m³×100）。

表 4-6　　　　　　　　　　　　挖掘机的分类和型号编制方法

组	型	特性	代号和含义	主参数代号		
				名　称	单　位	表示法
单斗挖掘机 W	履带式	—	机械单斗挖掘机（W）	整机质量	t	主参数
		D（电）	电动单斗挖掘机（WD）			
		Y（液）	液压单斗挖掘机（WY）			
		B（臂）	长臂单斗挖掘机（WD）			
		S（隧）	隧洞单斗挖掘机（WS）			
	轮胎式（L）	—	轮胎式机械单斗挖掘机（WL）			
		D（电）	轮胎式机械单斗挖掘机（WLD）			
		Y（液）	轮胎式机械单斗挖掘机（WLY）			

组	型	特性	代号和含义	主参数代号		
				名　称	单　位	表示法
多斗挖掘机 W	轮斗式（U）	—	机械轮斗挖掘机（WU）	生产率	m^3/h	主参数
		D（电）	电动轮斗挖掘机（WUD）			
		Y（液）	液压轮斗挖掘机（WUY）			
	链斗式（T）		机械链斗挖掘机（WT）			
		D（电）	电动链斗挖掘机（WTD）			
		Y（液）	液压链斗挖掘机（WTY）			

（2）液压单斗挖掘机。液压单斗挖掘机的基本组成及传动示意图如图 4-6 所示。柴油机驱动液压泵，操纵分配阀，将高压油送给有关液压执行元件（液压缸或液压马达）驱动相应的机构进行工作。液压挖掘机的工作装置为一组平面连杆机构，各部分的运动通过液压缸的伸缩来实现。图示的反铲是液压挖掘机最常用的工作装置，它由铲斗 1、斗杆 2、动臂 3、连杆 4 及相应的液压缸 5、6、7 组成。动臂下铰点铰接在回转平台上，利用动臂液压缸的伸缩，使动臂绕其下铰点摆动，铲斗铰接在斗杆前端，通过铲斗液压缸和连杆使铲斗斗绕前铰点转动。挖掘作业时，先向铲斗液压缸小腔供油，使斗扬起，再接通回转机构液压马达，转动上部转台，使工作装置转到挖掘面，同时操纵动臂液压缸，向小腔供油，使液压缸回缩，动臂下降，直到铲斗接触挖掘面为止。然后操纵斗杆液压缸或铲斗液压缸，向大腔供油，液压缸伸长，使铲斗进行挖掘或装载作业。斗装满后，停止操纵斗杆缸和铲斗缸，操纵动臂液压缸，使大腔进油，动臂举升离开挖掘面。随后接通回转马达，使斗转到卸货地点，再操纵斗杆和铲斗液压缸回缩，使铲斗扬起卸土。卸完后，把工作装置转到挖掘面进行下一个挖掘循环。

1）履带式液压单斗挖掘机。图 4-7 所示是国产 WY60A 型液压单斗挖掘机总图。该机为改进型产品。反铲标准斗容 0.6m³（斗容范围 0.3～1.1m³），整机质量 17.8t，发动机功率 69kW。工作装置可按使用要求配置正、反铲铲斗、装载斗、超长臂扒铲以及碎石器等装置。该机为双泵、双回路变量液压系统，工作压力 25MPa，最大流量 2×125l/min。液压泵为双联斜轴式变量泵。回转及行走则用斜轴式定量马达。回转支承为双排滚球式滚盘。采用组合履带，可配装宽 500mm 或 800mm 的通用三筋履带板；也可换装 900mm 宽的三角形履

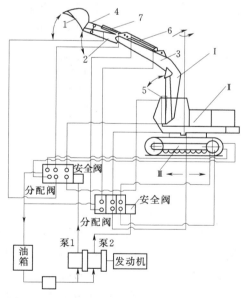

图 4-6　液压挖掘机基本组成及传动示意图
1—铲斗；2—斗杆；3—动臂；4—连杆；
5、6、7—液压油缸
Ⅰ—挖掘装置；Ⅱ—上部转台；Ⅲ—行走装置

带板，使挖掘机的接地比压降到 28～31kPa，以适应在沼泽或软土地带工作。

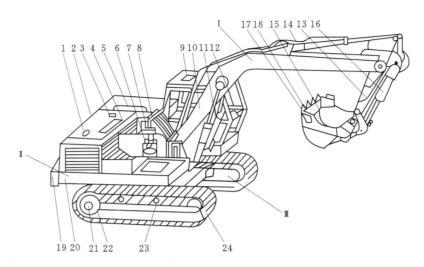

图 4-7　WY60A 型挖掘机

1—柴油机；2—机棚；3—油泵；4—液控多路阀；5—液压油箱；6—回转减速器；7—液压马达；
8—回转接头；9—司机室；10—动臂；11—动壁油缸；12—操纵台；13—斗杆；
14—斗杆油缸；15—铲斗；16—铲斗油缸；17—边齿；18—斗齿；19—平衡重；
20—转台；21—行走减速阀；22—支重轮；23—拖链轮；24—履带板
Ⅰ—工作装置；Ⅱ—上部转台；Ⅲ—行走装置

2）轮胎式液压单斗挖掘机。轮胎式液压单斗挖掘机与履带式液压单斗挖掘机的上部结构基本相同，区别主要是行走装置。图 4-8 为轮胎式液压挖掘机的示意图。

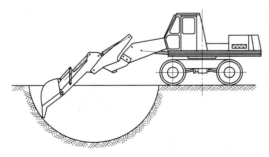

图 4-8　轮胎式液压挖掘机示意图

目前我国生产的轮胎式液压挖掘机有两种类型：一种是轮胎式液压挖掘机的行走传动采用机械式，如 WLY60 型挖掘机，这种纯机械传动的优点是借用标准汽车的零部件，成本低，维修方便，机械传动效率较高，但结构复杂，用变速箱换挡动作慢，牵引特性不佳，故在行走特性要求较高的挖掘机上很少采用；另一种轮胎式底盘较为普遍的传动方式是液压马达直接装在变速箱上（变速箱固定在底盘上），变速箱引出前后传动轴驱动前后桥，或再经轮边减速装置驱动轮胎。变速箱有专门的气压或液压操纵，通常有越野档、公路档和拖挂档 3 种速度。此类传动较简单，省掉上、下传动箱及垂直轴，结构布置较为方便，使用可靠。适当选择液压元件和变速箱档级可以减少各档级间牵引力的突变，改善了传动性能。

轮胎式挖掘机普遍设有支腿，作业时放下，减轻了轮轴的载荷，并使车架刚性支地，保证挖掘机稳定工作。

3）机械单斗挖掘机。正铲工作装置是机械挖机工作装置的基本型式。图 4-9 为这类挖掘机的结构示意图。其工作装置由动臂 1、斗杆 2、铲斗 3 组成，动臂下端铰支在转台 11 上，上端靠钢丝绳滑轮组支持。通过变幅钢丝绳滑轮组 4 和变幅机构 6 可以改变动臂倾角（$\alpha = 40° \sim 60°$），动臂中部有推压轴 7，其上装有扶柄座 5，斗杆在推压机构的作用下可在扶柄座内滑动，从而实现推压和返回运动。铲斗与斗杆端部固接，并靠提升滑轮组 8 悬挂在动臂头部，在提升钢丝绳的作用下，斗和斗杆一齐绕推压轴转动，实现斗的升降。正铲靠打开斗底卸土，多半卸入运输车辆。

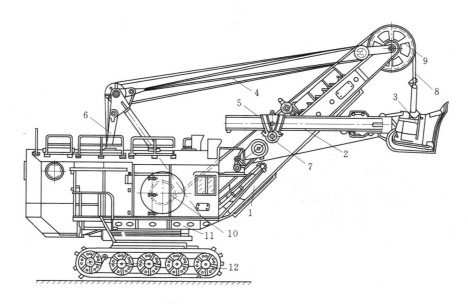

图 4-9 机械正铲挖掘机

1—动臂；2—斗杆；3—铲斗；4—变幅钢丝绳滑轮组；5—扶柄座；6—变幅机构；7—推
压轴；8—提升钢丝绳；9—端部滑轮；10—提升卷筒；11—转台；12—行走装置

图 4-10 为国产 WD400 型挖掘机的工作装置。WD400 挖掘机是国产中型采矿用挖掘机。仅有正铲装置，必要时可换为起重装置，最大起重量为 630kN。采用磁放大器励磁的发电机—电动机驱动系统。提升、回转、行走、推压及开斗均由各自的电动机驱动。

几种国产单斗机械挖掘机的主要技术性能见表 4-7。

（3）单斗式挖掘机选型。

1）挖掘机的选型：①根据工程量情况，当工程量不大时，可选用机动性好的轮胎式挖掘机，工程量很大时，应选用大型专用挖掘机；②根据土石方位置，当土石方在停机面以上时，可选用正铲挖掘机，土石方在停机面以下时，可选用反铲挖掘机；③根据土质性质，挖掘水下或潮湿泥土时，可采用拉铲或抓斗挖掘机；④与运输机械的匹配，为了充分发挥工程机械的作用，挖掘机的斗容应与运输设备的斗容、吨位相匹配，通常情况下以 3～5 斗装满运输设备为宜；⑤挖掘机的斗容与工作面高度的关系。挖掘机的斗容与土的类别及工作面高度都有连带关系，一般情况下 1.0m³ 挖掘机挖 Ⅰ～Ⅱ 类土时其工作面高度不应小于 2.0m、挖 Ⅲ 类土时，工作面高度不应小于 2.5m、挖 Ⅳ 类土时不应小于 3.5m。

2）生产率计算。生产率 Q 是挖掘机的主要技术指标之一，它表示在单位时间内从工

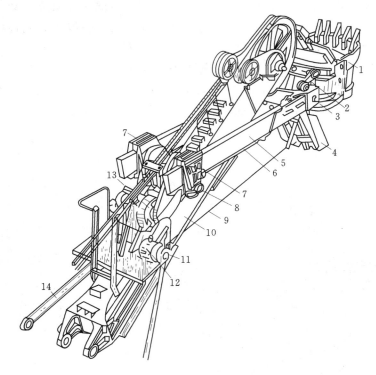

图 4 - 10　WD400 型挖掘机的工作装置

1—铲斗；2—拉杆；3—铰接螺栓；4—斗底；5—斗柄；6—推压齿条；7—扶柄座；8—推压轴；
9—开斗钢丝绳；10—动臂；11—开斗卷筒；12—开斗电动机；13—推压机构；14—两侧拉杆

作面挖掘并卸到运输车辆上土壤的实方体积。通常以（m³/h）表示。挖掘机一个工作循环包括挖掘、满斗举升并转到卸载地点、卸载及空斗返回工作面等过程，生产率的大小决定于一个工作循环的时间。此外，与司机操纵的熟练程度，施工组织管理水平高低有很大关系。产品样本上提供的机械的生产率或工作循环时间都仅就计算条件考虑而得，所以，都是理论值。挖掘机的理论生产率可用下式计算：

$$Q_0 = 60qn_0 = \frac{3600q}{T}(\text{m}^3/\text{h})$$

式中　q——铲斗几何容量，m³；

　　　n_0——每分钟工作循环次数的理论值；

　　　T——每一工作循环的延续时间，s（通常由制造厂提供）。

施工中常根据工程土方量确定所需挖掘机的台数，故要计算其实际生产率 Q 可按下式求得：

$$Q = Q_0 \frac{k_M}{k_p} k_B$$

式中　k_M——铲斗的装满系数（表 4 - 9）；

　　　k_p——土壤的松散系数；

　　　k_B——时间利用系数，视具体施工条件而定，一般取 0.7～0.85。

表4-7　　单斗机械挖掘机的主要技术性能表

项　目		单位	W50,WD50	W100,WD100	WD200	WD400	WD1000	WD1200
标准斗容量		m³	0.5	1	2	4	10	12
整机质量		t	20.5	42	83	200	445	465
动力装置	柴油机功率/转速	kW（r/min）	66.17/1050	88.23/1500 95.58/1000				
	电动机功率	kW	55	100	150（主电机）	250（主电机）	710（主电机）	560（主电机）
回转速度	一档	r/min	3.07~3.6	4.6	3.3	2.5~3.5	2.9	2.44
	二档	r/min	5.92~7.1					
行走速度	一档	km/h	1.5~1.8	1.5	1.22	0.42	0.686	1.22
	二档	km/h	3.0~3.6					
最大爬坡度		%	40,47	36	27	21	23	36
履带牵引力		kN	92	159	222	800	2000	2200
接地比压		kPa	62	92.7	125	240	224	240
工作装置			正铲、反铲、抓斗	正铲、反铲、抓斗	正铲	正铲	正铲	正铲
工作装置、工作尺寸 · 正铲	停机面以下挖掘深度	mm	1500	2000	2200	3400	3400	2600
	最大挖掘半径	mm	7800	9800	11600	14400	18900	19000
	最大挖掘高度	mm	6500	8000	9500	10100	13630	13500
	铲斗卸载高度	mm	4500	5500	6000	6300	8450	8300
	铲斗滑轮提升作用力	kN	112	160	147	508	1050	1150
	斗柄推压力	kN	116.4	146	177	222	650	650
反铲	最大挖掘深度	mm	5560	6500				
	最大挖掘半径	mm	9200	10350				
作业循环时间		s	28	25	24	24		27.82
主要外形尺寸	机棚尾部到回转中心距离	mm	2900	3300	4560	5560	7800	6600
	动臂框轴中心距地面高度	mm	3220	3650	4200	5350	7470	6600
	动臂长度	mm	1555	1700	1600	2370	3430	3360
	履带行走装置宽度	mm	3420	4005	5110	6000	8410	8025
	履带离地间隙	mm	2850	3200	4000	5200	7100	6640
	行走架顶部距地面高度	mm	300	250	370		450	450
	人字架顶部距地面高度	mm	3480	4160	5950		10570	11150

表4-8 几种国产单斗液压挖掘机的主要技术性能参数

	项目	单位	上海建筑机械厂 WY15	北京建筑机械厂 WY50	合肥矿山机器厂 WY60A	上海建筑机械厂 WY100	抚顺挖掘机制造厂 WY100B	上海建筑机械厂 R942HD	长江挖掘机厂 WY160D	杭州重型机械厂 WY250	贵阳矿山机器厂 WLY60
主参数	斗容量	m³	0.15	0.5	0.6	1.0	1.0	0.4~2.0	1.6	2.5	0.6
	整机质量	t	4.2	10.6	17.8	45	29.4	31.1	38.5	60	13.6
	发动机功率/转速	kW/(r/min)	20.59/2000	66/2000	69.17/2150	110.33/1800	117.68/1800	125.04/2150	128.71/1800	220.66/1500	60/1000
液压系统	系统型式		定量	二级变量	全功率变量	定量	全功率变量	全功率变量	全功率变量	分功率变量	定量
	系统工作压力	MPa	13	16	25	最大32	28	30	28	28	14
	最大流量	L/min	2×50	2×100+100	2×125	2×109	2×180	2×200	2×220	2×320	2×109
	主油泵型式		双联齿轮泵	齿轮泵	轴向柱塞泵	双列径向柱塞泵	斜轴式变量泵	双联轴向变量泵	斜轴式轴向柱塞泵	斜轴式轴向柱塞泵	双联齿轮泵
回转机构	驱动方式、转角		液压马达,全回转,臂摆动±50°	液压马达,全回转	液压马达,全回转	液压马达,全回转	液压马达,全回转	液压马达,全回转	液压马达,全回转	液压马达,全回转	液压马达,全回转
	最大回转速度	r/min	10	8.9	8.65	7.88	6.7	0~7.8	6.9	5.8	6
行走装置 履带式	行走速度	km/h	1.5~2.2	3	3.4	1.6/3.2	2.2	0~2.6	1.77	2	
	爬坡能力	%	≥40	70	45	45	45	80	80	38	
	接地比压	kPa	35	40	50、31、28	66、52、42	60	67	88	101	
行走装置 轮胎式	驱动方式										机械
	行走速度	km/h									32
	爬坡能力	%									36
	离地间隙	mm	330	410	452	475	514	520	528	600	275

续表

项 目		单位	上海建筑机械厂 WY15	北京建筑机械厂 WY50	合肥矿山机器厂 WY60A	上海建筑机械厂 WY100	抚顺挖掘机制造厂 WY100B	上海建筑机械厂 R942HD	长江挖掘机厂 WY160D	杭州重型机器厂 WY250	贵阳矿山机器厂 WLY60
工作装置			反铲	反铲	反铲、正装载	反铲、正铲、抓斗	反铲	正铲、反铲、抓斗	正铲、反铲、抓斗	正铲、反铲、抓斗	反铲、正铲
工作装置、工作尺寸 — 反铲	最大挖掘深度	mm	3000	4500	5140	5703	5855	8100	6100	8100	4630
	最大挖掘半径	mm	4800	7380	8460	9030/1200	10535	11600	10600	11000	8300
	最大挖掘高度	mm	3640	7300	7490	7570	9015	9500	8100	11000	6740
	最大卸载高度	mm	2400	5040	5600	5390	7345	7550	5830	7000	3400
	最大挖掘力	kN	17	51	100	120	113.4	斗杆155, 铲斗146	压铲180, 正铲200	反铲250, 正铲270	80
正铲	最大挖掘高度	mm			6350	7000		7800	8100	9200	5800
	最大挖掘半径	mm			6540	7900		8600	8050	9300	6460
	最大挖掘深度	mm			2960	2850		2800	3250	2300	3780
	最大卸载高度	mm			3960	4200		3900	5700	6800	3380
理论生产率		m³/h	38	90~120	120	200	200		280	300	90~100
外形尺寸	全长	mm	5030	7160	9280	9530		10265	反铲10900, 正铲7600	12900	7595
	全宽	mm	1687	2430	2650	3100	3000	3258	3500	3700	2750
	全高	mm	2200	2670	3200	3400	3148	3330	4050	3800	3850

注 本表所列产品型号仍按制造厂目前产品样本所用型号表示。

表 4-9　　　　　　　　　　　　铲 斗 装 满 系 数

铲斗型式	轻质松软土	轻质粘性土	普通土	重质土	爆破后岩石
正　铲	1～1.2	1.15～1.4	0.75～0.95	0.55～0.7	0.3～0.5
拉　铲	1～1.5	1.2～1.4	0.8～0.9	0.5～0.65	0.3～0.5
抓　斗	0.8～1	0.9～1.1	0.5～0.7	0.4～0.45	0.2～0.3

3）挖掘机的需用数量 N 计算。

$$N = \frac{W}{QT}$$

式中　W——设计期限内需由挖掘机完成的总工程量，m^3；

　　　Q——所选定挖掘机的实际生产率，m^3/h；

　　　T——设计期限内挖掘机的有效工作时间，h。

此外，在选择运输车辆配合作业时车厢容积与铲斗容积之比应考虑两者间运转工艺上的配合，一般以 3～5 倍为宜。

2．多斗挖掘机

（1）概述。多斗挖掘机是由许多个挖斗连续循环进行工作的挖掘机械，主要用在挖掘Ⅳ级以下土质纯一的土壤中挖掘、开沟、剥离采料场或露天矿场上的浮土、修理边坡及装卸松散材料等作业。

多斗挖掘机的工作装置由挖斗、安装挖斗的斗链或转轮和斗架组成。挖斗的前端和上部敞开，当它自下而上移动时，进行削土并把挖斗装满，当挖斗随斗链绕链轮回转或与挖斗转轮一起回转时，土壤由于自重卸到运土带条上，由运土带条运到堆弃地点或运输车辆中。

和单斗挖掘机相比，多斗挖掘机是连续工作，运行不另占时间，生产率较高；多斗挖掘机的工装在工作面中作均匀而连续的运动，故所受的荷载较小，减轻了机重；多斗挖掘机的动力消耗少，生产率大，在同样的动力设备功率之下，多斗挖掘机的生产率是单斗挖掘机的 1.5～2.5 倍；多斗挖掘机所挖成的掌子形状比较整齐，一般不需再用人工或其他机械修整；多斗挖掘机的操纵也比较简单，装载时对车辆的冲击小。但多斗挖掘机的挖掘能力小，应用上受到一定的限制；多斗挖掘机是专用性机器。一台多斗挖掘机只能挖得一定形状的工作面，单斗挖掘机则可以挖掘任何形状的工作面；且可更换多种工作装置，做到一机多用。显然，多斗挖掘机的使用范围与之不能相比。

按照工作装置不同，多斗挖掘机可分为链斗式和轮斗式两种。链斗式挖掘机的挖斗连接在挠性构件（斗链）上；轮斗式挖掘机的挖斗则固定在刚性构件（轮斗）上。

按照工作装置的运动方式和机械的运行方向是平行还是垂直，可分为纵向多斗挖掘机和横向多斗挖掘机两类。前者两运动方向平行，后者垂直。多斗挖掘机的基本型式如图4-11所示。另有一种斗轮装在动臂顶端的斗轮挖掘机［图 4-11（j）］具有很好的作业性能，目前得到较快的发展。

链斗式是多斗挖掘机中最常用的型式，它又分为上采式（掌子位置高于停机面）、下采式（掌子位置低于停机面）、复采式（通用式）3 种。下采式挖掘机作业时，挖斗从较

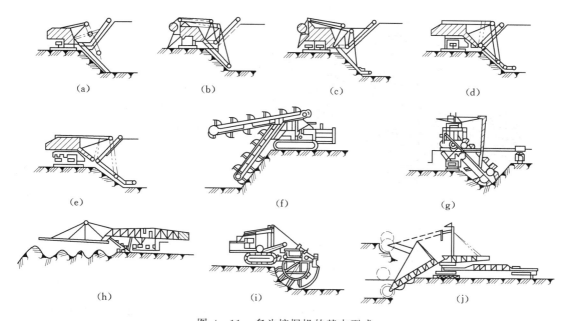

图 4－11　多斗挖掘机的基本型式

(a)、(b)、(c) 分别为小型、中型、大型横向链斗式挖掘机；(d)、(e) 为中、大型
横向链头式回转挖掘机；(f) 纵向链头式挖掘机；(g) 土壤改良用横向链斗式
挖掘机；(h) 排土用链斗式挖掘机；(i) 纵向轮斗式挖掘机；(j) 斗轮挖掘机

低的位置向上挖掘，逐渐装满。当挖斗撤出掌子时，有导向槽防止土壤下落，装满情况较好。小型下采式用于挖沟，又称挖沟机 [图 4－11（f）]。上采式挖掘机作业时，斗从较高的位置向下挖掘，挖斗挖掘时不能装载，直到挖斗运动到掌子底部，改变方向，开始向上运动时，依靠导向槽的帮助，才进行装载，故装满情况较差。这类挖掘机适宜挖掘停机面以下的沟槽。现代链斗式挖掘机的挖深已达 40m，挖掘高度达 27m，斗容量达 2500L，生产率达到 3000m³/h，机体质量多达 3500t。

轮斗式多斗挖掘机 [图 4－11（i）] 是一种中小型纵向挖掘式机械，用于挖掘埋管沟道，又称轮斗式挖掘机。作业时，利用钢丝绳滑轮组将轮斗放下，挖斗随着轮斗的旋转而挖土，放下的深度有限，故最大挖沟深度不超过斗轮直径的1/2。

斗轮挖掘机由于用刚性的斗轮代替了斗链，用简单而高效的带式输送机代替较重的斗和斗链把土壤撤出掌子，因此具有切削力大、切削速度快、生产效率高、运转平稳、动载荷小、可靠性好等优点。又因斗轮装在动臂端部，动臂的长度和倾角可以改变，转台还可以旋转，能挖出比较多样的掌子形状。在一定程度上，斗轮挖掘机兼有链斗式多斗挖掘机和单斗挖掘机的一些优点，并具有较好的经济技术指标，应用越来越广泛。现代斗轮挖掘机的理论生产率为 70～15000m³/h，上下总挖掘高度达 3～77m，斗轮直径为 1.9～2.2m，挖斗容量为 0.5～8.6m³，斗臂长度为 5～10.5m，动装置功率为 45～14300kW，机体质量为 17.5～7250t，最大型斗轮挖掘机的班生产率达 240000m³/班。

（2）链斗式多斗挖掘机。国产 T—1 型纵向链斗式多斗挖掘机的构造如图 4－12 所示。该机用于挖沟，故又称 T—1 型链斗式挖沟机。

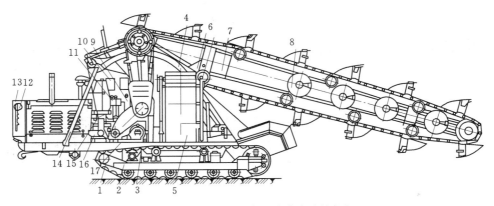

图 4-12 T—1 型纵向链斗式多斗挖掘机

1—行走机构；2—底架；3—齿轮箱；4—上部框架；5—皮带运输机；
6—抛料装置；7—工作机构；8—扩沟装置；9—操作机构；10—操
作室；11—操作坐标；12—照明装置；13—发动机；14—门架；
15—滑轮组；16—提升机构；17—转向离合器

挖沟机的工作装置包括挖斗、斗链及螺旋挖沟机构（可加宽槽底及挖阶梯形沟槽，如图 4-13 所示）、斗架和斗架提升机构 16 及滑轮组 15、土壤运输及装卸装置 5 和 6 等。斗的侧壁垂直，上部敞开，斗底为圆形曲面，切削边缘常用箍圈加强。为适应在硬土中作业，切削边的端面和侧面还装有斗齿。单排挖斗安装在两条平行的斗链上，后者是多斗挖掘机的承载和牵引构件。斗和斗链支承在斗架上，斗架一端铰接在挖掘机机体上，另一端用钢丝绳滑轮组支持，呈悬臂状。在上部框架 4 上装有两条工字钢弧形滑道，斗架靠提升机构及滑轮组，可在弧形滑道上升降。用来改变挖掘深度或高度，以及掌子坡度和形状。为支持挖斗和斗链并起导向作用，在斗架上装有支承滚子、驱动链轮、导向链轮和斗链张紧装置。

T—1 型挖掘机的行走装置为履带式，装有三点支承的底架 2，前两点与行走机构中间轴连接，后一点与平衡梁铰接。发动机 13、齿轮箱 3、皮带运输机 5、上部框架 4、操作室 10，以及各部分的操纵机构等，均安装在底架上。

T—1 型挖掘机采用单发动机驱动，发动机为内燃机。动力经由传动装置进行动力传递和分配，使工作装置、行走装置、斗架提升机构、皮带运输机等产生所需要的运动。

（3）斗轮挖掘机。图 4-14 为国产 WUD 400/700 型斗轮挖掘机的结构。它包括履带行走装置 1、回转平台及回转装置 2、斗轮工作装置 3、卸料皮带机 4、电力驱动装置 5 及液压系统 6 等部分。

行走装置用来承受机体质量及挖掘时的作用力，并完成移动及转弯动作。该机采用刚性多支点支承的履带行走装置，主要由底架、履带支架、“四轮一带”（即驱动轮，导向轮、支重轮、托轮及履带）张紧装置及行走传动系统等组成。行走传动用两台 50kW 的电动机驱动，呈对角线布置。当挖掘机直线运行时，两台电动机同时运转；转弯时，将其中一台停机或适当制动即可。

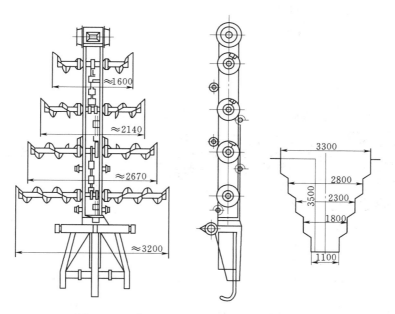

图 4-13　多斗挖掘机挖沟装置（单位：mm）

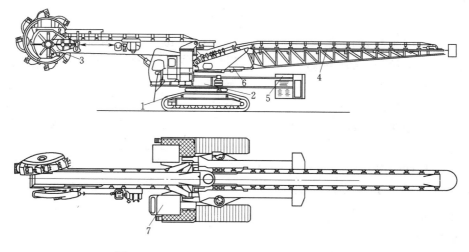

图 4-14　WUD 400/700 型斗轮挖掘机结构图

1—履带行走装置；2—回转平台及回转装置；3—斗轮工作装置；4—斜料皮带机；
5—电力驱动系统；6—液压系统；7—操作室

　　斗轮工作装置、卸料皮带机、电力驱动系统、液压系统和操作室均设在回转平台上。后者由回转支承装置（大型滚柱式轴承）与底架相连，同时将上部的载荷传递给底架并相对定心。平台由两个径向柱塞式液压马达经立式二级行星减速器带动回转小齿轮绕大齿圈转动。WUD400/700 型挖掘机的斗轮工作装置如图 4-15 所示。斗轮包括挖斗和斗轮体 1，斗轮体装在臂架 6 上，通过驱动装置使斗轮体旋转，挖斗在旋转过程中挖取土壤并从斗轮的侧面卸土。为便于卸料，整个斗轮相对机体倾斜布置（图 4-15），在垂直方向倾斜 8°，在水平方向倾斜 5°。臂架用来支承斗轮，在臂架内装设有皮带机 7，以运出土壤。由液压缸控制臂架能在 -0.4～10m 范围内升降，改变挖掘深度和高度。受料皮带机 7 由电动滚筒 8 传动。

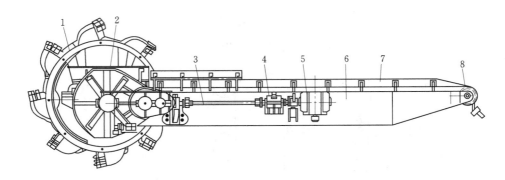

图 4 - 15　WUD 400/700 斗轮挖掘机斗轮工作装置
1—斗轮；2—减速器；3—万向节；4—变速箱；5—电动机；6—臂架；7—受料皮带机；8—电滚筒

（4）多斗生产率计算。多斗挖掘机的实际生产率 Q 是指挖掘机在 1 小时内所挖土坡的实方体积。计算如下：

$$Q = 0.06nqk_H \frac{k_m}{k_p}k_B = 0.06nqk_2k_B$$

式中　Q——实际生产率 m^3/h；

　　　n——每分钟挖斗卸土次数；

　　　q——挖斗几何容积 L；

　　　k_H——挖斗装满系数；

　　　k_m——挖土难易系数；

　　　k_p——土壤松散系数；

　　　k_B——时间利用系数，$k_B=0.7～0.9$；

　　　k_2——土壤影响的总系数，见表 4 - 10。

表 4 - 10　土 壤 影 响 系 数

土壤级别	k_H	k_p	k_m	土壤影响总系数 $k_2 = k_H \dfrac{k_m}{k_p}$
Ⅰ	1.05	1.15	1.00	0.91
Ⅱ	1.00	1.20	0.95	0.79
Ⅲ	0.90	1.25	0.80	0.58
Ⅳ	0.85	1.30	0.70	0.46

4.2.2　推土机

1. 概述

推土机是一种在拖拉机前端悬装上推土刀的铲土运输机械。作业时，机械向前开行，放下推土刀切削土壤，碎土堆积在刀前，待逐渐积满以后，略提起推土刀，使刀刃贴着地面推移碎土，推到指定地点以后，提刀卸土，然后调头或倒车返回铲掘地点。在运土过程中由于碎土会从推土刀的两端流失，其经济运距一般在 100m 以内。由于推土机牵引力大，生产率高，工作装置简单牢固，操纵灵便，能进行多种作业，应用甚为广泛。

推土机按照推土刀的安装形式，行走装置形式和工作装置的操纵系统进行分类。

按照推土刀安装形式分回转推土刀［图 4 - 16（a）］和固定推土刀［图 4 - 16（b）］两种。固定推土刀装成垂直于拖拉机纵轴线，只能作上下升降动作和向前推土，故又称为直铲推土机。回转推土刀，当停机时可以改装成在水平面内与拖拉机纵轴线倾斜一个角度

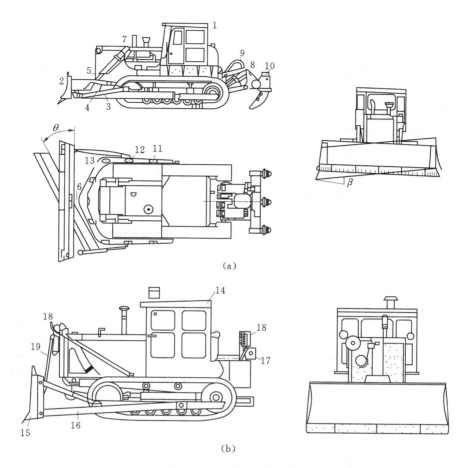

（a）

（b）

图 4-16 履带式推土机

（a）回转推土刀；（b）固定推土刀

1、14—驾驶室；2、15—推土刀；3—拱形架；4、5—撑杆；6—球铰；7—推土刀工作缸；
8—松土器工作缸；9—油管；10—松土器；11—后铰座；12—中铰座；13—前铰座；
16—顶推架；17—动力绞盘；18—滑轮；19—钢丝绳

（一般为 $\theta = 25°$），还可在垂直面内倾侧一个角度（一般为 $\beta = 0° \sim 9°$）。推土刀在水平面内倾斜作业时，刀前碎土沿着推土刀表面斜向移动而卸于一侧，故称斜铲推土机，其铲、运、卸 3 个过程同时进行。推土刀在垂直面内倾侧作业时，可以对坚实地面铲掘。

　　按照行走装置形式，分履带式（图 4-16）和轮胎式（图 4-17）两种。履带式推土机的履带板有多种形式，以适应不同地面上行走。按照履带接地比压大小，又分力高比压推土机（接地比压 98kPa 以上，用于石质地面上行走）、中比压推土机（接地比压 58～96kPa，普通推土机）和低比压推土机（接地比压 10～29.5kPa，湿地或沼泽地推土机）。轮胎式

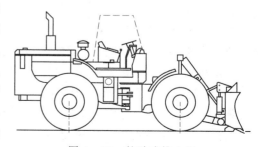

图 4-17 轮胎式推土机

推土机大多采用宽基轮胎，全轮驱动，以提高牵引性能并改善通过性能，其接地比压为200～350kPa。由于履带式推土机后端一般可以装松土齿耙、绞盘和反铲装置等，还可以作其他机械的牵引车或铲远机的助铲机，故目前应用广泛。

按照工作装置操纵系统分液压操纵和机械操纵等。液压操纵式利用液压缸来操纵推土刀的升降，可以借助整机的部分重力，强制推土刀切土，切土力大，操纵轻便，广泛用于中、小型推土机上；机械操纵式依靠钢丝绳滑轮组操纵，只能利用推土刀的自重切土，效率较低，一般用于大型和特大型推土机上。

此外，推土机按照发动机功率分小、中、大、特大4种等级，国产推土机大多是中型和大型。目前世界上最大型的推土机功率为735.5kW（1000HP），最小为5.15kW（7HP）。表4-11列有国产推土机的分类和型号编号方法。

表 4-11　　　　　　　　　　　推土机的分类和型号编号方法

组	型	特 性	代号和含义	主参数		相当于老型号
				名称	单位	
推土机	履带式	Y（液）	机械操纵式推土机（T）	功率	马力	T1，T3
			液压操纵履带式推土机（TY）	功率	马力	
	轮胎式（L）	S（湿）	湿地履带式推土机（TS）	功率	马力	T2
			液压操纵轮胎式推土机（TL）	功率	马力	

推土机适用于铲掘Ⅳ级以下土壤，Ⅳ级及Ⅳ级以上的土壤需要预松以后才能作业。基建工程施工多采用中、大型履带式推土机，主要进行100m运距以内的土方铲掘、推运，如开挖基坑、基槽，填筑堤坝、围堰、开挖沟渠，平整场地，填平壕堑，以及推集砂石料和砍伐树木等。还可用做助铲机和牵引车等。

推土机的作业效率与运距有很大的关系，表4-12列有直铲作业时的经济运距。

表 4-12　　　　　　　　　　　推 土 机 的 经 济 运 距

行走装置	机型	经济运距（m）	注
履带式	大型	50～100（最远150）	上坡用小值
	中型	50～100（最远120）	下坡用大值
	小型	<50	
轮胎式		50～80（最远150）	

2. 履带式液压操纵推土机

图4-18所示是国产 T2—120A 型中型推土机。该机为履带式，工作装置液压操纵，推土刀可在水平面和垂直面上回转，进行斜铲和侧铲作业，采用 6135K—3 柴油机为动力，发动机额定功率103kW（140HP），推土机标定功率88kW（120HP）。该机由发动机7、主离合器10、变速箱13、中央传动18、终传动20、机架22、拉杆21、履带25和推土机装置28等组成。主离合器为干式单片常开摩擦离合器，采用滑动拨叉式变速箱，有6个前进挡和4个后退挡。中央传动是一个圆弧锥齿轮，转动离合器采用多片干式摩擦离合器，左、右各装一个，右边接合时机械左转，左边接合时机械右转，装有液压助力阀。

终传动由一级正齿轮和一级行星减压齿轮组成。履带行走装置包括驱动轮、张紧、支重轮、托轮和履带，采用多个支重轮承重，液压缸张紧装置，履带有突翅，以增大与地面的附着力。机架后装有牵引拉杆，以拖挂其他机械。

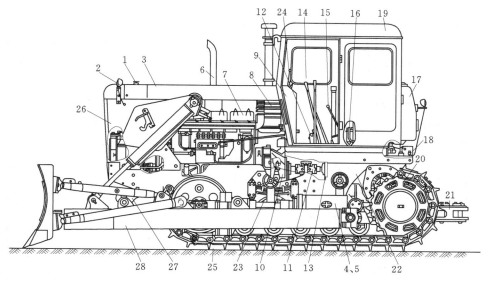

图 4-18　T2—120A 型履带式推土机

1—水箱；2—前灯；3—机罩；4—左履带架；5—右履带架；6—排气管；7—发动机；8—空气滤清器；9—仪表盘；10—主离合器；11—联轴器；12—制动踏板；13—变速箱；14—转向操纵杆；15—变速操纵杆；16—滤油器；17—油箱；18—中央传动；19—驾驶室；20—终传动；21—拉杆；22—机架；23—平衡轴；24—油门操纵杆；25—履带；26—保护板；27—牵引钩；28—推土架

3. 轮胎式推土机

国产 TL—160 型轮胎式推土机是一种双轴全轮驱动，液力机械传动，工作装置液压操纵，回转式推土机。采用 6120Q 型柴油机动力装置，额定功率 118kW（160HP），能牵引 20t 平板车运移，推土作业经济运距为 50～80m。

国产履带式和轮胎式推土机的技术性能见表 4-13。

湿地推土机是在履带式推土机的基础上设计制造的，为了减小履带接地比压，将履带接地长度增加，并采用宽幅三角履带板，这种履带板呈三角形截面，在软土上工作时，履带板压入量加深，接地面积加大，其接地比压可以减小到 10kPa，适用于粘性土、砂质土和含水比大的松软和沼泽地面作业。

水陆两用推土机可以在水下和沼泽地带工作，一般采用遥控，传动系统布置在空气自动加压的密封仓内，发动机密封仓内装排水泵，此外，还装有油温、油压监测装置和机械倾斜极限角自动报警器等。为了减小接地比压，采用橡胶履带板。

4. 推土机的工作装置

推土机工作装置包括推土铲和松土器。

（1）推土铲。推土铲安装在推土机的前端，是推土机的主要工作装置，它由铲刀和推架两部分组成。推土机处于运输工况时推土铲被液压油缸提起；推土机进入作业工况时液

表 4-13　国产推土机的技术性能

项目	履带式										轮胎式
	T2—60	移山—80	T1—80	T1—100	T2—120A	T2—120	T1—180	TY—180	TY—240	TY—320	TL—160
发动机型号	4125A	4146T	—	4146T	6135K—3	6135K—2	8V130	8V130	12V135	12V135	6120Q
发动机功率（kW）	44	66	—	66	103	88	132	132	176	235	118
推土刀型号	固定式	固定式；回转式	固定式	回转式	回转式	回转式	回转式	回转式	回转式	回转式	回转式
推土刀尺寸（长×高，mm）	2280×788	3720×1040，3100×1100	3030×1100	3030×1100	3910×1000	3760×1000	—	4200×1100	4200×1600	4200×1600	3190×998
推土刀切土深度（mm）	290	—	180	180	300	300	450	530	600	600	400
推土刀操纵方式	液压	机械	机械	机械	液压	液压	液压	液压	液压	液压	液压
液压系统工作压力（MPa）	10	—	—	—	8	7～10	10	14	—	—	—
履带中心距（mm）	1435	1880	1880	1880	1830	1880	1960	2000	2150	2150	—
履带板宽度（mm）	—	—	500	500	555	500	560	560	—	—	—
履带平均接地比压（kPa）	—	63	—	—	62.9	65	60	80.5	—	—	—
最大爬坡能力（°）	—	—30	—	—	30	30	30	30	30	30	25
轮胎行走装置轴距（mm）	—	—	—	—	—	—	—	—	—	—	2400
轮胎行走装置轮距（mm）	—	—	—	—	—	—	—	—	—	—	2200
行走前进挡数	4	5	5	5	6	5	4	5	—	—	4
行走前进速度（km/h）	3.29～8.09	2.36～10.13	2.36～10.13	2.36～10.13	2.62～10.42	2.28～10.43	2.28～9.10	2.43～10.12	—	0～12.70	7～49
行走后退挡数	2	4	4	4	4	4	2	4	—	4	4
行走后退速度（km/h）	3.14～5.00	2.78～9.18	2.79～7.63	2.79～7.63	3.68～8.74	3.11～9.34	3.80～8.10	3.16～9.78	—	0～8.25	7～49
最大牵引力（kg）	3600	9900	9000	9000	11760	11800	—	18740	32000	32000	8500
机械总质量（t）	5.9	14.886	13.43	13.43	16.88	16.2	20	21.75	36.5	31	12.8
机械外形尺寸（mm）　长度	4214	5260	5000	5000	5515	5340	5810	5954	8250	6695	6130
宽度	2280	3100	3030	3030	3910	3760	4050	4200	4200	4200	3190
高度	2300	3050	2992	2992	2770	3100	3138	2920	3200	3200	2840

压油缸降下推土铲，将铲刀置于地面，向前可以推土，向后可以平地；推土机在较长时间内进行牵引作业时可将推土铲拆除。

工程建设中使用较多的履带式推土机的铲刀有固定式和回转式两种安装形式。其中的回转式铲刀可在水平面内转动一定的角度（一般 α 为 $0°\sim15°$），实现斜铲作业。如果将铲刀在垂直平面倾斜一个角度（一般 δ 为 $0°\sim9°$），则可实现侧铲作业。该推土机可称为全能型推土机，如图 4-19 所示。

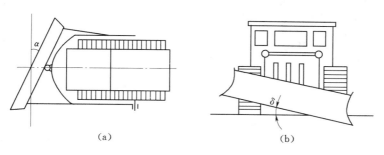

图 4-19　回转式铲刀

(a) 铲刀平斜；(b) 铲刀侧倾

现代大、中型履带式推土机多安装固定式推土铲，也可换装回转式的。通常，向前推铲土石方、平整场地或堆积松散物料时采用直铲作业；傍山铲土或单侧弃土时应采用斜铲作业；在斜坡上铲削土壤或铲挖边沟时则采用侧铲作业。

（2）松土器。推土机用松土器的结构组成如图 4-20 所示，它由安装架 1、倾斜油缸 2、提升油缸 3、横梁 4、松土器臂 8 及松土齿（齿杆 5、齿尖 7）等组成。整个松土器悬挂在推土机后部的支撑架上。松土齿用销轴固定在横梁上的松土齿的齿套内，松土齿杆上设有多个销孔，改变齿杆销孔的固定位置，即可改变松土齿杆的工作长度，调节松土器的作业深度。

松土器按齿数可分为单齿松土器和多齿（2~5 个齿）松土器。单齿松土器开挖力大，可松散硬土、冻土层、软石、风化岩、有裂缝的岩层，还可以拔除树根，为推土作业清除障碍。多齿松土器主要用于预松薄层硬土和冻土层，以提高推土机的作业效率。

松土齿由齿杆 1、保护板 2、齿尖镶块 3 和固定销 5 等组成（图 4-21）。齿杆是主要的受力件，承受着巨大的切削载荷。齿杆开头有直杆形和弯杆形两种基本结构，其中弯杆形齿杆又有曲线杆和折线杆之分。直线杆在松裂致密分层的土壤时具有良好的剥离表层的能力和齿裂块状、板状岩层的效能；弯形杆松土时块状土壤先被齿尖掘起，并在齿杆垂直部分通过之前即被碎裂，松散效果较好，但块状土壤易被卡阻在弯曲处。

保护板用来保护齿杆，防止齿杆急剧磨损，从而延长齿杆的使用寿命。保护板和齿尖镶块是直接松土、裂土的零件，工作条件恶劣，容易磨损，需要经常更换，除采用高耐磨性材料外，在结构上应尽可能拆装方便、连接可靠，如有用弹性销轴、弹性固定销等。

5. 推土机生产率计算

推土机是一种周期作用的土方机械，其工作循环包括铲土、推土、卸土、回程等 4 个过程，生产率大小决定于每次工作循环的推土量和循环作业时间。

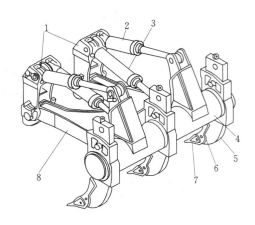

图 4-20   松土器

1—安装架；2—倾斜油缸；3—提升油缸；4—横梁
5—齿杆；6—保护盖；7—齿尖；8—松土器臂

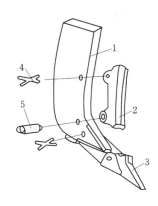

图 4-21   松土齿

1—齿杆；2—保护板；3—齿尖镶块；
4—弹性销轴；5—弹性固定销

(1) 直铲铲掘作业生产率。直铲作业开挖土方时的生产率 Q_1（m^3/h）可按下式计算：

$$Q_1 = \frac{3600 V k_B k_s}{t}$$

式中 k_B——时间利用系数，取 $k_B = 0.8 \sim 0.9$；

　　　　k_s——坡度影响系数，平地上 $k_s = 1.0$，上坡 $k_s = 0.5 \sim 0.7$，下坡 $k_s = 1.3 \sim 2.3$；

　　　　V——推土刀推运的土壤实方体积，m^3，近似值为：

$$V \approx \frac{l h^2}{2 k_p \tan\varphi} k_n$$

式中 l、h——推土刀的长度和高度，m；

　　　　φ——推土刀前碎土的自然静止角（表 4-14）；

　　　　k_n——推运时碎土流失系数，取 $k_n \approx 0.75 \sim 0.95$（运距大的松散土取低值）；

　　　　k_p——土壤的松散系数；

　　　　t——每一工作循环的延续时间，s，其值为：

$$t = \frac{l_1}{v_1} + \frac{l_2}{v_2} + \frac{l_3}{v_3} + t_1 + t_2 + 2 t_3$$

式中 l_1、l_2、l_3——推土机铲掘、推运、回程的距离，m；

　　　　v_1、v_2、v_3——推土机铲掘、推运、回程的速度，m/s；

　　　　t_1——换挡时间，$t_1 \approx 5s$；

　　　　t_2——放下推土刀时间，$t_2 \approx 4s$；

　　　　t_3——推土机调头时间，$t_3 \approx 10s$。

(2) 斜铲作业平整场地生产率。推土机斜铲作业平整场地生产率 Q_2（m^2/h）按下式计算：

$$Q_2 = \frac{3600 L (l \sin\theta - b) k_B}{n \left(\dfrac{L}{v} + t_3 \right)}$$

式中 L——平整地段的长度，m；

$\qquad\theta$——推土刀在水平面上斜角，$\theta=25°$；

$\qquad b$——两相邻平整段的重叠部分宽度，一般取 0.3～0.5m；

$\qquad n$——每一点上的平整次数；

$\qquad v$——工作速度，m/s。

表 4-14　　　　　　　　各种土壤的自然静止角 （°）

土 壤	土 的 状 态			土 壤	土 的 状 态		
	干	潮	湿		干	潮	湿
砾石	40	40	35	黏土	45	35	15
大粒砂	30	35	27	亚黏土	50	40	30
普通砂	28	32	25	轻质亚黏土	40	30	20
细粒砂	25	30	20	种植土	40	35	25

（3）牵引力计算。推土机作业时的牵引力 T 必须能克服总阻力 W：

$$T \geqslant W$$

总阻力由推土机运行阻力 W_1，铲掘阻力 W_2，碎土推移阻力 W_3，碎土沿推土刀滑移阻力 W_4，坡度阻力 W_5 组成，即：

$$W_1 = 10G_0 w \ (N)$$

$$W_2 = kF \ (N)$$

$$W_3 = 10G\mu_1 \cos\theta \ (N)$$

$$W_4 = 10G\mu_1\mu_2 (\sin\beta\sin\theta + \sin\beta\cos\beta\cos\theta) \ (N)$$

$$W_5 = 10G_0 \sin\alpha \ (N)$$

式中 G_0——推土机质量，kg；

$\qquad w$——推土机运行阻力系数，$w=0.1～0.15$；

$\qquad k$——土壤切削比阻力，N/cm²；

$\qquad F$——推土刀切开的土体断面面积，m²；

$\qquad G$——所推运的碎土质量，按实方体积 V 与容量 r 的乘积确定；

$\qquad \mu_1$——土壤与土壤的摩擦系数，见表 4-15；

$\qquad \theta$——推土刀在水平面上的斜角；

$\qquad \mu_2$——土壤与钢铁的摩擦系数，见表 4-15；

$\qquad \beta$——推土刀在垂直面上的倾侧角，$\beta=10°$；

$\qquad \alpha$——坡道的坡角，（°）。

表 4-15　　　　　　　　土 壤 的 摩 擦 系 数

土 壤 名 称	土与土的摩擦系数 μ_1	土与铁的摩擦系数 μ_2
砂	0.58～0.75	0.73
黏土	0.7～1	0.5～0.75
小块砾石	0.9～1.1	—

续表

土 壤 名 称	土与土的摩擦系数 μ_1	土与铁的摩擦系数 μ_2
泥灰土	0.75～1	0.6～0.75
饱含水分的黏土	0.18～0.42	—
碎石	0.9	0.84
水泥	0.84	0.73

4.2.3　装载机

1. 概述

装载机是用一个装在专用底盘或拖拉机底盘前端的铲斗，铲装、运输和倾卸物料的铲土运输机械。它利用牵引力和工作装置产生的掘起力进行工作，用于装卸松散物料，并可完成短距离运土。如更换工作装置，还可进行铲土、推土、起重和牵引等多种作业，具有较好的机动灵活性，在工程上得到广泛使用。

装载机按行走方式分履带式（接地比压低，牵引力大，但行驶速度慢，转移不灵活）和轮胎式（行驶速度快，机动灵活，可在城市道路行驶，使用方便），如图 4-22 所示；按机身结构分刚性结构（转弯半径大，但行驶速度快）和铰接结构（转弯半径小，可在狭窄地方工作）；按回转方式分全回转（可在狭窄场地作业，卸料时对机械停放位置无严格要求）、90°回转（可在半圆范围内任意位置卸料，在狭窄场地也可发挥作用）和非回转式（要求作业场地比较宽）；按传动方式分机械传动（牵引力不能随外载荷变化而自动变化，使用不方便）、液力机械传动（牵引力和车速变化范围大，随着外阻力的增加，车速可自动下降。液力机械传动可减少冲击，减少动荷载，保护机器）和液压传动（可充分利用发动机功率，降低燃油消耗，提高生产率，但车速变化范围窄，车速偏低）。当前，液力机械传动、带铰接车架的大型轮胎式前卸装载机，由于构造不复杂、机动性大、使用可靠，是我国使用最广泛的型式。

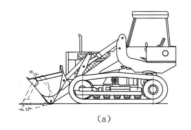 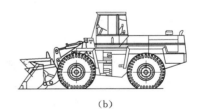

（a）　　　　　　　　　　　　　　　　　（b）

图 4-22　单斗装载机

（a）履带式；（b）轮胎式

装载机的工作装置很多，包括通用铲斗、V 形铲斗、抓具、铲叉、推土板、吊臂等。装载机的各种工作装置如图 4-23 所示。

单斗装载机的作业过程是：机械驶向料堆，放下动臂，铲斗插入料堆，操纵液压缸使铲斗装满，机械倒车退出，举升动臂到运输高度，机械驶向卸料地点，铲斗倾翻卸料，倒车退出并放下动臂，再驶回装料处进行下一循环。

单斗装载机一般常与自卸汽车配合作业，可以有较高的工作效率。但若运距不大，或

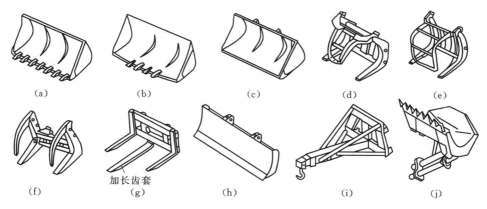

图 4-23 装载机的各种工作装置

(a) 通用铲斗；(b) V 形刃铲斗；(c) 直边无齿铲斗；(d) 通用抓具；(e) 大容量原木抓具；
(f) 抓具；(g) 铲叉；(h) 推土板；(i) 吊臂；(j) 可侧卸铲斗

运距和道路坡度经常变化的场合下，装载机可单独进行自铲自运作业，一般认为如果装载机的铲、运、卸作业循环时间小于 3min，自铲自运在经济上是合理的。图 4-24 表示单斗装载机自铲自运作业的合理运距，由图可见，合理运距与总阻力有关，在 AB 线以下，根据总阻力大小，可以得到自铲自运的合理运距。

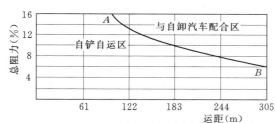

图 4-24 单斗装载机自铲自运的合理运距

国产装载机的型号规定用 4 个符号来表示，第一个符号用 Z 表示（装载机汉语拼音的第一个字母），第二个符号代表型式，1 表示履带式机械传动、2 表示履带式液压传动、3 表示轮胎式机械传动、4 表示轮胎式液压传动、L 表示轮胎式，第三个符号用 J 表示铰接车架、H 表示上车回转式，第四个符号为主参数，表示斗的载重量，用 t 或 kW 作单位。我国 ZL 系列轮胎式单斗装载机的额定载重量规定为 20kN、30kN、40kN、50kN、70kN、90kN，例如 ZL—50 型号，Z——装载机代号；L——轮胎式（Y——液压式，J——铰接式）；50——载重量（kN）。国外也有用铲斗容量 m^3 作主参数的。

2. 轮胎式装载机

国产 ZL—50 型轮胎式单斗装载机（图 4-25）采用功率 162kW（220HP）的 6135Q—Ⅰ型柴油机为动力装置，铲斗容量 $3m^3$，额定载重量 50kN，传动结构上采用了双涡轮变矩器、动力换挡行星变速箱、铰接底盘转向和工作装置液压操纵。适用于矿山、水利、筑路和建筑工程中进行装载、推土、起重、牵引等作业。

该机柴油机的飞轮上装有液力变矩器，经动力分出箱，分别带动变速箱、工作装置液压泵和装载机转向液压泵。由于变速箱中 3 组摩擦片的分别接合，可使装载机有两挡前进速度和一挡后退速度，变速箱输出的动力经过前、后传动轴，传到前后桥，再经过半轴和轮边减速器使机械行走。

图 4-26 表示装载机的工作装置，由装齿的铲斗 1 和动臂 4 组成，动臂用左右两块侧

板和连接板 5 焊成一体，成门架形，侧板为双板，以增加强度，动臂侧面弯曲成曲尺形，前端铰装有铲斗 1，后端利用铰销装在机架前方。动臂的举升和铲斗的倾翻分别依靠举升液压缸 11 和转斗液压缸 10 来实现，转斗液压缸 10 与铲斗之间有摇杆 3 和拉杆 2，铲料时，液压缸大腔进油，拉杆受拉，使斗齿有较大的铲装力，卸料时，小腔进油，拉杆受压，铲斗有较大的倾转角度。

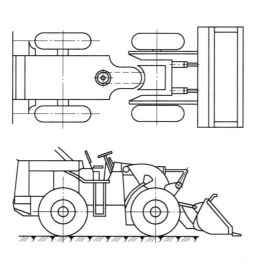

图 4-25 ZL—50 型单斗转载机

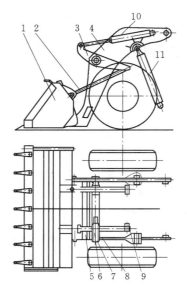

图 4-26 装载机的工作装置

1—铲斗；2—拉杆；3—摇杆；4—动臂；5—连接板；

6—套管；7—铰销；8—贴板；9—销轴；

10—转斗液压缸；11—举升液压缸

3. 履带式装载机

履带式装载机与轮胎式相比较，机动灵活性较差，大多用于料场、仓库的装载作业，在建筑工程中用得较少。

Z2—3.5 型履带式装载机的外形如图 4-27 所示，该机铲斗容量 1.5m³，功率 103kW（140HP），由履带行走装置 8、机架 2、发动机 3、传动系统 4、5、6、7 和装载装置 1 组成。

国产单斗装载机的技术性能见表 4-16。

表 4-16　　　　　　　　　国产单斗装载机技术性能术性能

项　目	轮　胎　式									履带式
	Z_4—1.2	Z_4—2	Z_1—3.5	Z_4H—3	ZL—50	Z_4—40	Z_4—70	Z_4—90	DZL—50	Z_2—3.5
型式特点	—	—	—	回转式	铰接式	—	—	—	—	—
铲斗容量（m³）	0.5	1	1.7	1.7	2.7	2	4	5	3	1.5
载重量（kg）	1200	2000	3500	3000	5000	3600	7000	9000	6000	3500
卸料高度（mm）	2950	2600	2520	2868	2845	2800	3300	3320	1700	2700
发动机型号	485	4115D	6135K—4	6120	6135Q—1	6120	61502	12V135Q	6135A2Q	6135K—3

续表

项 目		轮 胎 式									履带式
		Z_4—1.2	Z_4—2	Z_1—3.5	Z_4H—3	ZL—50	Z_4—40	Z_4—70	Z_4—90	DZL—50	Z_2—3.5
发动机功率（kW）		40	48	99	118	165.4	118	221	294	147	103
前进挡数		2	2	4	4	2	—	—	—	—	6
后退挡数		2	1	4	4	1	—	—	—	—	4
前进速度（km/h）		0～25	0～25	0～34	0～54.8	0～35	0～35	6.6～36	0～34	0～34	2.5～10
后退速度（km/h）		0～25	0～14.5	0～34	0～54.8	0～14	0～35	0.6～36	0～13	0～34	3.5～8.5
最大牵引力（kN）		14	40	88	105	120	105	245	285	152	117.6
爬坡能力（°）		12	29	30	17	25	30	30	30	30	30
最小回转半径（mm）		3200	—	7350	5350	6540	5955	7515	8330	6460	原地转
液压系统工作压力(MPa)		10	10	10	—	15	—	—	—	—	8
总质量（t）		4.2	6.1	11	14.72	16.6	11.5	27	35	16.7	18.41
外形尺寸 （mm）	长度	4150	2680	6000	8290	6910	6400	8800	7160	8860	—
	宽度	1300	2400	2390	2580	2940	2150	3380	3400	2500	—
	高度	2430	2550	2975	3125	2810	3190	3800	3900	1950	—

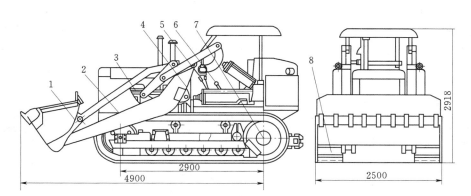

图 4-27 Z2—3.5 履带式装载机的外形（单位：mm）

1—装载装置；2—机架；3—发动机；4—主离合器；5—操纵机构；

6—变速箱；7—终传动装置；8—履带装置

4. 选型计算

单斗装载机的生产率 Q（m^3/h）取决于铲斗的装土量和每一工作循环的延续时间，可按下式计算：

$$Q = \frac{3600Vk_h k_B}{tk_p}$$

式中　V——装载机的铲斗额定斗容量，m^3；

　　　k_h——铲斗的充满系数，决定于所装载的物料种类，见表 4-17；

　　　k_B——时间利用系数，取 $k_B \approx 0.75 \sim 0.85$；

k_p——物料松散系数；

t——每一工作循环所需时间，s，用下式决定：

$$t = \frac{l_1}{v_1} + \frac{l_2}{v_2} + t_1 + t_2$$

其中　l_1、l_2——装载机带载运距和回程距离，m；

　　　v_1、v_2——装载机带载速度和回程速度，m/s；

　　　t_1——铲斗装料时间，s；

　　　t_2——铲斗卸料时间，s。

表 4-17　单斗装载机的铲斗充满系数

装载物料	铲斗充满系数 k_h
砂	0.9～1.2
砾石	1～1.2
粒度 50mm 以内石块	0.7～1.0

4.2.4　铲运机

1. 概述

铲运机是一种利用铲斗铲削土壤，并将碎土装入铲斗进行运送的铲土运输机械，能够完成铲土、装土、运土、卸土和分层填土、局部碾实的综合作业，适于中等距离运土。在铁路、道路、水利、电力和大型建筑工程中，用于开挖土方、填筑路堤、开挖河道、修筑堤坝、挖掘基坑、平整场地等工作。具有较高的工作效率和经济性。其应用范围与地形条件、场地大小、运土距离等有关。铲削Ⅲ级以上土壤时，需要预先松土。

铲运机由铲斗（工作装置）、行走装置、操纵机构和牵引机等组成，其工作过程包括：放下铲斗，打开斗门，向前开行，斗前刀片切削土壤，碎土进入铲斗并装满［图 4-28（a）］；提起铲斗，关上斗门，进行运土［图 4-28（b）］；到卸土地点后打开斗门，卸土，并调节斗的位置，利用刀片刮平土层［图 4-28（c）］；卸土完毕，返回，重复上述过程。

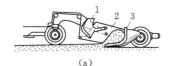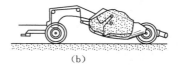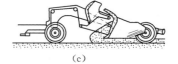

（a）　　　　　　　　　　（b）　　　　　　　　　　（c）

图 4-28　铲运机的作业过程

（a）铲土；（b）运土；（c）卸土

1—斗门；2—斗壁；3—斗体

铲运机分自行式和拖式两种，由于整个作业过程中，铲土时外载荷最大，故铲装时（或在陡坡上运土时），常配置有履带式推土机顶推铲运机的尾架进行助铲（助运），此种推土机称助铲机，一台助铲机可服务于 2～3 台铲运机。拖式铲运机［图 4-29（a）］需要有拖拉机牵引作业，装有宽基低压轮胎，适用于土质松软的丘陵地带，其经济运距一般为 50～500m。自行式铲运机［图 4-29（b）］由牵引车和铲斗车两部分合成整体，中间用铰销连接，牵引车和铲斗车均为单轴，其经济运距可达 1500m 以上，具有结构紧凑、机动性大、行驶速度高等优点，得到广泛的应用。自行式铲运机也有履带式行走的，称为铲运推土机，接地比压小，但机运性差。

按照铲斗的操纵方式，有液压操纵铲运机［图 4-29（b）］和钢丝绳操纵铲运机［图 4-29（a）］两种，前者用液压缸控制铲削，铲斗刀片能够强制切土，操作灵便，动作平稳，得到广泛应用。后者靠钢丝绳滑轮组操纵，已趋淘汰。

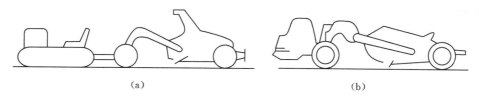

图 4 - 29 铲运机类型

(a) 拖式；(b) 自行式

按照铲斗卸土方法（图 4 - 30），分强制卸土 ［图 4 - 30 （a）］、半强制卸土 ［图 4 - 30 （b）］ 和自由卸土 ［图 4 - 30 （c）］ 3 种。强制卸土依靠活动的铲斗后壁向前推移，将土强制推出，卸土干净，但动力消耗大；半强制卸土的后斗壁与斗底连成整体，卸土时，斗底与后斗壁一起向前翻转，碎土在推力与重力双重作用下卸出，能够卸净两侧壁之间的土；自由卸土依靠整个铲斗向前翻转将碎土倒出，不能保证土的卸净，但动力消耗低，用于小型铲运机。

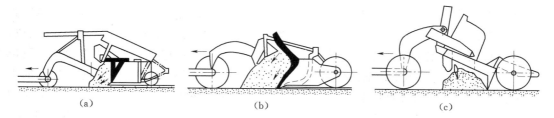

图 4 - 30 铲运机铲斗卸土方式

(a) 强制卸土；(b) 半强制卸土；(c) 自由卸土

大型铲运机还有在铲斗前部装上刮板升送器的，称升送式铲运机（图 4 - 31），升送器是一个在运转链条上等距地装以刮板，使刀片削下的碎土直接落到升送器刮板上，由刮板将碎土送到斗内，可以基本上消除装土阻力（一般铲运机的装土阻力占机械牵引力的 60％ 左右），因而在铲装过程中，不需要铲机协助。但是，机械总质量增加约 10％～25％，铲装时间延长约 30％。

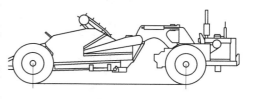

图 4 - 31 升送式铲运机

铲运机按照铲斗容量分小、中、大、特大 4 种型式，见表 4 - 18。铲运机的类型和型号编制方法见表 4 - 19。

表 4 - 18   铲运机按斗容量分类

铲运机类别	铲 斗 容 量			
	小 型	中 型	大 型	特 大 型
拖式	3～6	≥6～15	≥15～30	≥30
自行式	—	≥6～15	≥15～30	≥30

表 4-19 铲运机分类和型号编制方法

类	组	型	特性	代 号 含 义	主 参 数	
					名　称	单　位
铲土运输机械	铲运机（C）	自行履带式	Y	机械式铲运机（C）	铲斗几何容量	m³
				液压式铲运机（CY）		
		自行轮胎式（L）		液压自行轮胎式铲运机（CL）		
		拖式（T）	Y	机械拖式铲运机（CT）		
				液压拖式铲运机（CTY）		

如轮胎式铲运机 CL——7，C——铲运机、L——轮胎式、7——铲斗容积（m³）、拖式铲运机 CTY——9、C——铲运机、T——拖式、Y——液压操纵、9——铲斗容量（m³）。

2. 自行轮胎式铲运机

国产 CL7 型自行式铲运机（图 4-32）的铲斗容量 7～9m³，由低压轮胎单轴牵引车和铲斗车两部分组成，采用液力变矩器、液压换挡行星齿轮变速箱、液压转向和车轮蹄式内胀式气制动等。铲斗由辕架 6、斗门 8、铲斗 9、液压缸 7、10、后轮 11、尾架 12 组成，采用液压操纵。辕架呈拱形，有立轴与牵引车的中央框架 3 相连接，铲斗车与牵引车可以相对摆动 20°，以适应不平地面的作业。铲斗后壁可以前移，以实现强制卸土，铲斗的提升、下降和铲土依靠提斗液压缸 6，斗门的开闭依靠斗门液压缸 9，后壁强制卸土依靠卸土液压缸。3 组液压缸由泵经过多路换向阀驱动，操纵换向阀，可以实现铲斗强制铲土、斗门强制闭合和后壁强制卸土。

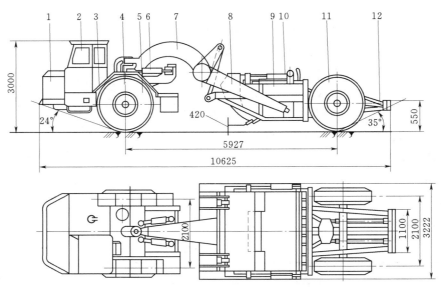

图 4-32　CL7 型自行式铲运机结构图（单位：mm）

1—发动机；2—驾驶室；3—前轮；4—中央框架；5—转向液压缸；6—辕架；
7—提斗液压缸；8—斗门；9—铲斗；10—斗门液压缸；11—后轮；12—尾架

CL7 型铲运机适用于开挖Ⅰ～Ⅲ级土壤，运距为 800～3500m 的大型土方工程。如运距为 800～1500m（经济运距），铲削时常用一台 58.8～74kW（80～100HP）功率的履带式推土机或 117.77kW（160HP）功率的轮胎式推土机助铲，一台助铲机可服务于 3 台铲运机。如运距为 1500～3500m 时，一台助铲机可服务于 5 台铲运机。

自行式铲运机的工作装置包括转向枢架、辕架、前斗门或升运机械、铲运斗体及尾架等。

（1）转向枢架。自行式铲运机靠转向枢架连接牵引车和铲运斗。转向枢架一般通过一垂直铰与辕架相连，允许牵引车相对于辕架、铲运斗及后轴向左右各转一定的角度，以减小铲运机转变半径；转向枢架下部通过一纵向水平铰与牵引车相连，使牵引车可相对于辕架左右各摆一定角度，以保证铲运机在不平地面作业时全轮同时着地。另用限位块限制其摆量为 $\pm15°～\pm20°$。如图 4-33（a）所示，这种纵向单铰连接的缺点是横向稳定性差，因为当牵引车一侧轮胎落入凹处时，铲运斗经转向枢架作用到牵引车上的重力（垂直载荷）W 的横向分力 W_y 形成的力矩 $W_x H$，使落在凹处的车轮加载、轮胎变形增加，而另一侧轮胎减载、轮胎变形减小，因此使牵引车更加倾斜，如此恶性循环，直到与限位块相抵时为止。

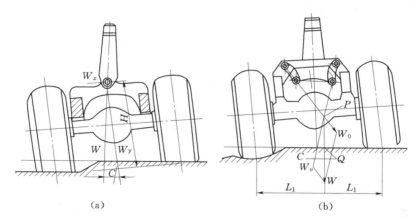

图 4-33 转向枢架与牵引车的连接方式
（a）纵向单铰连接；（b）四杆机构连接

自行式铲运机转向枢架与牵引车连接的另一种方式，是类似 WS16S—2 型铲运机采用的 4 杆机构，如图 4-33（b）所示。当牵引车一侧车轮落入凹处时，转向枢架向另一侧横移，前轴所受铲运机重力的合力的作用到 P 点，使落在凹处的车轮荷重减少，另一侧车轮的荷重增加，使牵引车的倾斜程度减少，因此可提高铲运机在不平地面上作业及运行时的稳定性。

国产 CL7 型自行式铲运机的铲运斗是靠转向枢架与牵引车连接，如图 4-34 所示。其转向枢架由上、下立轴，枢架体，水平轴等组成。枢架体 3 的下部带有向下的凹口，可通过水平轴 6 安装在牵引车后部的牵引梁 5 上。枢架体上部带有向后的凹口，可通过下立轴 1 和上立轴连接着曲梁前端的牵引座 2，使铲运斗和牵引车呈铰接，有利于转向。

（2）辕架。辕架主要由曲梁（俗称象鼻梁）和Ⅱ形架组成，如图 4-35 所示。曲梁 2

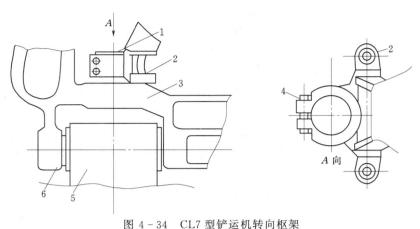

图 4-34   CL7 型铲运机转向枢架

1—下立轴；2—牵引座；3—枢架体；4—紧固螺栓；5—牵引梁；6—水平轴

用钢板焊接成箱形断面，其后端焊接在横梁 4 的中部。臂杆 5 也为整体箱形断面，按等强度原则作变断面设计，其前部焊接在横梁的两端。因横梁在铲运机作业中主要受扭，故按圆形断面设计。连接座 6 为球形铰座。

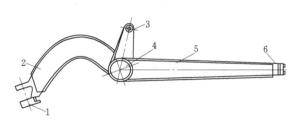

图 4-35   CL7 型铲运机辕架

1—牵引梁；2—曲梁；3—提升油缸支座；4—横梁；
5—臂杆；6—铲运斗球销连接座

其他机型的辕架与 CL7 型铲运机的相似，只是在曲梁和横梁上设有安装斗门的油缸支架。

（3）铲运斗。自行式铲运机的铲运斗通常由斗体、前斗门、斗底门、卸土板（后壁）及尾架等组成。

1）前斗门。CL7 型铲运机前斗门结构如图 4-36 所示，它由钢板及型钢焊接而成。斗门可绕球销连接座 2 转动，以实现启闭。侧板 9 可将斗门体和斗门臂连为一体，并加强斗门体的强度和刚度。

2）斗体。自行式铲运机的斗体结构如图 4-37 所示，它主要由对称的左、右侧板 6，前、后斗底板 3 及 13 和后横梁 12 焊接而成。两侧对称地焊上辕架连接球轴 9、前斗臂连接轴座 10、斗门升降油缸连接轴座 8、斗门切土油缸连接轴座 11 和铲运斗升降连接吊耳 5 等。斗体前端的铲刀 2、铲齿 1 和侧刀片 4 是装配式连接的，磨损后可以更换。斗底门碰撞块 7 的作用是当斗底门向前推动时，其前端两侧的杠杆接触到碰撞块后斗底门的活动板就关闭；反之斗底门后退时活动板便打开。

3）斗底门。CL7 型铲运机铲运斗的斗底门是一活动部件（图 4-38），这由 4 个悬挂轮系挂在斗体两侧的槽中。轮轴是偏心的，可以调整与底板 3 的间隙。斗底门的前部是一个活动板 1，它可以转动。推杆 4 与铲运机后面的推拉杆连接。斗底门的作用主要是卸土，活动板在卸土时可以刮平铺层。在铲装过程中，活动板在斗体上的碰撞块的作用下关闭。后斗门即铲运斗的卸土板。推拉杠杆是两组 V 型杠杆，其上端用同一轴线的两销连接，下端销轴分别与斗底板和后斗门铰接。两 V 型杠杆中部的孔则分别与油缸活塞杆、

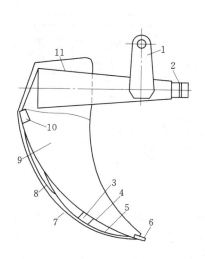

图 4-36　CL7 型铲运机前斗门结构图

1—斗门油缸支座；2—斗门球销连接座；

3、10—加强槽钢；4—前壁；5、8—加强板；

6—扁钢；7—前罩板；9—侧板；11—斗门臂

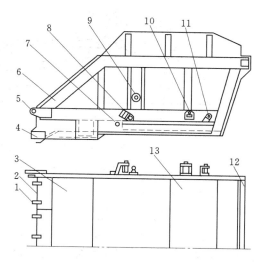

图 4-37　CL7 型铲运机的斗体

1—铲齿；2—铲刀；3—前斗底板；4—侧刀片；5—铲

运斗升降油缸连接吊耳；6—侧板；7—斗门碰撞块；

8—斗门升降油缸连接轴座；9—辕架连接球轴；10—

斗门升降臂连接轴座；11—斗门切土油缸连接轴座；

12—后横梁；13—后斗底板

油缸体铰接。斗底门与后斗门是联动的，由一个卸土油缸完成动作。联动过程中由于斗底门的移动力小于后斗门的，所以斗底门总是先移动，后斗门后移动。

以上主要是介绍了推土机和铲运机的工作装置，除此之外，还有其他的一些施工机械的工作装置，如平地机的刮土工作装置、耙土装置、松土器，装载机的工作装置铲斗等。

3. 拖式铲运机

图 4-39 所示是 C3—6A 型拖式铲运机的示意图，该机为双轴轮胎式机械操纵铲运机，斗容量 6～8m³，由 58.8～73.6kW（80～100HP）功率的履带式拖拉机牵引作业。

铲斗由斗体 5、斗门 4、强制卸土后壁等组成，斗门位于斗体前，斗体的前下方装有 4 段切土刀片，中间两段稍突出，以减小铲土阻力，后壁靠钢丝绳滑轮组可以向前移动，实现强制卸土。铲斗的升降和斗门的启闭分别利用两组钢丝绳滑轮组，由拖拉机后部的两个绞盘驱动，其中斗门滑轮组与卸土滑轮组相连接，只当斗门全开以后，后壁才能

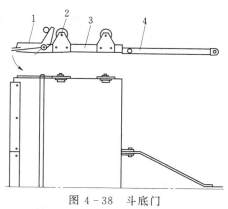

图 4-38　斗底门

1—活动板；2—悬挂轮系；3—底板；4—推拉杆

前移。铲斗后部通过两根半轴支承在后轮 6 上，前部通过辕架 3 支承在前轮 2 轴的中央，前轮轴上有拖杆 1，借以拖挂在拖拉机后面。铲斗后部是尾架 7，供助铲机或牵引其他机械用。

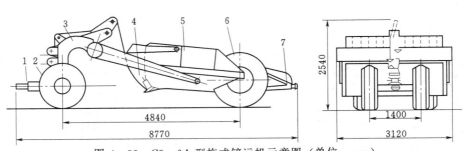

图 4 - 39　C3—6A 型拖式铲运机示意图（单位：mm）

1—拖杆；2—前轮；3—辕架；4—斗门；5—斗体；6—后轮；7—尾架

4．铲运机的选型

（1）铲运机的选型原则。

1）根据土的性质。①铲运Ⅰ、Ⅱ类土时，各型铲运机都能适用；Ⅲ类土时，应选择大功率的液压式铲运机；Ⅳ类土时，应预先进行翻松；②当土的含水率在 25％ 以下时，最适宜用铲运机施工；如土的湿度较大时，应选择强制式或半强制式卸土的铲运机。

2）根据运土距离。①运距小于 70m 时，使用铲运机不经济，应采用推土机施工；②运距在 70～300m 时，可采用斗容在 4m³ 以下的拖式铲运机施工；③运距在 800m 以内时，可采用 6～9m³ 拖式铲运机施工；④运距大于 800m 时，应采用自行式铲运机。

3）根据土方数量。铲运机的斗容越大，施工速度越快，大量土方应采用大型铲运机。

（2）生产率计算。铲运机的生产率 Q（m³/h）可按下式计算：

$$Q = \frac{3600 V k_h k_B}{k_p t}$$

式中　V——铲斗的几何容量，m³；

　　　　k_h——铲斗的充满系数，见表 4 - 20；

　　　　k_B——机械时间利用系数，一般取 0.8～0.9；

　　　　k_p——土壤松散系数；

　　　　t——铲运机一个工作循环的延续时间，s，为：

$$t = \frac{l_1}{v_1} + \frac{l_2}{v_2} + \frac{l_3}{v_3} + \frac{l_4}{v_4} + t_1 + t_2$$

式中　l_1、l_2、l_3、l_4——铲装，运送，卸土，回程的距离，m；

　　　　v_1、v_2、v_3、v_4——铲装，运送，卸土，回程的速度，m/s；

　　　　t_1——总换挡时间，s；

　　　　t_2——铲运机调头时间，s。

表 4 - 20　　　　　　　　　　　铲运机铲斗的充满系数 k_h

装 土 方 式	砂　　土	黏 砂 土	黏　　土
不用助铲	0.5～0.7	0.8～0.9	0.6～0.8
助　　铲	0.8～1.0	1.0～1.2	0.9～1.2

（3）牵引力计算。铲运机作业时所需要的牵引力，必须克服最大阻力，根据所需牵引力可以选择牵引机（拖式）或校核发动机功率（自行式）。

铲运机作业总阻力 W，由运行阻力 W_1，土壤切削阻力 W_2，斗门前碎土推移阻力 W_3，斗内装土阻力 W_4 和坡度阻力 W_5 组成，即：

$$W_1 = 10G_0\omega \text{（N）}$$

式中　G_0——铲运机连同铲斗内碎土的总质量，kg；

　　　ω——运行阻力系数，坚实地面取 $\omega \approx 0.2$。

$$W_2 = kbh \text{（N）}$$

式中　k——土壤切削比阻力，N/cm^2；

　　b、h——铲斗刀片切入地面的宽度和深度，cm。

$$W_3 = 10G\mu_1 \text{（N）}$$

式中　μ_1——土与土的摩擦系数；

　　　G——斗门前小土堆的总质量，kg，取决于土堆体积和土壤容重。表 4-21 列有小土堆与铲斗容重的比值。

表 4-21　　　　　斗门前小土堆体积与铲斗几何容量的比值

铲斗几何容量（m^3）	砂	黏砂土	干黏砂土	湿黏砂土	黏　　土
15	0.22	0.16	0.11	0.09	—
10	0.25	0.17	0.13	0.1	0.05
6~6.5	0.28	0.22	—	0.1	0.1

$$W_4 = 10bhH\gamma\left(1 + \frac{H}{h} + \frac{\tan\varphi}{1+\tan^2\varphi}\right) \text{（N）}$$

式中　H——铲斗装土高度，m，见表 4-22；

　　　γ——土壤容重，kg/m^3；

　　　φ——土壤自然静止角，（°）。

表 4-22　　　　　　　铲 斗 装 土 高 度 H

铲斗几何容量（m^3）	2.5	6	10	15
装土高度（m）	1.0~1.18	1.25~1.5	1.8~2.2	2.0~3.0

$$W_5 = 10G_0\sin\alpha \text{（N）}$$

式中　α—坡度，（°）。

所需牵引力：

$$T = W_1 + W_2 + W_3 + W_4 + W_5$$

4.3　运　输　机　械

4.3.1　自卸汽车

1. 概述

自卸汽车是公路自卸汽车和矿用自卸汽车的总称。在选型时，应根据自卸汽车的类别不同，结合工程特点进行选择。

（1）自卸汽车分类。

1）按总质量分。可分为轻型（10t 以下）、中型（10～30t）、重型（30～60t）、超重型（60t 以上）。

2）按用途分。可分为公路自卸汽车、矿用自卸汽车、特种自卸汽车（如运输热矿渣）。

3）按传动方式分。可分为机械传动、液力传动、电传动。

4）按车身结构分。可分为刚性自卸汽车、铰接式自卸汽车。

（2）自卸汽车运输的特点。优点：①机动灵活、调运方便；②爬坡能力强，可达 10%～15%；③转弯半径小，最小可到 15～20m；④可与装载设备密切配合，提高工作效率。缺点：①受气象条件影响较大；②维修保养工作量大；③轮胎使用寿命短，消耗大。

2. 自卸汽车选型

（1）吨位的选择。自卸汽车吨位的选择与运量、装载设备种类及公路条件有关。通常情况，当年运输量在 50 万 t 以下时，选用 10～15t 级自卸汽车为宜；年运输量在 50 万～100 万 t 时，选用 20t 级为宜；年运输量在 100 万～200 万 t 时，选用 20～30t 级自卸车为宜。

（2）与装载设备的关系。汽车吨位应与装载设备的斗容相匹配。装载设备斗容偏小时，装车时间长，影响汽车效率；斗容过大时，对汽车的冲击力大，装偏后不易调整，对汽车损坏大，一般以 3～5 斗装满汽车为宜。

（3）车型的选择。汽车吨位确定后，就要选择具体的车型，选择车型应考虑以下因素：

1）车速。车速对汽车是一个主要指标。但对在料场运输的自卸汽车来说，由于运距短、道路条件差最大车速发挥不出来，所以它不是一个决定性指标。

2）制动性。自卸汽车制动性能的好坏，将直接影响人身和设备的安全及生产效率。在坡陡、路面条件差的现场，制动性是一个重要的选型因素。

3）爬坡性能。自卸汽车的爬坡性能是个必须考虑的因素。爬坡度有两种表示方法：一是直接用度表示；二是用百分数来表示。例如：爬坡为 25% 时即为 14°，爬坡百分数与度数的换算见表 4-23。

表 4-23　爬坡百分数（%）与度数（°）的关系

爬坡百分数（%）	度数（°）	爬坡百分数（%）	度数（°）	爬坡百分数（%）	度数（°）	爬坡百分数（%）	度数（°）
0.5	0.29	15	8.5	33	18.3	55	28.8
2	1.1	17	9.6	34	18.8	60	31.0
3	1.7	19	10.8	35	19.3	66	33.0
5	2.9	20	11.3	37	20.3	70	35.0
6	3.4	23	13	39	21.3	75	36.9
7	4.0	25	14	40	21.8	80	38.7
9	5.1	28	15.6	43	23.3	85	40.4
10	5.7	29	16.2	45	24.2	90	42.0
12	6.8	30	16.7	47	25.2	95	43.5
14	8.0	32	17.7	50	26.6	100	45.0

4）转弯半径。一般在料场工作时，由于路面窄、弯道多，最好选用转弯半径在 10m 以下的 4×2 驱动的自卸汽车。而三轴汽车要求转弯半径大，料场道路往往难以适应。

5）车厢举升、降落时间。车厢举升降落时间一般在 14～22s，这对整个生产效率影响不大，可不作为重点考虑因素。

6）燃油消耗。油耗是自卸汽车选型中需要重点考虑的因素，因为它将直接影响运输成本。

7）价格。价格与质量有直接连带关系，在质量处于同等水平情况下，当然选择便宜的。

4.3.2 带式输送机

1. 概述

（1）带式输送机适用于矿山、冶金、水利水电、煤炭、化工、建筑、港口等部门运送块状、粒状、散料和捆包等物料。它有生产均匀、连续、平稳可靠等优点，是被广泛采用的通用输送机械。

（2）带式输送机的分类：按其形态，可分为固定式、移动式；按其托架形式，可分为托辊传动（托辊可水平布置，也可槽形布置）、钢索传动和气垫传动；按其用途，可分为普通型、铸造用、可逆式、手选式和可伸缩式带式输送机。

当前常用的带式输送机有 DT75 型和 DTⅡ型。DT75 表示 1975 年定型的通用带机；DTⅡ型表示新型带机。

（3）带式输送机的输送角度。正常情况下，带式输送机向上输送时，其倾角为 15°～20°，有特殊要求时可达 45°～75°，甚至达到 90°。大倾角带式输送机，在胶带上设有"一"字、"人"字形防滑条或做成槽形裙边带。向下输送时，其倾角通常小于 −20°。正常情况下带式输送机向上输送时的输送角度见表 4 − 24。

表 4 − 24　　　　　　　　带式输送机的输送角度

物料名称	输送角度（°）	物料名称	输送角度（°）
粒径 60mm 以下矿石	<20	未筛分的石块	<18
粒径 120mm 以下矿石	<18	干松泥土	<20
筛分后的碎石	<12	湿土	20～23
干砂	<15	块状干黏土	15～18
混有砾石的砂	10～20	粉状干黏土	<22
采石场的砂	<20	湿砂	<23

（4）带式输送机输送物料的密度范围。输送松散物料的密度为 500～2500kg/m³。其带宽与输送物料块度的关系见表 4 − 25。

（5）带式输送机的工作环境温度一般为 −25～40℃，对于有特殊要求的工作场所，如高温、寒冷、防爆、阻燃、防腐蚀、耐酸碱等条件，应采取相应的防护措施。

表 4 − 25　　　　　　带宽与输送物料块度关系　　　　　　单位：mm

带　　宽	500	650	800	1000	1200	1400
最大块度	100	150	200	300	350	350

2. 带式输送机布置方式

带式输送机有多种布置形式，如图 4 − 40 所示。

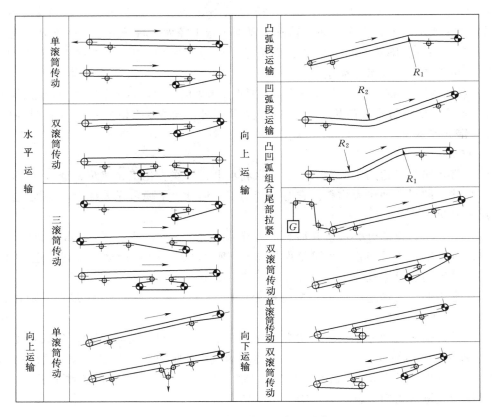

图 4-40 带式输送机布置形式

3. 带式输送机的主要部件及其作用

（1）输送带。输送带是曳引和承载物料的主要部件。输送带的品种有普通橡胶带和棉帆布带、聚酯帆布带、尼龙帆布带和钢绳芯输送带。

输送带的强度：棉帆布带为 56N/（cm·层）、尼龙、聚酯帆布带为 100～300N/（cm·层）。

输送带的连接方法一般采用冷粘接或硫化连接，个别情况可用皮带卡连接。

输送带的选用：

1）带宽与层数。普通带机的带宽与层数的关系见表 4-26。

表 4-26 宽 度 与 层 数 关 系

带宽（mm）	500	650	800	1000	1200	1400
层数	3～4	4～5	4～6	5～8	5～10	6～12

2）覆盖胶的厚度。输送带有工作面和非工作面之分，两面覆盖胶的厚度是不一样的。当输送物料的容重小于 2t/m³、而且为中小粒度时，可选上胶厚度为 3mm，下胶厚度为 1.5mm 的胶带；当输送物料容重大于 2t/m³ 时，可选上胶厚度为 4.5mm，下胶厚度为 1.5mm；当输送大块度而磨损性大的物料时，宜选用上胶厚度为 6mm，下胶厚度为 1.5mm 的胶带。

3）橡胶带全长计算。

$$L_0 = 2L + \pi/2(D_1 + D_2) + An$$

式中　L_0——输送带全长，m；

　　　L——头尾滚筒中心间展开长度，m；

　D_1、D_2——头尾滚筒直径，m；

　　　n——输送带接头数；

　　　A——输送带接头长度，m。

4）带速的选择。输送散状物料时其带速选择见表 4 - 27。

表 4 - 27　　　　　　　　　　散状物料带速选择参考表

物料性质	宽 度 （mm）		
	500、650	800、1000	1200、1400
	速 度 （m/s）		
无磨损性物料（煤、砂）	0.8～2.5	1.0～3.15	1.0～4.0
矿石、砾石、煤渣	0.8～2.0	1.0～2.5	1.0～3.15
大块碎石	0.8～1.6	1.0～2.0	1.0～2.5

（2）驱动装置。驱动装置分为闭式和开式两种。闭式驱动是把电动机和减速装置安装在驱动滚筒内，称为电动滚筒；开式驱动是把电机、减速机放在外边（通常悬挂在驱动滚筒的一侧）。

（3）传动滚筒。它依靠滚筒与胶带之间的摩擦将力传递给胶带。传动滚筒有光面和胶面两类，胶面滚筒可以加大传送带的摩擦力以防止打滑，胶面滚筒又可分为包胶和铸胶。

（4）改向滚筒。改向滚筒装在机尾或胶带改向处，起到改变输送带运行方向或压紧输送带、增大传动滚筒包角的作用。

（5）托辊。起到支撑胶带和带上物料运行的作用。托辊可分为平型托辊（用于输送成件物品）和槽型托辊（有 35°和 45°）；为防止胶带跑偏，还有自动调心托辊；为减少受料点物料对胶带的冲击，可选用缓冲托辊。

（6）拉紧装置。其作用是调整胶带的松紧程度，保证其张力。拉紧装置可分为螺旋式、车式和重垂式，见图 4 - 41。

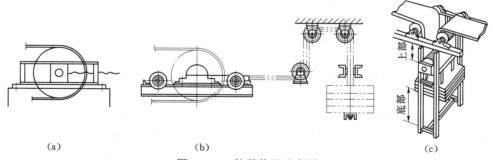

（a）　　　　　　　　　　　（b）　　　　　　　　　　　　　　　　　　（c）

图 4 - 41　拉紧装置示意图

（a）螺旋式拉紧装置；（b）车式拉紧装置；（c）垂直式拉紧装置

（7）卸料装置。其作用是在输送机的任何部位卸料。有犁式、跑车式等形式；有单边卸料和双边卸料之分。犁式卸料器用于带速小于 2.5m/s，物料块度在 50mm 以下，输送带采用粘接的输送机上。

（8）清扫装置。主要用来清扫粘在胶带上的物料，有头部清扫器和空段清扫器两种。

（9）机架。机架是带式输送机的主体结构。它可分为用于传动滚筒放在头部的头部滚筒机架、尾部改向滚筒机架、头部探头机架和传动滚筒设在下分支的传动滚筒机架。

（10）中间架。可分为标准型及凹凸弧段几种。标准型中间架一般长为 6m；凸弧段中间架的曲率半径依带宽不同，分别为 12m、16m、20m、24m、28m、34m 等多种尺寸；凹弧段中间架曲率半径一般在 80m 和 120m。

4.4　平　地　机　械

4.4.1　平地机械类型和应用

平地机是一种平整作业机械，利用机械所装的刮刀平整场地，刮刀位于两轮轴中间，能够升降、倾斜、回转和向外伸出，动作灵活准确，操纵方便，平整道路和广场（机场）有较大的精度，适用于推土、运土、大面积平整、挖道路边沟、刮修边坡等作业，也可用于扫除积雪、推送颗粒物料、搅拌路面混合料，以及道路养护等工作。平地机还配备有耙齿、推上铲刀、接长刮刀、刮边坡刀、挖沟刀、扫雪器等，可以进行多种其他作业。

平地机分拖式和自行式两种（图 4-42），拖式平地机机身沉重，操作费力，动作不灵活，已经淘汰。自行式平地机具有机动灵活、操纵省力等优点，广泛应用在道路工程路基路面的平整、机场的修筑，尤其在高速公路的修建中，自行式平地机已是一种必需的机械设备。

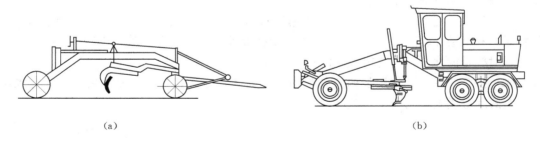

(a)　　　　　　　　　　　　　　(b)

图 4-42　平地机的类型
（a）拖式；（b）自行式

自行式平地机有四轮双轴和六轮三轴两种，前者为轻型机，后者为中、大型机。根据车轮驱动，有全轮驱动和后轮驱动之分；根据车轮转向情况，有全轮转向和前轮转向两种。自行式平地机常按照车轮对数（或轮轴数）用 3 个数字来表示，即：车轮总对数（或轮轴数）×驱动轮对数（或驱动轴数）×转向轮对数（或转向轴数），见表 4-28。驱动轮愈多，附着牵引力愈大；转向轮众多，则转弯半径愈小，因此 3×3×3 机型的作业性能最好，是大、中型平地机较多采用的型式。当前，自行式平地机还广泛采用了铰接车架和转向轮能够对轮倾斜的结构，前者增加平地机的灵活性，后者当平地机受侧向载荷时（如在斜坡上作业时），车轮倾斜，使机械具有较大的工作稳定性。

表 4-28   **自行式平地机按轮对分类**

车 轮 数	符 号	含 义
六 轮	3×3×3	全轮驱动，全轮转向
	3×3×1	全轮驱动，前轮转向
	3×2×1	中、后轮驱动，前轮转向
四 轮	2×2×2	全轮驱动，全轮转向
	2×1×1	后轮驱动，前轮转向

平地机按照刮刀长度分轻、中、重型（表 4-29）。

表 4-29   **平地机按刮刀长度分类**

类 型	拖 式	自 行 式		
	刮刀长度（m）	刮刀长度（m）	发动机功率（kW）	机械质量（t）
轻 型	1.8～2.0	<3	44.1～66.2（60～90HP）	5～9
中 型	2.0～3.0	3～3.7	66.2～110.3（90～150HP）	9～14
重 型	3.0～4.2	3.7～4.2	110.3～220.7（150～300HP）	14～19

平地机刮刀和行走装置的操纵有液压式和机械式两种，自行式平地机多采用液压操纵。

国产平地机的分类和型号编号方法列于表 4-30。

表 4-30   **平地机型号编号方法**

类	组	型	特性	产品名称及代号	主 参 数		相当于
					名 称	单 位	
铲土运输机械	平地机（P）	自行式	Y（液）	机械式平地机（P）液压式平地机（PY）	功 率	马 力	P_1 P_2
		拖式 T	Y（液）	机械式平地机（PT）液压式平地机（PTY）	功 率	牵引马力	

4.4.2　自行式平地机

国产 PY160 型平地机（图 4-43）是一种液压操纵的自行式重型平地机，该机质量 15.2t、功率 117.6kW（160HP），刮刀长度 3.97m，由发动机、传动系统、作业操纵系统、刮刀 4、车架 3、松土器 7、驾驶室和电气设备等组成。

刮刀工作装置（图 4-44）由牵引架 1，刮刀 3 和转环 4 等组成。刮刀是一块在垂直方向上弯成弧形的钢板，通过两个托架 6 装在转环下面，转环可以转动，以调整刮刀在水平面上的位置。转环的牵引架呈三角形，其前端铰装在机架的前部，后端两角分别用升降液压缸悬挂在机架中部，同时又与机架上所装的倾斜液压缸相铰接，因而，可以使刮刀升

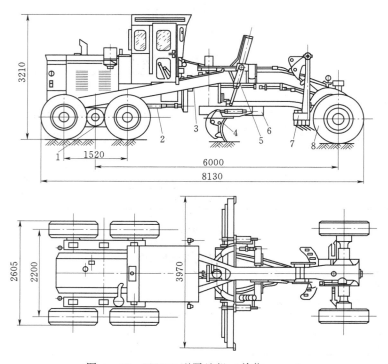

图 4 - 43　PY160 型平地机（单位：mm）

1—后轮平衡箱；2—传动轴；3—车架；4—刮刀；5—刮刀的升降液压缸；

6—刮刀转环；7—松土器；8—前轮

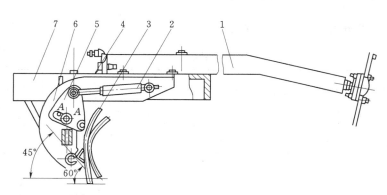

图 4 - 44　PY160 型平地机的刮刀工作装置

1—牵引架；2—液压缸；3—刮刀；4—转环；5—调节板；6—托架；7—支架

降、倾斜或倾斜地伸出于机械纵轴线的一侧，用以修刮道路边坡。刮刀还可以利用液压缸
2 改变刮土角度。刮刀可以视情况接长，也可以利用螺栓、铰链相拉杆加装刮沟刀，刮沟
刀有不同的形状，用以开挖三角形或梯形断面的道路边沟。刮刀前面常装有可升降的松土
耙，用以耙松坚实地面，以利刮刀作平整工作。平地机的前端可安装推土板、扫雷器或犁
耕器等装置，分别用于推土、除雪和挖掘表土。

平地机刮刀进行作业时，根据土壤种类和作业性质，刮刀的各种角度须进行调整，以提高工作质量和效率，表4-31列有各种作业中，刮刀应有的水平面上回转角 α、垂直面上倾斜角 β 和刮刀切削角 γ，角度选择不当，将会增大平地机的行驶阻力。

表 4-31 　　　　　　　　　　平地机刮刀在不同作业情况下工作角度推荐值

作业性质	作业条件	刮刀回转角 α (°)	刮刀倾斜角 β (°)	刮刀切削角 γ (°)
铲 土	未经疏松的软土合黏性低的土壤	40～45	<15	40
	已疏松的土壤（用松土器耙松）	35～40	<30	45
运 土	砂质土、干土、轻质土	35～40	<18	45
	黏性土、湿土、重土	40～50	<15	40
刮平修正	修平	45～55	<18	45
	平整	55～60	<3	45
	平整而不压实	70～90	<2	<60
	铲刮斜坡	60～65	<51	<40

表4-32列有国产自行式平地机的技术性能。

表 4-32 　　　　　　　　　　国产自行式平地机的技术性能

项　　目	P90（P₁90）	PY160（P₂160）
刮刀尺寸长×高（mm×mm）	3700×540	3970×635
刮刀最大提升高度（mm）	400	350
刮刀最大切土深度（mm）	200	530
刮刀侧伸距离（mm）	380～660	1680～2830
刮刀水平回转角（°）	360	360
刮刀垂直倾斜角（°）	70	90
刮刀切削角（°）	28～69	45～70
松土器齿数	5	9
松土深度（mm）	200	170
工作装置操纵方式	机械	液压
最大爬坡能力（°）	—	20
最小转弯半径（mm）	1600	1060
前进挡数/速度（km/h）	8/3.5～15.5	6/4.26～34.77
后退挡数/速度（km/h）	2/4.2～5.9	2/4.33～14.90
发动机功率（kW）	66（90HP）	117.6（160HP）
总质量（t）	14.05	15.2
外形尺寸（长×宽×高）（mm×mm×mm）	8200×2460×3300	8130×2605×3210

4.4.3　平地机的选型

1. 生产率计算

平地机平整作业生产率 Q（km/h）可按下式计算：

$$Q = \frac{L}{t}$$

式中 L——平整地段的长度，km；

t——平整作业全部时间，h，按下式计算：

$$t = \left(\frac{2n_1 L}{v_1} + \frac{2n_2 L}{v_2} + \frac{2(n_1 + n_2)t_0}{3600} \right) k_p$$

式中 n_1、n_2——铲土和推运平整所需要的行程次数；

v_1、v_2——铲土和推运平整时的速率，km/h；

t_0——平地机每次调头的时间，s，对取 $t_0 = 40 \sim 50$s；

k_p——时间利用系数，可取 $k_p = 0.85 \sim 0.90$。

2. 牵引力计算

平地机工作过程中的总阻力 W 由内机械运行阻力 W_1，副刀工作阻力 W_2 和坡度阻力 W_3 组成，即

$$W_1 = 10G_0\omega \ (\text{N})$$

式中 G_0——平地机质量，kg；

ω——平地机运行阻力系数，取 $\omega = 0.15 \sim 0.25$。

W_2 可以按照推土机牵引力计算中切削阻力、碎土推移阻力和碎土沿刮刀刀面滑移阻力的总和求出，计算公式与推土机相同。

$$W_3 = 10G_0\sin\alpha \ (\text{N})$$

式中 α——坡角，(°)。

故总阻力：

$$W = W_1 + W_2 + W_3 (\text{N})$$

根据平地机的总阻力 W 和运行速度，可以验算发动机功率或确定拖式平地机的牵引机功率。

4.5 压 实 机 械

4.5.1 概述

压实机械是一种利用机械力使土壤、碎石等松散物料密实，以提高承载能力的土方机械。广泛用于地基、路基、机场、堤坝、围堰等工程中压实土石方，以提高土石方的强度，不透水性和稳定性。

压实机械的种类很多，按照工作原理，可以分为静作用碾压式、振动式、冲击式和复合作用式等 4 种（图 4-45）。

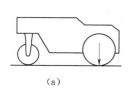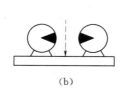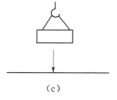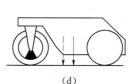

（a） （b） （c） （d）

图 4-45 压实机械的工作原理

（a）静作用式；（b）振动式；（c）冲击式；（d）复合式

1. 静作用碾压式压实机械（静作用压路机）

碾压式压实机械利用碾轮的重力作用，使被压土壤或碎石层产生永久变形而密实。碾轮表面分光面碾、槽纹碾、羊足碾和轮胎碾等种（图 4-46）。光面碾的碾轮表面平整光滑，使用最广泛，适用于各种路面、垫层、机场跑道和广场等土方工程的压实。槽纹碾的碾轮表面有凹形槽圈，羊足碾碾轮表面装有羊足突出物，两者的单位压力大、压实层厚，适用于路基、堤坝的压实。轮胎碾采用花纹轮胎作碾轮，而且轮胎气压可以调节，压重可以增加，单位压力可以改变，碾压时又食揉搓作用，使压实层均匀密实，且不伤地面，适用于道路、广场等基础垫层的碾压密实。

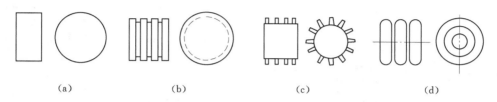

(a)   (b)   (c)   (d)

图 4-46　压路机碾轮表面形状
(a) 光面轮；(b) 槽纹轮；(c) 羊足轮；(d) 轮胎碾轮

2. 振动压实机械

振动压实机械利用机械激振力使物料颗粒在振动中重新排列而密实，如板式振动压实机等。其特点是振动频率高，能耗低，压实效果好，对于黏性低的松散物料，如砂土、砂石等效果较好。

3. 冲击式压实机械

冲击式压实机械利用机械的冲击力压实土壤，分为利用二冲程内燃机原理工作的爆炸夯，利用离心力原理工作的蛙式夯，以及利用连杆机构及弹簧工作的快速冲击夯等。其特点是夯实厚度大，适用于狭小面积及基坑的夯实。

4. 复合作用压实机械

复合作用压实机械有碾压与振动复合的振动压路机，碾压与冲击结合的冲击式压路碾。振动压路机具有较好的压实效果，能耗低，机重轻，是目前迅速发展的机型，有取代静作用压路机的趋势。

压实机械按照行走方式，静作用压路机分拖式和自行式两种，振动压路机分手扶式、拖式和自行式 3 种。拖式压路机，一级均由履带式拖拉机牵引，具有结构质量大、爬坡能力强、生产率高等特点，适合于大中型土石方填筑的压实作业。自行式压路机的结构较轻，机动灵活，但通过性能较差，主要用于道路工程。自行式压路机的动力传递方式有机械式、液力机械式和静液压传动 3 种，液力机械式和静液压式传动的起动、制动冲击力小，压实效果好，目前新型压路机多采用这两种传动方式。

国产压实机械的分类和型号编制方法见表 4-33。

4.5.2　静作用压实机械

1. 羊脚（凸块）压实机

羊脚压路机，又称为羊脚碾，它是在普通光轮上加装若干像羊脚一样的凸起铁块（有圆柱形和梯形等形状）。羊脚压路机有拖式和自行式，拖式又有单筒和双筒之分。

表 4－33　　　　　　　　　　　　　　　　压实机械的型号识别

类　别	种　别	形　式	特　征	代　号	代号含义	主参数	
						名　称	单　位
压实机械	光轮压实机（Y）	拖式		Y	拖式压路机	加载后重量	t
		两轮自行式	Y（液）	2Y	两轮压路机	总重量	t
				2YY	液压压路机	总重量	t
		三轮自行式	Y（液）	3Y	三轮压路机	总重量	t
				3YY	三轮液压压路机	总重量	t
	羊脚压实机（YJ）	拖式	T	YJT	拖式羊脚压路机	加载总重量	t
		自行式		YJ	自行式羊脚压路机	加载总重量	t
	轮胎压实机（YL）	拖式	T	YLT	拖式轮胎压路机	加载总重量	t
		自行式		YL	自行式轮胎压路机	加载总重量	t
	振动压实机（YZ）	拖式	Z	YZZ	拖式振动羊脚压路机	加载总重量	t
		拖式	T	YZT	拖式振动压路机	结构重量	t
		自行式		YZ	自行式振动压路机		t
			B（摆）	YZB	摆振压路机		t
			J（铰）	YZJ	铰接式振动压路机		t
					手扶式振动压路机		kg
	振动夯实机（HZ）	振动式 Z		HZ	振动夯实机	结构重量	kg
			R（燃）	HZR	内燃振动夯实机		kg
	夯实机（Z）	蛙式（W）		HW	蛙式夯实机		kg
		爆炸式（B）		HB	爆炸夯实机		kg
		多头式（D）		HD	多头夯实机		kg

羊脚（凸块）压路机适用于黏性土壤和碎石、砾石土壤的压实。由于滚轮上突出部分与土壤接触时，单位压力大并对土壤有很大的剪切力，能不断的翻松表层土，使黏土内的气泡或水泡受到破坏，增大土壤的密实度，从而得到很好的压实效果。尤其在黏土成分超过 50％的情况下，羊脚（凸块）碾，将成为有效的压实机械，因此它广泛的用于黏性土料的分层碾压。

在钢板卷制的碾筒上焊有若干个羊脚（国产一般焊有 64 个），为增加碾筒重量，筒内可以装入干砂或水。单筒羊脚碾可用 40～55kW 履带式拖拉机牵引。

双筒羊脚碾是将两个单碾筒并联在由金属焊接的双联架上，铰接在一起。当左右两边工作条件不同时，碾筒可绕中心点作少量自由调节，不会损坏机件。双筒羊脚碾工作时可由 58.8～73.5kW 履带拖拉机牵引。

羊脚有圆形、长方形和菱形等多种形式，在碾轮上一般呈梅花形布置。羊脚高度、碾重和压实深度有关，通常羊脚高度与碾轮直径之比为 1：（5～8）。

羊脚碾按单位压力的分类和羊脚工作参数见表 4－34。

表 4－34　　　　　　　　羊脚碾按单位压力的分类和羊脚工作参数

规 格	羊脚的单位压力（MPa）	羊脚高度（mm）	羊脚的端面积（cm²）
轻型	1.96		
中型	1.96～3.93	＞190～250	22
重型	3.93～9.81	＞250～400	66

图 4－47 所示是国产 YT_2—3.5 型双筒拖式羊脚压路机，由功率为 58.8～73.5kW 的履带式拖拉机牵引工作。两个钢质滚筒上装有 96 个羊脚，滚筒轴支承在牵引环上，滚筒侧边有孔，筒内可装水、砂或铁砂，以增大碾压质量。在滚筒架前后的机架下方装有梳状刮板，以清除嵌粘在羊脚与羊脚之间的土块。羊脚压路机的单位压力大，工作时有捣实作用，适用于分层压实黏性土壤和碎石层，广泛用于路基和堤坝工程中。但对于非黏性土壤和高含水量的黏土，压实效果不好，不宜采用。

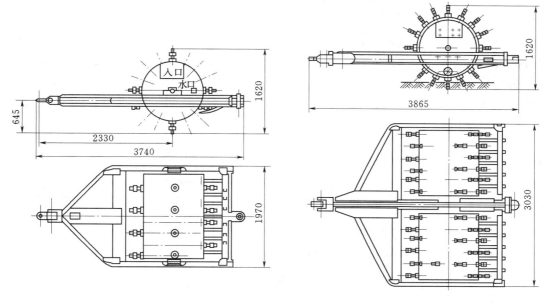

图 4－47　羊脚压路机外形图（单位：mm）

羊脚压路机技术参数见表 4－35 和表 4－36。

2. **轮胎压路机**

轮胎压路机采用多个充气轮胎作为碾轮，再在车厢中加装压重，依靠静力进行压实，分拖式和自行式两种，前者结构尺寸大、机重大、碾压深、生产率高，由履带式拖拉机牵引工作，能适应较差的工作条件；后者具有轻便灵活、速度快的特点，多用于筑路工程上。

图 4－48 所示是国产 YL—9/16 型自行式轮胎压路机的外形，该机前轴装有 4 个轮胎，后轴装有 5 个轮胎，如果利用自带气泵改变轮胎的充气压力，可以改变轮胎接地压力，气压的调节范围是 0.11～1.05MPa，车厢可以作为水箱装水，利用机械上的水泵将

水抽入车厢以调节整机质量，此外，还可利用水箱中的水洒水。适用于压实壤土、砂壤土、砂土和砂砾混合土等，压实效果好。

<table>
<tr><td colspan="3">表 4-35　部分国产拖式羊脚压
路机技术参数</td></tr>
</table>

规格型号	YT—2.5	ZYT—3.5
碾筒数目	单筒	双筒
碾筒有效容积（m^3）	1.12	0.91
每个羊脚的支撑面积（cm^2）	15.2	15.2
羊脚数量（个）	64	64
牵引动力（kW）	40～50	58.8～73.5
牵引速度（km/h）	3.6	3.6
单位压力（MPa） 空筒	4.0	2.73
单位压力（MPa） 装水	5.84	4.37
单位压力（MPa） 装砂	6.92	5.08
压实宽度（mm）	1700	2685
压实厚度（mm）	200～300	200～300
最小转弯半径（m）	5.0	8.0
生产率（m^3/班）	3100	5000
整机质量（t） 空筒	2.50	3.52
整机质量（t） 装水	3.64	5.54
整机质量（t） 装砂	4.29	6.45

表 4-36　部分国产自行式振动羊脚压路机技术参数

规格型号	YZK12	CA25PD
工作质量（t）	11.8	11.1
牵引部分分配质量（t）	4.5	4.4
振动轮分配质量（t）	7.3	6.7
振动频率（Hz）	28.8	28.8
振动力（kN）	225	225
振动轮宽度（mm）	2134	2134
振动轮直径（mm）	1723	1723
振幅（mm）	1.56	1.56
转弯半径（mm）	5900	5900
最小轮边凸出（mm）	195	125
速度范围（km/h）	0～9	0～11
发动机型号	F6L912	F6L912
额定功率（kW）	80	80

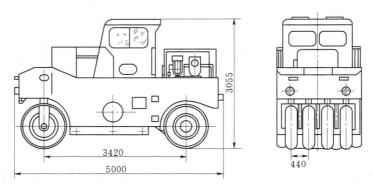

图 4-48　YL—9/16 型自行式轮胎压路机

3. 光轮压路机

光轮压路机是土方压实作业中最常用的压实机械，分自行式（简称压路机）和拖式（简称平碾）两种。压路机的单位线压力较小、压实深度也较浅，因此不适用于水工建筑物如堤坝、围堰等大型土方的压实，但广泛用于筑路、建筑和广场等土方施工。压路机按照质量分特轻、轻、中、重、特重等型式，见表4－37。平碾结构简单，易于制造，一般用于压实要求不高的黏性土、砂砾混合土、冲积砾质土和风化土等，在大中型土方填筑工程中较少采用。平碾按照质量分轻型、小型和重型三种，表4－38中列有平碾的分类和适用范围。

表 4 - 37　　　　　　　　自行式光轮压路机按质量分类和适用范围

分　类	加铰后质量（t）	单位线压力（MPa）	适 用 范 围
特轻型	0．5～2	0．3～2	压实人行道，修补黑色路面
轻　型	≥2～5	≥2～4	压实人行道，简易沥青混凝土路面，体育场，土路路基
中　型	≥5～10	≥4～6	压实路基，砾石，碎石铺砌层，沥青混凝土路面和土路基础
重　型	≥10～15	≥6～8	压实砾石，碎石路面，或沥青混凝土路面的最终压实，路基
特重型	≥15～20	≥8～12	压实大块石砌筑的基础和碎石路面

表 4 - 38　　　　　　　　拖式光轮压路机按质量分类和适用范围

分　类	质量（t）	砂 砾 石	砂	砂 壤 土	壤　土	黏　土
轻　型	＜5	适 用	—	适 用	尚适用	不适用
中　型	≥5～10	尚适用	不适用	尚适用	适 用	尚适用
重　型	≥10	不适用	不适用	不适用	尚适用	适 用

自行式光轮压路机按照碾轮数目和轮轴数目分两轮两轴式（串联式）、三轮两轴式（三轮式）和三轮三轴式（三轮串联式）等3种。两轮两轴式压路机的前、后轴各装一只等直径、等宽度的钢质碾轮，有轻型和中型两种，适用于碾压路面和土路基础。三轮两轴式压路机的前轴上装有一个直径较小而宽度较大的从动碾轮，后轴两边各装一个直径大而扁的驱动轮，有中型和重型两种，适于压实路基和路面基层。三轮三轴式压路机的3个轴上各装一个等宽度的碾轮，其中前轮和中轮为从动轮，直径较小，后轮为驱动轮，直径较大，多为重型压路机，适用于压实沥青混凝土路面，并能集中力量压平料层中凸起部分，碾压后表面平整、质量好，能够满足高级路面的施工要求，但由于碾压轮集中在一排布置，工作宽度较小。

图4－49所示为国产Y2—12/15A型压路机的外形，该机质量12t（加载15t），功率29.4kW（40HP），为三轮两轴式重型压路机，以柴油机为动力装置，前轮可以充装湿砂，后轮可以装水，具有较大的线压力，前后碾轮都有刮泥板，以清除碾轮上污泥。该机采用液压转向、机械操纵，广泛用于筑路和建筑工程。

国产光轮压路机的技术性能列于表4－39。

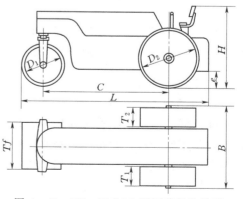

图 4 - 49　Y2—12/15A 型压路机的外形

表 4-39 国产光轮压路机的技术性能

项目	Y₁—6/8	Y₁—8/10	Y₂—6/8	Y₂—8/10	Y₂—10/12	Y₂—10/12A	Y₂—12/15A	Y₂—12/15B	2LY	Y₂—12/15
型式	两轮两轴	两轮两轴	三轮两轴	三轮两轴	三轮两轴	三轮两轴	三轮两轴	三轮两轴	两轮两轴	三轮两轴
无载净质量 (t)	6	8	6	8	10	10	12	12	1.95	12
加载质量 (t)	8	10	8	10	12	12	15	15	2.5	15
转向轮单位线压力（MPa）	2.54	3.85	2.9	3.6	3.2	3.22	3.93	4.6	1.27	3.6
驱动轮单位线压力（MPa）	3.78	4.72	4.8	6	8	7.45	9.43	9	1.6	10
发动机型号	2135	2135	2135K—1	2135K—1	4115s	2135K—1	4135C—1	4135C—1	290	4135C—1
发动机功率 (kW)	29.4	29.4	29.4	29.4	40	29.4	58.8	58.8	14.7	58.8
碾压宽度 (mm)	1270	1270	2100	1894	2100	—	2130	2130	—	—
行驶挡数	2	2	4	4	3	3	3	4	—	3
行驶速度 (km/h)	2~4	2~4	1.89~14.3	1.89~14.3	1.7~6.8	1.6~5.4	2.2~7.5	2~15	3.5~5.5	2~8.7
最小转弯半径（mm）	6200	6200	4430	4430	5500	7300	8350	6500	4100	5900
爬坡能力	1:07	1:07	1:07	1:07	1:05	1:07	1:05	1:05	—	—
外形尺寸 (mm) 长度	4400	4400	4183	4183	4735	4920	5287	5430	2700	4655
外形尺寸 (mm) 宽度	1560	1560	1894	1894	2125	2155	2215	2170	1110	2125
外形尺寸 (mm) 高度	2440	2440	1950	1950	2650	2115	2265	2100	1800	2650

光轮压路机通常用来对沥青混凝土铺层和碎石铺层进行碾压。

（1）对沥青混凝土铺层的碾压：应注意沥青混合料的温度，温度低时，碾压工作会失去意义。

（2）对碎石铺层的碾压：开始时铺层处于疏散状态，可使用轻型压路机；然后再使用中型或重型压路机，这样碾压质量较好。

4.5.3 振动压路机

1. 普通振动压路机

普通振动压路机是在静作用压路机上增设激振装置，工作时，利用机械重力和激振力的双重作用使物料颗粒密实，偏心坎激振器安装在碾轮轮轴上，采用机械或液压传动。其与静作用压路机相比，单位线压力大，压实深度可比同重力级静作用压路机大 1.5~2.5 倍，结构质量轻，外型尺寸小，一般只有同级静作用压路机的 1/5~1/3。因此，作业时，可以增大碾压厚度并减少碾压遍数。

普通振动压路机按照碾轮形状，分光轮和羊脚轮两种。光轮振动压路机适于压实砂石、砂砾石、碎石、块石和沥青混凝土。压实效果甚好，但对黏性土壤效果不好。羊脚振动压路机是一种通用性较大的压实机械，既可以碾压非特性土壤，也可以压实含水量不大的黏性土壤和砂砾石。表4-40列有振动压路机的适用范围。当压实非黏性和半黏性土壤时，振动频率以1200～2500次/min为宜，对于沥青混凝土材料，则是2000～3000次/min。

表 4-40　　　　　　　　普通振动压路机的适用范围

型　式	块石	砂、砾石		粉土、粉质土、水碛土		黏　土	
		优良级配	均匀粒级	粉砂、水碛石	粉土、砂粉土	低中强度黏土	高强度黏土
3t以下振动平碾	—	可用	可用	可用	可用	—	—
3～5t摆动平碾	—	适用	适用	适用	适用	可用	
5～10t振动平碾	可用	适用	适用	适用	适用	适用	可用
10～15t振动平碾	适用	适用	适用	适用	适用	适用	可用
振动凸块碾	—	—	适用	适用	适用	适用	适用
振动羊脚碾			适用	适用	适用	适用	适用

普通振动压路机按照行走方式，分拖式、自行式和手扶式3种。拖式结构简单，激振力大，生产率高，由履带式拖拉机牵引，适用于各种压实作业，压实深度大。自行式机体尺寸小、质量轻、机动灵活，大多用于筑路工程。手扶式机重一般不超过1t，由人工推动转向，主要用于狭窄场地进行辅助性压实工作。另有一种振摆式压路机，为四轮两轴结构，前后双轮都是振动轮，作业时，利用激振力的相位差，前轮与后轮交替着地激振，整机呈摆动前进状态工作，既有压振作用，压实质量好，还可用于大面积干硬性混凝土的捣实作业。近年来，为了提高振压质量，减小机械振动时对驾驶室和施工场地周围环境的振动公害，还研制了振荡压路机，该机功率消耗低，碾压质量好。

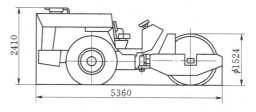

图4-50所示是国产YZJ—10型铰接式振动压路机，该机采用铰接机架转向，液压传动，无级变速和偏心块激振等技术压路机由牵引车和振动碾轮通过垂直铰销连接而成，允许两者左右相对转动35°角，牵引车装有两只低压宽基轮胎，振动碾轮为刚性光面轮，在轮轴上左、右对称地各装一个偏心块，利用液压马达带动偏心块快速旋转产生激振力，激振力可达155kN（压路机质量10t），因而压实深度达1m，土壤的振压密实度可达98%。

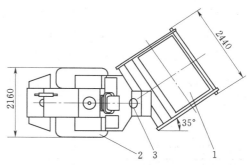

图4-50　YZJ—10型振动压路机（单位：mm）
1—振动碾轮；2—牵引车；3—垂直铰销

国产振动压路机的技术性能列于表4-41。

表 4-41　　　　　　　　国产自行式振动压路机的技术性能

项　目	45ZYA	YZ45	YZJ10	YZB8
型式	两光轮串联	两光轮串联	轮胎光轮铰接	振摆四光轮
行走方式	自行式	自行式	铰接自行式	自行式
质量（t）	4.5	4.5	10	8
转向轮直径×宽度（mm×mm）	700×1100	700×1100	—	—
驱动轮直径×宽度（mm×mm）	950×1100	950×1100	1524×2134	800×1000
振动轮线压力（N/cm）	470	930	1400	600
激振力（kN）	23.5	45～74	155	4×40
振动频率（1/min）	2000	2200～2300	1700	1920
发动机型号	485	485	4135G—4	4120F
发动机功率（kW）	25.7	25.7	73.5	58.8
行走速度（km/h）	1.9～8.5	1.98～8.79	4.43～17.8	1.2～5.0
爬坡能力	1∶5	1∶4	30%	振动25%，不振动40%
压实宽度（mm）	—	—	2134	2000
转弯半径（m）	4	4	5.2	原地转圈
外形尺寸（mm） 长度	3543	3350	5360	2200
外形尺寸（mm） 宽度	1470	1470	2440	2800
外形尺寸（mm） 高度	1700	1158	2410	2020

2. 手扶振动压路机

手扶振动属小型振动压实机械，它机动灵活，操作方便，主要用于边角的压实作业，有的可以在沟槽等窄小的地方作业。适用于土坝堤防的边角压实、城乡道路维护、市政园林基础等小型工程作业。

手扶振动压路机的型号识别以下两种型号为例识别：YZS08，YZ——振动压路机、S——手扶式、08——工作重量（t）；YZSZ05C，YZ——两光轮、S——手扶式、05——工作重量（t）、C——变型、更新代号。

部分手扶振动压路机的技术参数见表4-42。

表 4-42　　　　　　　　部分手扶振动压路机的技术参数

型号	工作重量（t）	静线压力（N/cm）	振动频率（Hz）	激振力（kN）	名义振幅（mm）	爬坡能力（%）	发动机功率（kW）	生产厂家
YZSZ05C	0.59	56	75	12.55	0.83	20	3.7	北京市政工程机械厂
YZSZ06B	0.735	62.5	48	12.0	0.40	40	3.7	洛阳建筑机械厂
YZSZ06C	0.86	46	48	12.0		40		洛阳建筑机械厂

型号	工作重量 （t）	静线压力 （N/cm）	振动频率 （Hz）	激振力 （kN）	名义振幅 （mm）	爬坡能力 （%）	发动机功率 （kW）	生产厂家
YZSZ08	0.80	67.5	48	15.0	0.35		4.1	陕西水利机械厂
YZSZ1A	1.0	65	58	单：19.6 双：39.2		40	5.88	四平建筑机械厂
YSZ1.4B	1.40	90	40	53.0		20	10.3	洛阳建筑机械厂
YZ1.8	1.80	95	48	48.0		20	10.3	
LP6500	0.65		61	20.0	0.45		6.6	德纳派克
LP8500	0.85		63	20.0	0.50		8.9	

3. 振荡压路机

振荡压路机是一种新型压路机，它的能量以水平振动方式作用于被碾压层，这与常规振动压路机通过转动滚筒，把垂直振动传给被压层是有区别的。

振荡压路机在压实过程中振轮不离开碾压面，这样就没有机械共振，操作人员感到舒适；不容易引起土壤液化，在碾压混凝土施工时可在靠近模板部位进行碾压；可使多种土壤得到最佳压实效果。

在振荡轮上与镶板平行地安装一对在两端有偏心块的旋转轴，通过齿轮传动，两根旋转轴能作反方向旋转，上下偏心块分别在相对方

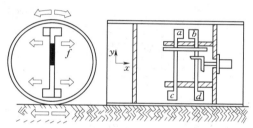

图 4-51 振荡压路机工作原理图

向上配置。两轴回转时产生的离心力在滚轮轴线方向上相互抵消，在前后方向（z 轴方向）上留了下来，其前后方向的离心力如图 4-51 所示，因其在上下相对方向上发生，使振轮的轴系有一个周期性的转矩，使振轮接地部位发生周期性的切向力，给予被压层水平剪切力。

两轮串联振荡压路机技术参数见表 4-43。

表 4-43   **部分厂家生产的振荡压路机技术参数**

规格型号	工作重量 （t）	振动频率 （Hz）	激振力 （kN）	最小转弯半径 （mm）	爬坡能力 （%）	功 率 （kW）	生产厂家
YZD4	3.4	42	30	1600	20	24.2	安徽公路机械厂
YZD4	4.0	34		4200	20	26.5	扬州神力路面机械厂
YZDL8	8.0	42	112	5400	25	53	三明重型机械厂

4.5.4 夯实机

夯实机利用冲击或冲击振动作用分层夯实土壤，除了吊悬在起重机吊臂上靠自由降落冲击地面的自由落体式夯实机以外，分爆炸夯、蛙式夯和振动冲击平板夯 3 种，其特点是尺寸小，质量轻，多用于小面积夯实作业。

1. 爆炸夯

爆炸夯利用二冲程内燃机原型工作。图 4-52 表示国产 H7—120 型爆炸夯的构造。该机是一种小型夯土机具，适用于建筑、筑路、水利等工程的辅助性土壤夯实工作。汽缸 1 内有上下活塞 2、3，上活塞是内燃活塞、下活塞是缓冲活塞。汽缸下面有夯击地面的夯锤 4 和夯足 5，上活塞杆伸出于汽缸顶盖外，下活塞杆从汽缸底部伸出，与夯锤连接，机械上部有扶手，由人工操作。工作时，可燃气体进入上活塞的上面并燃爆，爆炸夯在燃爆力作用下向上跃起，再在自重作用下坠落地面，夯击土壤，机械由人工操纵移位。爆炸夯对各种土壤均有较好的夯实效果，尤其是对砂质黏土和灰土效果更显著。

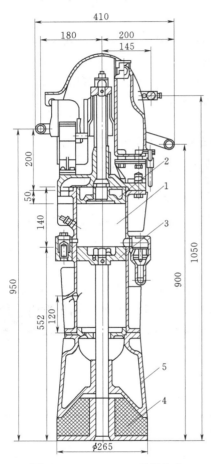

图 4-52　H7—120 型爆炸夯
1—汽缸；2、3—上、下活塞；
4—夯锤；5—夯足

2. 蛙式夯

蛙式夯利用旋转惯性离心力的原理工作，其种类很多，由于结构简单，轻便灵活，广泛用于建筑工程中用来夯实地基和小面积土方，对灰土和黏土地坪的工作效果较好。

图 4-53 表示国产 H8—60 型蛙式夯的机构，由夯锤 1、夯架 2、偏心坎、皮带轮 7、电动机 8、橇座 5 和扶手 10 等组成。电动机和传动部分装在橇座上，夯架后端 4 传动轴铰接，在偏心块离心力作用下，夯架绕传动轴上下摆动，夯架前端是夯锤，当夯架向下摆动时，夯锤夯击地面；当夯架向上摆动时，模座向前移动。因此，蛙式夯每冲击一次，机身即前移一步。

3. 振动夯实机

振动夯实机是一种利用电动机或内燃机驱动的冲击与振动复合作用的平板式夯实机械，作业效率高、夯实质量好，对各种土壤有较好的适应性，尤其是对砂质黏土、砾石、碎石等非黏性地层，有更好的夯实效果。

图 4-54 表示国产 HZ—250 型振动夯实机的外形，该机分两种，以柴油机为动力的型号为 HZR250，以电动机为动力的型号为 HZD—250，是一种质量为 250kg 的自行式平板夯实机，由发动机经二级三角皮带减速，驱动振动体内的偏心转子旋转，从而产生惯性力，机械产生振动，通过底座压实土壤，同时由于弹簧作用，对土壤进行连续冲击，以振动与冲击双重作用使土壤密实，压实度与 10t 静作用压路机的碾压效果相近，适用于含水量少于 12% 的黏土、非黏性的砂质土壤、砾石、碎石等的压实工作。该机工作结束后，可用随带的两个充气轮胎搬运。

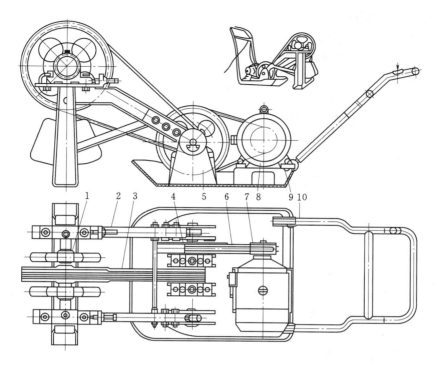

图 4-53 国产 H8—60 型蛙式夯

1—夯锤；2—夯架；3—三角皮带；4—中间传动带；5—撬座；6—三角皮带；
7—三角皮带轮；8—J042—4 型电动机；9—电动机固定螺栓；10—扶手

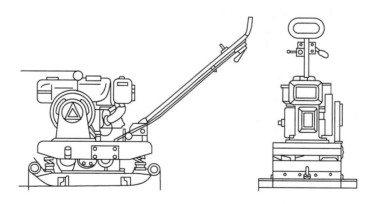

图 4-54 HZ—250 型振动夯实机

4.5.5 压实机械的选型

1. 压路机

（1）生产率计算。静作用压路机的生产率 Q （m³/h）可按下式计算：

$$Q = \frac{3600(b-c)lhk_B}{\left(\dfrac{l}{v} + t\right)n}$$

式中　b——碾压带宽度，m；

　　　c——相邻两碾压带的重叠部分宽度，m，一般取 0.15～0.25m；

　　　h——铺土层压实后厚度，m；

　　　l——碾压段长度，m；

　　　v——压路机行驶速度，m/s；

　　　t——压路机换挡和调头时间，一次换挡为 2～5s，机械调头需 15～20s；

　　　n——碾压遍数；

　　　k_B——时间利用系数，$k_B \approx 0.8 \sim 0.9$。

（2）牵引力计算。拖式压路机所需牵引力 T(N) 必须大于或等于最不利工作情况下的各项阻力之和 W(N)，即：

$$T \geqslant W = 10G_0\left(w + \sin\alpha + f + \frac{v}{gt}\right)$$

式中　G_0——压路机加载后的质量，kg；

　　　w——压路机运行阻力系数，碾压松土时，光面碾取 0.1～0.16，羊脚碾取 0.15～0.35，轮胎碾取 0.12～0.22；

　　　α——坡角，(°)；

　　　f——碾轮轴承的摩擦系数，一般取 $f \approx 0.02$；

　　　v——碾压速度，m/s；

　　　t——压路机起动时间，s，一般取 $t \approx 3 \sim 5$s；

　　　g——重力加速度，$g = 9.8\text{m/s}^2$。

牵引机（拖拉机）的功率 N (kW) 按下式计算：

$$N = \frac{v[T + G(\sin\alpha + f_1]}{1020\eta}$$

式中　G——牵引机的质量，kg；

　　　f_1——牵引机与地面之间的摩擦系数，一般情况下取 $f_1 \approx 0.13$；

　　　η——机械传动效率，一般为 0.85。

2. 作业参数的选择计算

（1）光面碾

光面碾作业时所需的质量 G_0（kg）可按下式确定：

$$G_0 = (0.32 \sim 0.4)\frac{db\sigma^2}{100E_0}$$

式中　d——碾轮直径，cm；

　　　b——碾轮宽度，cm，一般取 $b \geqslant (1.0 \sim 1.2)D$；

　　　E_0——土料的变形模数，黏性土 $E_0 \approx 20000\text{kPa}$，非黏性土 $E_0 \approx (10000 \sim 15000)$ kPa；

　　　σ——土料的允许接触压力，kPa，一般取 $\sigma \leqslant (0.8 \sim 0.9)\sigma_p$；

　　　σ_p——光面碾碾压时土料的极限强度值，见表 4-44。

表 4－44   土料极限强度值 σ_p（MPa）

土 壤	光 面 碾	轮 胎 碾
砂土，砂壤土	300～600	300～400
壤 土	600～1000	400～600
重质壤土	1000～1500	600～800
黏 土	1500～1800	800～1000

表 4－45 列有压路机工程施工的统计经验数据。

表 4－45   压 路 机 的 经 验 数 据

土壤名称	黏粒含量 （%）	压路机质量 （t）	单位宽压力 （kg/cm）	铺土厚度 （cm）	碾压遍数 （次）	碾压后平均干容重 （g/cm²）
花岗岩风化砂	—	5.0（拖式）	33.3	30	8	19.9
风化砾石	—	12.0（自行式）	51.0	30～40	2～4	1.79～2.34*
页岩、板岩风化土	40	6～8（拖式）	40～53.4	25	6～8	1.70
页岩、板岩风化土	47.5	7～10（拖式）	43.7～50	30～40	6～8	1.70
黏土	—	12.0（拖式）	51.0	20～25	4	1.70～17.8*
重黏土	—	12.0（拖式）	51.0	30	2	1.65*
砂砾土	—	12.0（拖式）	51.0	30	2	2.00*

注 带 * 者为试验数值。

（2）羊脚碾。

羊脚碾作业时所需加载后的质量 G_0（kg）可按下式计算：

$$G_0 = \frac{\sigma F n}{10}$$

式中 F——每个羊脚的顶端画积，cm^2；

       n——每排羊脚数；

       σ——土料的允许接触应力，kPa，可按表 4－46 所列值选取。

表 4－46 羊脚碾作业的土料允许接触应力 σ

土 壤	σ（kPa）
轻质壤土	700～1500
中壤土，重粉质壤土	1500～4000
重壤土，黏土	3000～6000

每层铺土厚度 H（cm）与羊脚高度 h（cm）和羊脚形状有关，可用下式计算：

$$H = h + 0.25b - c$$

式中 b——羊脚顶部最小边的长度，cm；

       c——碾压以后表层浮土的厚度，cm，一般取 5cm。

羊脚碾的夯压遍数 n 可用下式计算：

$$n = \frac{ks}{Fm}$$

式中 s——羊脚碾的总表面面积，cm^2；

       F——羊脚顶端面积，cm^2；

       k——羊脚的分布不均匀系数，取 1.3；

       m——羊脚总数。

（3）轮胎碾。

轮胎碾的选择应首先根据所压土壤的性质确定轮胎充气压力，再根据轮胎充气压力、个数和尺寸来确定轮胎碾的质量。一般情况下，碾压黏性土时，轮胎充气压力取 $500 \sim 600 \mathrm{kPa}$，非黏性土时，取 $200 \sim 400 \mathrm{kPa}$。

轮胎碾作业时的质量 G_0（kg）可按下式计算：

$$G_0 = \frac{\alpha p F n}{100}$$

式中　p——轮胎充气压力，kPa；

　　　F——轮胎接地面积，cm^2，应通过试验确定；

　　　n——轮胎个数；

　　　α——轮胎刚度影响系数，汽车轮胎取 $\alpha \approx 1.1 \sim 1.2$。

4.6　掘　进　机

4.6.1　掘进机的分类

掘进机分类见图 4-55。

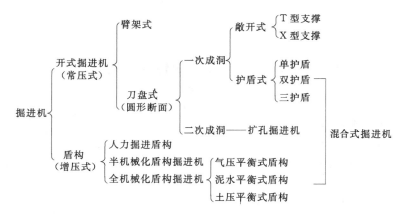

图 4-55　掘进机分类图

1. 敞开式

切削刀盘的后面均为敞开的，没有护盾保护。敞开式又有单支撑结构和双支撑结构两种设计风格。敞开式适用于岩石整体性较好或中等的情况。

（1）单支撑结构：是历史最悠久的机型。

（2）双支撑结构：分双水平支撑式和双 X 型支撑式两种。双水平支撑方式，共有 5 个支撑腿：2 组水平的，加 1 条垂直的。双 X 型支撑方式，共有 8 个支撑腿。

2. 护盾式

切削刀盘的后面均被护盾所保护，并且在掘进机后部的全部洞壁都被预制的衬砌管片所保护。护盾式分为单护盾式、双护盾式（图 4-56）和三护盾式（图 4-57）。护盾式适用于松散和复杂的岩石条件，当然也能够在岩石条件较好的情况下工作。

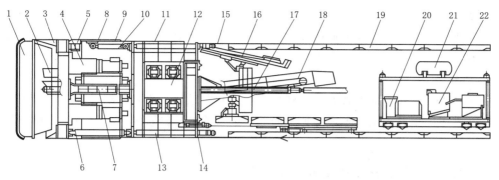

图 4-56 双护盾岩石隧道掘进机示意图

1—刀盘；2—溜渣槽；3—前护盾；4—主驱动单元；5—稳定器；6—主推进液压缸；7—反扭矩装置；
8—外伸缩护盾；9—内伸缩护盾；10—铰接液压缸；11—支撑护盾；12—撑靴；13—辅助推进液压缸；
14—滚转调整装置；15—尾护盾；16—超前钻机；17—管片拼装机；18—主机带式输送机；
19—管片；20—豆砾石注入系统；21—压缩空气系统；22—注浆系统

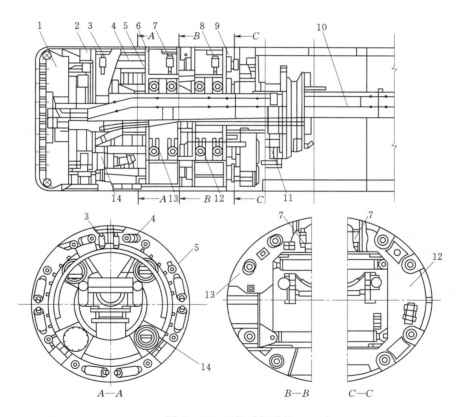

图 4-57 三护盾掘进机

1—刀盘部件；2—前护盾；3—前稳定靴；4—推进油缸1；5—推进油缸2；
6—中护盾；7—中稳定靴；8—后稳定靴；9—后护盾；10—出渣皮带机；
11—管片铺设机；12—后支撑靴；13—前支撑靴；14—刀盘回转驱动机构

3．护孔式

扩孔式的用途是，将先打好的导洞进行一次性的扩孔成形。扩孔式在小导洞贯通后，进行导洞的扩挖。

4．摇臂式

安装在回转机头上的摇臂，一边随机头做回转运动，一边做摆动，这样，臂架前端的刀具能在掌子面上开挖出圆形或矩形的断面。摇臂式扩挖较软的岩石，开挖非圆形断面的隧洞。

4.6.2 全断面岩石掘进机的构造和工作原理

1．敞开式掘进机

（1）敞开式掘进机的构造和工作原理。

敞开式掘进机，由主机和后配套两部分组成。主机系统主要包括刀盘、刀具、主轴承、机头架和主大梁、液压系统、驱动装置、前后支撑系统、主机皮带机及附带装置等构成（图 4-59）。

后配套设备是由一系列轨型门架串接而成，轨行门架型可分为有平台车和无平台车两种。其主要装置有：掘进机及辅助设备的液压和电动装置，变压器及电缆，输送石渣的皮带机，机械传动装置，起吊设备，装卸轨道，消尘器装置，供风系统，排气设备，高压电缆盘（可卷 300m），压缩空气和压水带盘（可卷 100m），灌浆系统，喷混凝土系统，打锚杆系统，钢拱架安装系统，挂钢丝网系统。

后备列车在主洞轨道上运行，钢轨被安装在主机之后，固定在 TBM 后部的预制仰拱块上，或固定在轨枕上。

全断面岩石掘进机的掘进循环由掘进作业和换步作业组成。在掘进作业时，伸出水平支撑板→撑紧洞壁收起后支撑→刀盘旋转，起动皮带机→推进油缸向前推压刀盘，使盘型滚刀切入岩石，由水平支撑承受刀盘掘进时传来的反作用力和反扭矩→岩石面上被破碎的岩渣在自重下掉落到洞底，由刀盘上的铲斗铲起，然后落入掘进机皮带机向机后输出→当推进油缸将掘进机机头、主梁、后支撑向前推进了一个行程时（图 4-58 中掘进工况），掘进作业停止，掘进机开始换步。

在换步作业时，刀盘停止回转→伸出后支撑，撑紧洞壁→收缩水平支撑，使支撑靴板离开洞壁→收缩推进油缸，将水平支撑向前移一个行程（图 4-58 中换步工况）。

换步结束后，准备再掘进。再伸出水平支撑撑紧洞壁→收起后支撑→回转刀盘→伸出推进油缸，新的一个掘进机行程开始了（图 4-58 中再掘进工况）。

（2）敞开式掘进机的工作过程。

敞开式掘进机掘进、出渣、运输、一次支护等工序平行连续作业，永久性的混凝土衬砌待全线贯通后集中进行。作业通常安排三个班组，其中一个班组每日上午进行机械检修、保养、清理、测量、其他辅助作业等工作，其他两个班组为正式掘进、一次支护等工作。

工作过程时首先伸出水平（或 X 型）支撑，使其撑在左右洞壁上，收起后支撑，然后伸展连接撑靴与主梁前端的推进油缸，推进机体前进，也就是将掘进机机头、主梁、后

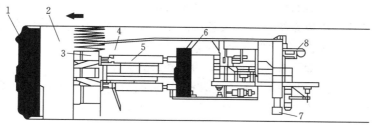

掘进工况:水平支撑6撑紧洞壁—收起后支撑7—回转刀盘1伸出推进缸5

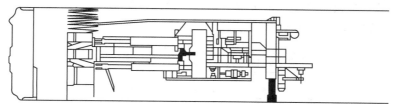

换步工况:停止回转刀盘1—伸出后支撑7着地—收缩水平支撑6—收缩推进缸5

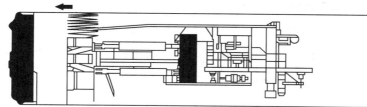

再掘进工况:再伸出水平支撑6撑紧洞壁—收起后支撑7—回转刀盘1伸出推进缸5

图 4-58 敞开式掘进机的工作原理

1—刀盘;2—护盾;3—传动系统;4—主梁;5—推进缸;
6—水平支撑;7—后支撑;8—胶带机

支撑向前推进一个行程。向前每掘进一个推进油缸冲程时,刀盘停止回转,将设置在主梁后端下部的后支撑伸到下侧支撑住机体重量后,收缩水平(或 X 型)支撑使靴板离开洞壁,然后再缩进推进油缸使水平支撑向前移一行程动。然后再次伸展撑靴油缸,缩进后部支撑,开始下一冲程的掘进。依此反复进行 TBM 掘进(图 4-59)。

(3) 辅助工作。

敞开式 TBM 施工的辅助工作包括:出渣与运输、超前预注浆、锚杆安装、钢筋网安装、钢拱架安装、喷混凝土、通风除尘、施工供电、施工供水、激光导向等工序。

2. 双护盾式掘进机

(1) 双护盾式掘进机的构造和工作原理。

双护盾式掘进机由装切削刀盘的前盾,装支撑装置的后盾(或称主盾),连接前后盾的伸缩部分和为安装预制混凝土管片的尾盾组成(图 4-60、图 4-61、图 4-62)。

前盾包括主轴承支撑的刀头及刀头驱动系统(电机、离合变速器、主齿轮),伸缩盾位于前护盾和后护盾之间的钢结构就是所谓的伸缩盾,分别通过液压连件与前后护盾连接,后盾是一个带有抓紧装置的护盾,前盾和后盾分别通过液压连件连接。

后配套设备由一系列轨道工作台组成的台车,包括:掘进机及辅助设备的液压和电动装置；变压器及电缆；输送石渣的皮带机；机械传动装置；起吊设备，装卸轨道；管片安装系统；消尘器装置；供风系统；排气设备；高压电缆盘；压缩空气和压水带盘；豆砾石灌注系统；水泥灌浆系统。

双护盾掘进机在良好地层和不良地层中的工作方式是不同的。

1）在自稳并能支撑的岩石中掘进。此时掘进机的辅助推进油缸全部回缩，不参与掘进过程的推进，掘进机的作业与敞开式掘进机一样（图 4-63 中工况一）。

它的动作如下：

a）推进作业：伸出水平支撑油缸撑紧洞壁→启动皮带机→回转刀盘→伸出推进油缸，将刀盘和前护盾先前推进一个行程实现掘进作业。

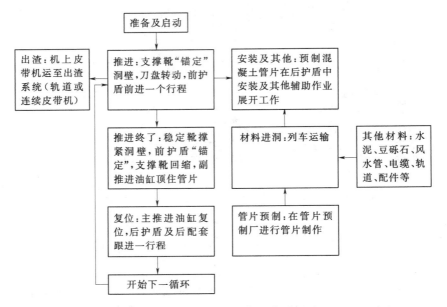

图 4-59 敞开式掘进机工作流程图

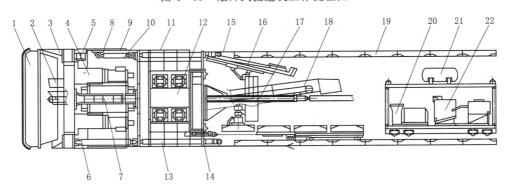

图 4-60 双护盾机的构造

1—刀盘；2—溜渣槽；3—前护盾；4—主驱动单元；5—稳定器；6—主推进液压缸；7—反扭矩装置；
8—外伸缩护盾；9—内伸缩护盾；10—铰接液压缸；11—支撑护盾；12—撑靴；13—辅助推进液压缸；
14—滚转调整装置；15—尾护盾；16—超前钻机；17—管片拼装机；18—主机带式输送机；
19—管片；20—豆砾石注入系统；21—压缩空气系统；22—注浆系统

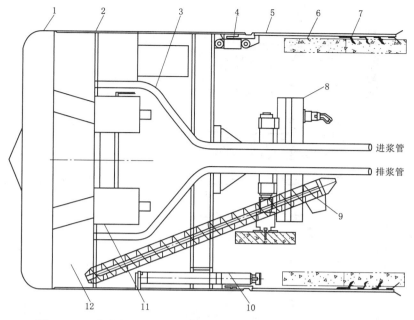

图 4-61　直接控制土压平衡-泥水平衡双模式掘进机结构示例图

1—刀盘；2—盾体；3—进浆管；4—铰接液压缸；5—尾盾；6—管片；7—尾盾密封；8—管片拼装机；
9—螺旋输送机；10—推进液压缸；11—主驱动单元；12—泥水仓

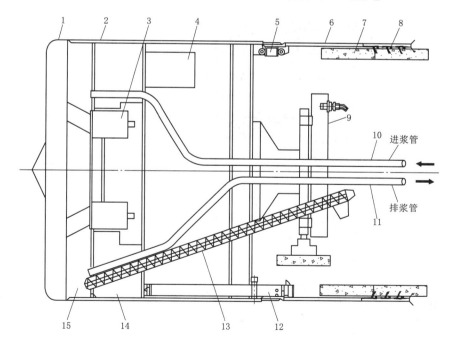

图 4-62　间接控制土压平衡-泥水平衡双模式掘进机结构示例图

1—刀盘；2—前盾；3—主驱动单元；4—人舱；5—铰接液压缸；6—尾盾；7—管片；8—尾盾密封；
9—管片拼装机；10—进浆管；11—排浆管；12—推进液压缸；13—螺旋输送机；
14—气垫仓；15—开挖仓

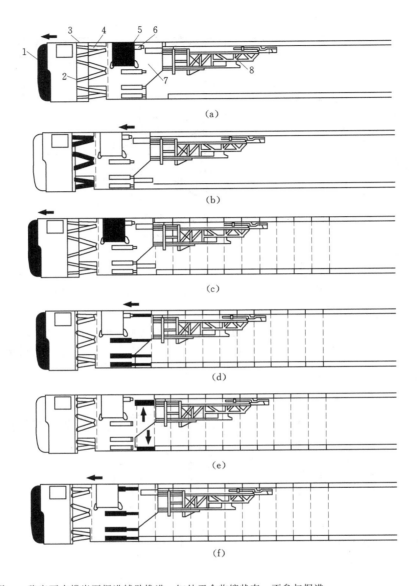

工况一：稳定可支撑岩石掘进辅助推进，缸处于全收缩状态，不参与掘进。

工况二：称定不可支撑岩石掘进 V 型推进缸处于全收缩状态，不参与掘进（本工况即单护盾掘进机掘进作业工况）。

图 4 - 63 双护盾机的工作原理

（a）伸出水平支撑 5 撑紧洞壁—回转刀盘 1—伸出 V 型推进缸 4，进行掘进作业；（b）刀盘 1 停止回转—收缩水平支撑 5 离开洞壁—收缩 V 型推进缸 4，进行换步作业；（c）重复（a）的动作程序实施再掘进；（d）收缩水平支撑 5 使靴板与后护盾一致—回转刀盘 1—伸出辅助推进缸 6 撑在管片上掘进；（e）刀盘 1 停止回转—收缩辅助推进缸 6—安装混凝土管片，实施换步作业；（f）回转刀盘 1—伸出辅助推进缸 6 撑在管片上，实施再掘进作业

1—刀盘；2—刀盘支撑；3—前护盾；4—V 型推进缸；5—水平支撑；
6—辅助推进缸；7—后护盾；8—胶带机

b）换步作业：当推进油缸推满一个行程后，就进行换步作业。刀盘停止回转→收缩水平支撑离开洞壁→收缩推进油缸，将掘进机后护盾前移一个行程。

此时也可以利用辅助推进油缸加压顶住管片，一方面将管片挤紧到位，另一方面也帮助后护盾前移。不断重复上述动作，则实现不断掘进。在此工况下，混凝土管片安装与掘进可同步进行，成洞速度很快。但在这种工况下，辅助推进油缸的主要用途应是将各管片挤紧到位，而不是帮助推进作业。

2）在能自稳但不能支撑的岩石中掘进。此时，推进油缸处于全收缩状态，并将支撑靴板收缩到与后护盾外圈一致，前后护盾联成一体，就如单护盾掘进机一样掘进（图 4-63 中工况二）。它的动作如下：

a）掘进作业：回转刀盘→伸出辅助推进油缸，撑在管片上掘进，将整个掘进机向前推进一个行程。

b）换步作业：刀盘停止回转→收缩辅助推进油缸→安装混凝土管片。

重复上述动作实现掘进。

（2）双护盾式掘进机的工作过程。

双护盾式掘进机掘进、出渣、运输、管片衬砌等工序平行连续作业。在混凝土管片安装完后，紧接着进行豆砾石（粒径为 5～10mm）回填，再向豆砾石里灌注水泥浆，如图4-64、图 4-65 所示。

图 4-64　双护盾掘进机施工现场

双护盾式掘进机通常安排三个班组，其中一个班组每日上午进行机械检修、保养、清理、测量、其他辅助作业等工作，其他两班为正式掘进、管片安装、回填豆砾石、灌水泥浆等工作。

操作模式分两种：

在第一种模式下，运行循环包括两个不同阶段。第一阶段，刀头及前护盾在液压推进缸作用下向前掘进，并通过皮带机向渣车装料；同时后护盾被后支撑系统牢固的固定于洞壁，这时隧洞内后配套系统也保持静止。第二阶段，刀头停止运行，前护盾被前支撑固定于洞壁，通过液压推进缸反作用来拖拽后护盾向前运动，在这一阶段结束时，后配套由安装于皮带机支架两边的专用牵引缸拖动前进。

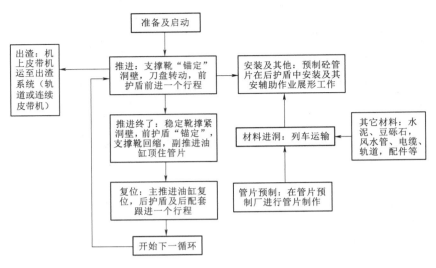

图 4 - 65　双护盾掘进机工作流程图

第二种模式也称作单护盾模式，由于围岩破碎，前后支撑靴不能撑紧洞壁进行掘进作业，这时前护盾和后护盾合成一体，伸缩关节完全闭合，推进油缸收回。此时利用管片作为支撑，由辅助推进油缸产生推力进行掘进作业，掘进和管片拼装无法同时进行，前进速度相应降低。

双护盾式掘进机施工的辅助工作包括：出渣与运输、管片吊装、豆砾石充填和灌浆、通风除尘、施工供电、施工供水、激光导向等工序。

4.6.3　悬臂掘进机

软岩和节理裂隙发育岩体可采用悬臂式掘进机开挖。悬臂式掘进机洞外组装完成后，开到掌子面等待施工作业，断面采用分层开挖施工方法，设备就位掘进机在前方进行切割，后方采用挖掘机或装载机配合皮带机或自卸汽车出料，开挖过程中采用设备自带喷雾系统进行隧道除尘，落料落在铲板部，星轮转动输送至第一运输机，第一运输机运送至机器后方，由挖掘机或装载机将落料装入皮带机或自卸汽车，最后由皮带机或自卸汽车运输至渣场，如图 4 - 66 所示。

图 4 - 66　CTR300D悬臂掘进机

4.7 盾 构 机

4.7.1 概述

盾构法隧道施工的基本原理是用一件圆形的钢质组件，成为盾构，沿隧道设计轴线一边开挖土体一边向前行进。在隧道前进的过程中，需要对掌子面进行支撑。支撑土体的方法有机械的面板、压缩空气支撑、泥浆支撑、土压平衡支撑。

盾构主要用钢板成型制成。大型盾构考虑到水平运输和垂直吊装的困难，可制成分体式，到现场进行就位拼装，部件的连接一般采用定位销定位、高强度螺栓连接，最后成型的方法。

所有盾构的形式从工作面开始均可分为切口环、支承环和盾尾三部分，以外壳钢板连成整体。按照不同的项目，盾构掘进机可以分成不同的类别。按盾壳数量分有单护盾、双护盾、叁护盾；按控制方式分有地面遥控和随机控制；按开挖方法分：有人工、半机械、机械；按开挖断面分有部分断面开挖和全断面开挖；按千斤顶布置位置分有千斤顶与机分离布置在混凝土环后（顶管机）和千斤顶随机布置在混凝土环前；按切割头刀盘形式分有刀盘固定（网格式刀盘，刀盘上只装切割土的铲刀）、刀盘回转（刀盘上装有切削土的铲刀与切割岩石的滚刀，称混合型盾构，以稳定被开挖地层）。

盾构技术对环境干扰小，不影响城市建筑物的安全，不影响地下水位，施工对周围环境的破坏干扰最小，施工速度快，但盾构机的造价较昂贵，隧道的衬砌、运输、拼装、机械安装等工艺较复杂。

4.7.2 土压盾构的工作原理和构造

1. 土压盾构的工作原理

土压平衡盾构的原理在于利用土压来支撑和平衡掌子面（图 4-67）。土压平衡式盾构刀盘的切削面和后面的承压隔板之间的空间称为泥土室。刀盘旋转切削下来的土壤通过刀盘上的开口充满了泥土室，与泥土室内的可塑土浆混合。盾构千斤顶的推力通过承压

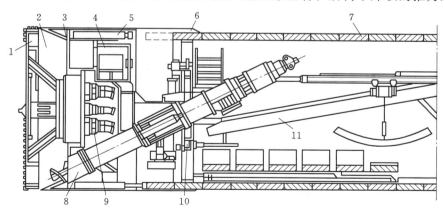

图 4-67 土压盾构原理

1—切削轮；2—开挖舱；3—压力舱壁；4—压缩空气闸；5—推进油缸；6—盾尾密封；
7—管片；8—螺旋输送机；9—切削轮驱动装置；10—拼装器；11—皮带输送机

隔板传递到泥土室内的泥土浆上，形成的泥土浆压力作用于开挖面。它起着平衡开挖面处的地下水压、土压、保持开挖面稳定的作用。

螺旋输送机从承压隔板的开孔处伸入泥土室进行排土。盾构机的挖掘推进速度和螺旋输送机单位时间的排土量（或其旋转速度）依靠压力控制系统两者保持着良好的协调，使泥土室内始终充满泥土，且土压与掌子面的压力保持平衡。

对开挖室内土压的测量则会提供更多的开挖面稳定控制所需的信息。现在，都采用安装在承压隔板上下不同位置的土压传感器来进行测量。土压通过改变盾构千斤顶的推进速度或螺旋输送机的旋转速度来进行调节。

2. 土压盾构的构造

通常土压平衡盾构由前、中、后护盾 3 部分壳体组成。中、后护盾间用铰接，基本的装置有切削刀盘及其轴承和驱动装置、泥土室以及螺旋输送机。后护盾下有管片安装机和盾构千斤顶，尾盾处有密封。

4.7.3 泥水盾构的工作原理和构造

1. 泥水盾构的工作原理

与土压平衡盾构不同，泥水盾构机施工时，稳定开挖面靠泥水压力，用它来抵抗开挖面的土压力和水压力以保持开挖面的稳定；同时控制开挖面的变形和地基沉降。

在泥水式盾构机中，支护开挖面的液体同时又作为运输渣土的介质。开挖的土料在开挖室中与支护液混合。然后，开挖土料与悬浮液（膨润土）的混合物被泵送到地面。在地面的泥水处理场中支护液与土料分离。随后，如需要添加新的膨润土，再将此液体泵回隧洞开挖面。

2. 泥水盾构的构造

在构造组成方面，与土压平衡盾构的主要不同是没有螺旋输送机，而用泥浆系统取而代之。泥浆系统担负着运送渣土、调节泥浆成分和压力的重要作用。

泥水盾构有直接控制型、间接控制型、混合型等 3 种。

（1）直接控制型泥水盾构。直接控制型泥水盾构如图 4 - 68 所示。

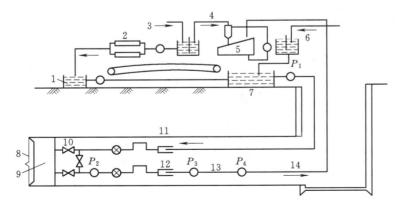

图 4 - 68 直接控制型盾构的泥水系统

1—清水槽；2—压滤机；3—加药；4—旋流器；5—振动器；6—黏土溶解；7—泥水调整槽；
8—大刀盘；9—泥水室；10—流量计；11—密度计；12—伸缩管；13—供泥管；14—排水管

控制泥水室的泥水压力，通常有两种方法：①控制供泥浆泵的转速；②调节节流阀的开口比值。

为保证盾构掘进质量，应在进排泥水管路上分别装设流量计和密度计。通过检测的数据，即可算出盾构排土量。将检测到的排土量与理论掘进排土量进行比较，并使实际排土量控制在一定范围内，就可减小和避免地表沉陷。

（2）间接控制型。间接控制型泥水盾构如图4-70、图4-71所示。间接控制型的工作特征是，通过气垫压力来保持泥水压力和开挖面压力的稳定。

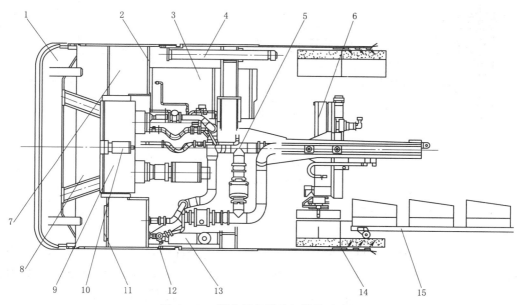

图4-69 泥水平衡盾构机结构示意图

1—刀盘；2—盾体；3—人舱；4—推进液压缸；5—泥浆循环系统；6—管片拼装机；7—气垫仓；8—泥水仓；
9—主驱动单元；10—中心回转接头；11—安全门；12—铰接密封；13—铰接液压缸；
14—尾盾密封；15—管片输送装置

在盾构泥水室内，装有一道半隔板（或称沉浸墙），将泥水室分隔成两部分，在半隔板的前面充满压力泥浆，半隔板后面在盾构轴线以上部分加入压缩空气，形成一个"气垫"。气压作用在隔板后面的泥浆接触面上。由于在接触面上的气、液具有相同的压力，因此只要调节空气压力，就可以确定开挖面上相应的支护压力。

当盾构掘进时，由于泥浆的流失或盾构推进速度变化，进出泥浆量将会失去平衡，空气和泥浆接触面位置就会出现上下波动现象。通过液位传感器，可以根据液位的变化控制供泥泵的转速，使液位恢复到设定位置，以保持开挖面支护压力的稳定。当液位达到最高极限位

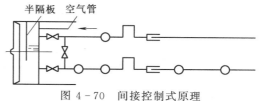

图4-70 间接控制式原理

置时，可以自动停止供泥泵；当液位达到最低极限位置时，可以自动停止排泥泵。

"气垫"的压力是根据开挖室需要的支护泥浆压力而确定。空气压力可通过空气控制阀使压力保持恒定。同时由于"气垫"的弹性作用，使液位波动时对支护液无明显影响。

因此，间接控制型泥水平衡盾构与直接控制型相比，控制相同更为简化，对开挖面土层支护更为稳定，对地表沉陷的控制更为方便。实际的泥水盾构结构如图 4-71 所示。

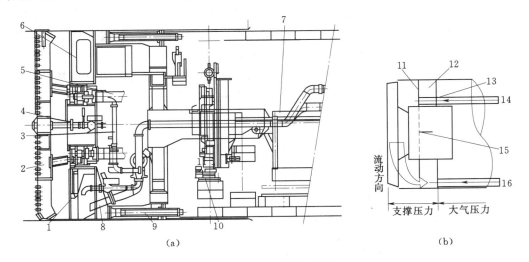

(a)　　　　　　　　　　　　　　　　　　　　(b)

图 4-71　气垫式泥水盾构

(a) 气垫式泥水盾构剖面图；(b) 气垫式原理

1—安全门；2—刀盘；3—注泥浆管；4—回转接头；5—刀盘回转驱动；6—气垫室；7—连接梁；
8—排渣管；9—推进油缸；10—管片安装器；11—浸润墙；12—气垫；13—承压构件；
14—供泥浆管；15—泥浆液位；16—排泥浆管

（3）混合型。这种盾构可以根据地质变化情况对开挖面的支撑方式进行转换。混合型盾构的基本结构是间接控制型泥水盾构。在盾构运行过程中，可以根据需要通过旋转喂料器（图 4-72）转换为土压平衡模式或压缩空气模式等。因此其适应的地质范围较广。

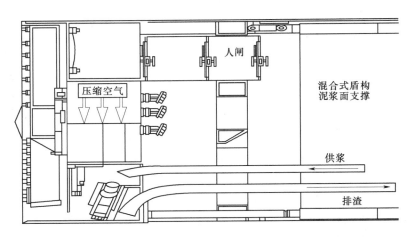

图 4-72　混合型盾构的模型

这种盾构要适应从泥水支撑到气压支撑或土压支撑方式之间的快速转换，盾构上需常备这几套系统，即：适用于泥水盾构工况的泥浆系统、适用于土压盾构工况的螺旋输送机和皮带机系统等。盾构的结构和后配套设备也要适应这几种转换。

实际上，为减少配置，大多数混合型盾构都是运行在间接控制型泥水盾构的模式，而不转换到别的模式。

3. 盾构掘进机的选型

选择盾构机时，必须综合考虑下列因素：①满足设计要求；②安全可靠；③造价低；④工期短；⑤对环境影响小。盾构机机型正确与否是盾构隧道工程施工成败的关键。

盾构选型必须严守以下几项原则：①选用与工程地质匹配的盾构机型，确保施工绝对安全；②可以辅以合理的辅助工法；③盾构的性能应能满足工程推进的施工长度和线形的要求；④选定的盾构机的掘进能力可与后续设备、始发基地等施工设备匹配；⑤选择对周围环境影响小的机型。

以上原则中以能绝对保证掘削面稳定、确保施工安全的机型为最重要。为了选择合适的盾构机型，除应对土质条件、地下水条件进行勘查外，还应对占地环境作充分地勘察。

4.8 疏 浚 机 械

利用挖泥船或其他机具以及人工进行航道浚深或拓宽，是维护和提高航道尺度的一种工程措施。常用疏浚机械有绞吸式挖泥船、耙吸式挖泥船、链斗式挖泥船、抓斗式挖泥船、铲斗式挖泥船等。

4.8.1 绞吸式挖泥船

绞吸式挖泥船是利用吸扬原理来挖泥的。绞吸式挖泥船有两个主要部件：绞刀和泥泵。安装在吸泥入口处的绞刀用来搅动松软的泥土或切削坚硬的泥土，以便使泥土适宜于用水力方法进行输送。绞吸式挖泥船将泥土从管内吸起并使其通过泥泵，然后通过排泥管系对泥土进行输送，如图4-73所示。疏浚土是通过作用在吸泥管内水柱上的大气压进行提升的，对挖深能达到多少是一种限制，因此泥泵一般都安装在水面以下的泥泵舱内以降低吸入水柱的高度。在施工时，绞吸式挖泥船利用两根设置在艉部的定位桩，使挖泥船一步一步向疏浚工作面前移，在每个挖泥位置，挖泥船依靠抛在挖泥区域两侧的边锚从一端向另一端摆动；摆动时是以其中一根艉部的定位桩为中心的。桥架上的绞刀和吸泥管可通

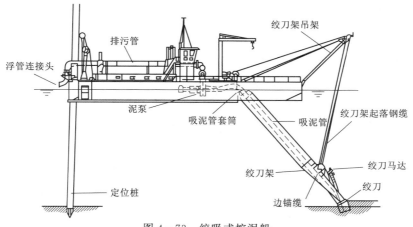

图4-73 绞吸式挖泥船

过绞动钢缆进行升降。

4.8.2 链斗式挖泥船

链斗式挖泥船主要的疏浚部件是斗链。斗链是由与一条环形链节连接在一起的许多泥斗所组成的。链节则支承在一个称为斗桥的刚性可升降支座上。斗链是由安装在斗桥顶部固定端的上导轮驱动的，在斗桥的下端有一个下导轮，斗桥通过绞动钢缆进行升降。斗链下部（图4-74）挖入泥面。这种类型的挖泥船有若干个泥斗同时进行挖掘，因为每次至少有三个或更多的泥斗同时接触泥层。挖掘动力是由上导轮传给斗链，然后再传给挖泥面处的泥斗。泥斗的外缘对泥土起切割作用。在切割岩石时通常使用较小的带齿泥斗，这样可增加作用在待挖物质上点压力。

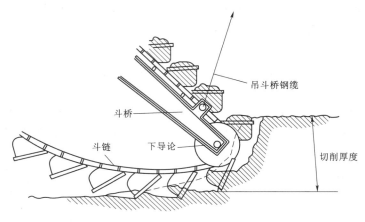

图4-74 斗链下端

使斗链转动，并把斗桥下端下降到所需的深度便可挖泥，如图4-75所示。由斗链上单个泥斗所装载的泥土，沿斗桥向上输送到上导轮处，然后倒入溜泥槽内。该溜泥槽朝向挖泥船傍靠着的泥驳的这一侧。为了连续不断地获得挖起的泥土，挖泥船借助边锚缆从挖槽的一端向另一端横移，而且也通过艏缆逐步前移。使用艏缆是为了将挖掘时所产生的反作用力传至河底。

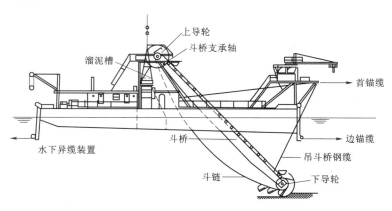

图4-75 链斗式挖泥船

4.8.3 自航耙吸式挖泥船

自航耙吸式挖泥船是一种装有吸泥管的自航轮船,吸泥管可伸出舷外或通过船体内的开槽进行耙吸。吸泥管下端是耙头,它能大量吸入底质。船载泥泵产生抽吸作用,并将泥土排入到本船的泥舱中,如果是边抛式耙吸挖泥船,则直接向舷外排泥入江河湖海,如图4-76所示。

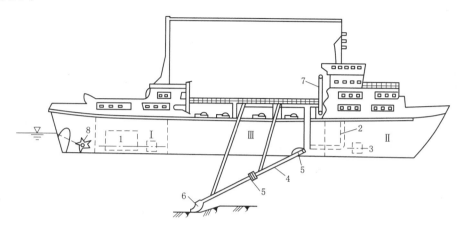

图4-76 自航耙吸式挖泥船

1—主机;2—泥泵;3—电动机;4—吸泥船;5—挠性接头;6—耙头;7—排泥管;8—打进器

4.8.4 抓斗式挖泥船

抓斗式挖泥船有一个抓斗系统,用旋转吊机将抓斗放入水中或从水中提起,通往吊机系统的钢缆操纵抓斗的机械装置,如图4-77所示。将张开的抓斗下放到待挖的底质上,抓斗的重量使它获得部分贯入力,并用机械方法使抓斗的斗体闭合。通常的抓斗型式有挖泥抓斗,带齿抓斗、挖石抓斗、"仙人球"抓斗等,以适应不同的底质。

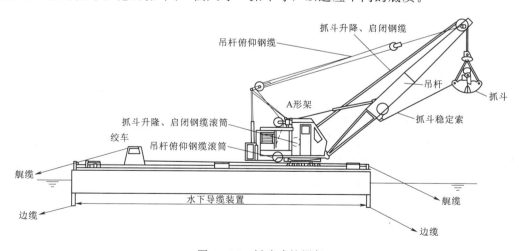

图4-77 抓斗式挖泥船

4.8.5 铲斗式挖泥船

铲斗式挖泥船是一种漂浮式正向铲,铲斗向前挖入土中或挖入开挖面中(图4-78)。

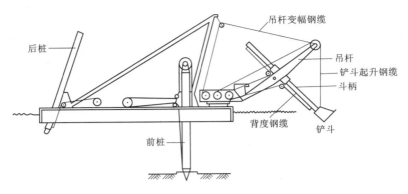

图 4-78 铲斗式挖泥船

铲斗安装在一根铰接刚性臂的末端，并由主起升钢缆提供挖掘能量。铲斗的前缘往往由加设斗齿的加强切削刃所组成。斗齿的作用是将挖掘力集中为较高的点载荷，这样便能剥离和挖掘较硬的泥土。将铲斗背部的斗门打开便可卸泥。

4.8.6　反铲式挖泥船

　　反铲式挖泥船是一种安装在浮箱上的反铲挖掘机。反铲铲斗的工作方式是：挖掘时铲斗朝向挖掘机运动，于是，在开挖一个工作面时，铲斗便从工作面的顶部挖入土中；或者，当挖掘机位于工作面之上时，铲斗就由工作面的底部向上挖掘。反铲式挖泥船与铲斗式挖泥船相类似，每挖完一斗必须将铲斗提出水面，待挖掘机旋转一个适当的角度后再将泥卸入系靠在挖泥船旁的泥驳里。挖泥船可利用挖掘臂或锚缆的拖曳自行移动，如图 4-79 所示。

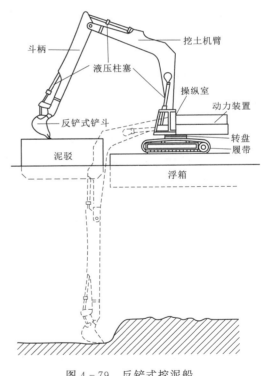

图 4-79　反铲式挖泥船

4.8.7　泥浆泵疏浚设备

　　泥浆泵疏浚河道使用的设备是泥浆泵机组，泥浆泵机组包括：泥浆泵、高压清水泵、动力机、管路系统、控制系统等。泥浆泵机组的工作原理是：先利用高压清水泵将水加压，再通过橡皮管、喷枪将高压水枪冲向河中淤泥，使淤泥稀释成浆状流体并流向泥浆泵，然后在泥浆泵作用下，浆状流体通过皮管被输送到指定位置，从而达到疏浚河道、清除淤泥的目的。

本　章　小　结

　　本章主要介绍凿岩钻孔机械、挖掘机械、平地机械、压实机械、掘进机、盾构机、疏浚设备等土石方工程机械的类型、工作原理、适用场合、生产率及设备选型的计算方法。

通过本章的学习，要求了解凿岩钻孔机械、平地机械的类型及适用场合，掌握挖掘机械、压实机械的类型、工作原理、适用场合、生产率及设备选型的计算方法，了解掘进机、盾构机的工作原理、适用场合。

复 习 思 考 题

1. 凿岩机械的类型有哪些？各适用于哪些场合？

2. 锚杆台车的特点有哪些？

3. 试述单斗挖掘机的工作原理。它有哪些类型？各适用于哪些场合？

4. 如何进行单斗式挖掘机的选型？其生产率如何计算？

5. 试述多斗挖掘机的工作原理。它有哪些类型？各适用于哪些场合？

6. 如何进行多斗式挖掘机的选型？其生产率如何计算？

7. 试述推土机的工作原理。它有哪些类型？各适用于哪些场合？

8. 推土机生产率如何计算？

9. 试述装载机的工作原理。它有哪些类型？各适用于哪些场合？

10. 单斗装载机的生产率如何计算？

11. 试述铲运机的工作原理。它有哪些类型？各适用于哪些场合？

12. 铲运机的选型原则有哪些？如何计算其生产率？

13. 自卸汽车如何进行选型？

14. 带式输送机布置方式有哪些？

15. 试述平地机的工作原理。它有哪些类型？各适用于哪些场合？

16. 试述各类压实机械的工作原理。它有哪些类型？各适用于哪些场合？

17. 各类压实机械的选型原则有哪些？如何计算其生产率？

18. 掘进机的类型有哪些？各适用于哪些范围？

19. 盾构机的类型有哪些？各适用于哪些范围？

第5章 钢筋混凝土工程施工机械

5.1 混凝土骨料制备机械

5.1.1 破碎机械

1. 概述

破碎机械是矿山、建材、水利水电、公路及铁路等建设经常使用的设备。其作用是将物料进行破碎,达到需要的粒度(包括成品或进入下一段破碎、研磨的半成品)。物料在破碎过程中的受力是复杂的,可以分为压碎、劈开、冲击、折断和磨剥,而且必须消耗巨大的能量。通常把破碎过程分为3段,即粗碎、中碎和细碎,详见表5-1。

表5-1　物料破碎过程分段

项　目	粗　碎	中　碎	细　碎
物料粒度(mm)	1200～300	300～100	100～30
产品粒度(mm)	300～100	100～30	10～3

物料在破碎过程中,还有一个重要指标称为破碎比,即:

$$f = D/d$$

式中　D——毛料中最大块径,指通过95%的毛料量的方筛孔尺寸,mm;

　　　d——破碎后产品中最大粒径,mm;

　　　f——总破碎比。

常用破碎机的破碎比详见表5-2。

表5-2　常用破碎机的破碎比

破碎机机型	应用破碎比数值	破碎机机型	应用破碎比数值
旋回破碎机	3～5	反击式破碎机	8～26
圆锥破碎机	3～6	立式破碎机	4～8
颚式破碎机	3～6	旋盘式破碎机	6～10

目前,破碎机的类型很多,它们分别适用不同性质的岩石,详见表5-3。

表5-3　破碎机类型及其使用范围

类　型	粗碎	中碎	细碎	物料硬度	类　型	粗碎	中碎	细碎	物料硬度
反击式破碎机	√	√	√	中等	锤式破碎机		√	√	中等
颚式破碎机	√	√		各种硬度	立式破碎机			√	中等
锥式破碎机		√	√	各种硬度	辊式破碎机		√	√	低硬度

常见岩石的抗压强度，详见表 5-4。

表 5-4   常见岩石抗压强度

岩石名称	抗压强度（MPa）	岩石名称	抗压强度（MPa）	岩石名称	抗压强度（MPa）
石灰岩	98～176.5	中粒砂岩	114.7～211	石英岩	85.3～135.3
玄武岩	76.5～255	细粒砂岩	130.9～236.3	黑贝岩	65.1～125.5
砂岩	4.4～176.5	大理石	79.4～105.4	片状砂岩	49～137.3
石英砂岩	66.7～100.5	花岗岩	73.5～241.6		
粗粒砂岩	116.2～172.6	斑岩	133.4～235.4		

破碎机在工作时，主要靠颚板、锤头、衬板、辊子等部件对岩石的机械作用，从而达到破碎目的。工作中这些部件磨耗很大，因此要求其强度大、硬度高、耐磨性好。常用的有高锰钢、高铬铸铁、高碳钢以及镍铬合金钢等。

在选择破碎设备时，应注意以下几点：

（1）岩石的可碎性。反映岩石被破碎的难易，它决定于岩石的机械强度。通常用石英代表中等硬度的矿石，其可碎性系数为 1；硬矿石的强度大，可碎性系数小于 1；软矿石的强度小，可碎性系数大于 1，破碎机械处理它时的生产率比处理中硬岩石大。

（2）根据岩石的特性和对产品的要求来选择破碎设备。例如，岩石的硬度、进出料粒度、产品级配等。

（3）根据产品质量要求选择破碎设备。例如，属于挤压破碎原理的设备，其产品易产生针片状。经验统计，有关设备在破碎石灰岩时，产生的针片状含量，详见表 5-5。

表 5-5   有关设备破碎石灰岩产生的针片状含量

破碎程序	机 型	针 片 状 含 量（%）		
		40～80mm	20～40mm	5～20mm
粗碎	旋回破碎机	11.8	4.9	13.7
	颚式破碎机	23.1	19.8	31
	反击破碎机	个别	个别	个别
中细碎	圆锥破碎机	0.66	5.38	10.6
	颚式破碎机	7.8	5.5	28.1
	反击破碎机	个别	个别	1.4

2. 颚式破碎机

颚式破碎机是靠定颚板和动颚板来破碎岩石的。物料进入两块颚板之间的楔形腔内时，动颚板围绕悬挂轴对定颚板作周期性的往复运动，使物料受到挤压、劈裂和弯曲的联合作用而破碎；当动颚板离开定颚板时，料块靠重力下移，小于排料口尺寸的料块被排出破碎腔。

根据动颚板的运动特征，颚式破碎机主要分为 2 种型式：简单摆动式和复杂摆动式。前者的动颚板靠曲柄连杆机构带动，实现摆动；后者动颚板由偏心轴带动，实现摆动和移动的复合运动。另外，近年出现了液压颚式破碎机。

颚式破碎机可破碎抗压强度小于 320MPa 的物料。大型颚式破碎机多用于粗碎，复摆细碎机型多用于辅助破碎。国内生产的颚式破碎机的最大给料粒径可达 1250mm，最大生产能力可达 600t/h，其传动简图如图 5-1 所示。

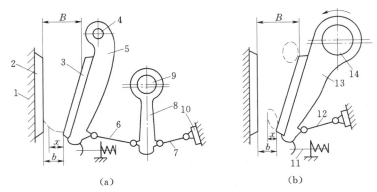

(a)　　　　　　　　　(b)

图 5-1　颚式破碎机传动简图

(a) 简单摆动式；(b) 复杂摆动式

1—机座；2—定颚板破碎板；3—动颚板破碎板；4—动颚板轴；5—动颚板；6—前推力板；
7—后推力板；8—连杆；9—偏心轴；10—排料口调节机构；11—拉紧装置；
12—推力板；13—动颚板；14—偏心轴

颚式破碎机的型号识别如图 5-2 所示。颚式破碎机的技术参数见表 5-6。

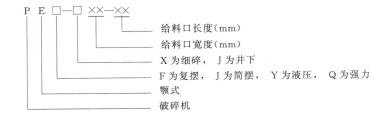

图 5-2　颚式破碎机的型号识别

表 5-6　　　　　　　　　　　　　　　　　**颚式破碎机主要技术参数**

规格型号	最大给料粒度 （mm）	排料粒度 （mm）	生产能力 （m³/h）	主轴转速 （r/min）	电动功率 （kW）	重　量 （kg）
PEF250×400	210	20～60	3～13	300	15	3000
PEF400×600	340	40～100	10～40	275	30	6800
PEF500×750	425	50～100	34～68	275	55	1320
PEF600×750	480	150～200	50～100	275	55	12000
PEF600×900	500	65～160	32～120	250	55～75	17000
PEF700×900	560	195～245	120～180	255	90	18800
PEF750×1060	630	80～140	72～130	250	90～110	30500
PEF900×1200	750	95～165	87～164	200	110	51000

续表

规格型号	最大给料粒度 （mm）	排料粒度 （mm）	生产能力 （m³/h）	主轴转速 （r/min）	电动功率 （kW）	重　量 （kg）
PEF1000～1200	850	195～265	197～214	200	110～132	52600
PEJ1200×1500	1000	130～180	325～525	190	200	128000
PEJ1500×2100	1250	250～300	460～600	100	260	219000
PEX150～750	120	18～48	5～16	320	15	3600
PEX250～750	210	25～60	8～22	330	22	4980
PEX250～1000	210	15～55	10～32	330	30～37	7350
PEX250×1200	210	15～60	13～38	330	37	8700
PEX300×1300	250	20～90	10～65	300	75	11600
PEY400×600	340	40～90	10～40	300	30	13500
PEY500×750	425	50～100	34～55	275	55	19220
PEY600×900	480	75～200	32～120	255	75	27000
PEY750×900	630	170～300	60～250	255	90	36000
PEV430×650	380	40～100	40～100	275	45	5100
PEV500×900	430	50～100	55～130	275	55	10000
PEV600×900	500	70～130	85～170	250	758	13000
PEV750×1060	650	80～140	115～224	250	110	24200
PJQ220×440	150	20～80	7t/h	300	55	14000
PJQ390×650	350	110～150	15t/h	230	132	39000

3. 反击式破碎机

反击式破碎机按照转子的数目不同，可分为单转子和双转子。单转子反击破碎机的构造比较简单，主要由转子、反击板、机体和电机等组成。转子为圆柱形，固定在水平主轴上，上面装有 3～6 块锤板，在高速旋转时用来直接打击进入破碎腔内的物料；反击板固定在机体上，其作用是承受锤板打击后的物料，以便使其进一步破碎。双转子反击破碎机又可分为两转子同向与异向转动两种。另外还有可逆式反击破碎机。

反击式破碎机的特点是：破碎比大（可达到 30），产品粒度均匀，适应性强（可用于粗、中、细破碎），可破碎抗压强度在 245MPa 以下的中硬和脆性物料。反击式破碎机的型号识别如图 5-3 所示。国产反击式破碎机的技术参数见表 5-7。

图 5-3　反击式破碎机的型号识别

4. 立式冲击破碎机

立式冲击破碎机的工作原理，俗称为石打石和石打铁。石打石是物料在线速度为 60m/s

表 5-7　　　　　部分国产反击式破碎机技术参数

规格型号	给料粒度（mm）	排料粒度（mm）	生产能力（t/h）	电动功率（kW）	重量（kg）
PF500×400	100	<20	4～8	7.5	1350
PF600×450	75～100	<20	5～10	10	2000
PF750×500	80	30	20	30	2400
PF1000×700	<250	30	15～30	40	5320
2PF1250×1250	<700	<20	80～150	180～200	54000
PF1600×1400	500	<30	80～120	155	35600
PFQ1040×750	180～300	<30	60m³	90	11800
PFQ1280×1000	250～500	<40	110m³	155	20100
PFQ1280×1250	250～600	<40	140m³	<215	25300
PFQ1450×1500	350～1000	<50（80%）	250m³	<400	39000
PFQ1450×2000	400～1000	<50（85%）	310m³	<550	42000
PFQ1650×2500	500～1300	<50（85%）	420m³	<700	66000
PFK1000×800	40	5	35～50	75	7960
PFK1000×1200	80	5	50～65	110	8950
PFK1200×1200	100	5	65～90	132	11500
PFK1300×600	150	5～20	60～100	55	8010
PFK1300×1200	150	5～20	90～200	75	11916

的情况下自行冲击，使其破碎；石打铁是物料与反击板相冲击，以达到破碎目的。物料由机器上部进料斗直接落入高速旋转的叶轮内，叶轮通过 3～5 个流道在高速离心力的作用下将物料甩出，与另一部分以伞状形式分流在叶轮四周的物料相撞击而粉碎。物料在高速相撞后，又会在破碎腔体内形成涡流多次撞击、摩擦进一步粉碎，从下部排料口排出，可形成闭路多次循环，其工作原理如图 5-4 所示。

立式冲击破碎机适用范围广，可破碎 100～300MPa 的物料；由于是概率破碎，最好是闭路破碎；产品粒形好，成立方体状；细粒级产品所占比例高。立式冲击破碎机的型号识别如图 5-5 所示。国产立式冲击破碎机的技术参数见表 5-8。

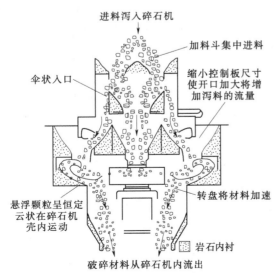

图 5-4　立式冲击破碎机工作原理图

图 5-5　立式冲击破碎机的型号识别

表 5-8　　　　　　　　　部分国内立式冲击破碎机的技术参数

规　格	最大入料半径 (mm)	叶轮转速 (r/min)	功率 (kW)	处理量 (t/h)	重量 (kg)
PL—400	30	2800～3100	15～22	8～12	2600
PL—550	35	2000～3000	22～55	12～30	5300
PL—700	45	1500～2500	45～90	25～55	7020
PL—850	50	1200～2000	90～180	55～100	12000
PL—1000	60	1000～1700	150～264	100～160	17300
PL—1200	60	850～1450	264～440	160～300	22500
PL—500Ⅱ	30	2000～3000	37～55	45～80	5100
PL—710Ⅱ	37	1500～2150	55～90	60～120	8050
PL—850Ⅱ	50	1200～1750	110～180	130～200	10400
PL—1000Ⅱ	57	1000～1500	160～250	180～350	16500
PL—1100Ⅱ	63	1020～1280	400～500	350～500	20000
PL—1200Ⅱ	70	915～1150	560～630	450～800	25000

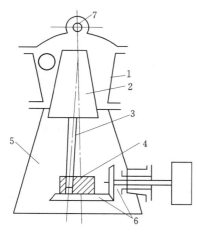

图 5-6　旋回破碎机构造图

1—固定圆锥；2—可动圆锥；3—主轴；
4—偏心轴套；5—下机架；
6—伞齿轮；7—悬挂点

5. 圆锥式破碎机

圆锥式破碎机可分为粗碎型、中碎型和细碎型，通常把用于粗碎的圆锥破碎机称为旋回破碎机（有机械和液压两种）。它的构造与中、细碎机型基本相同，都是由动锥和定锥组成，物料在两锥间形成的破碎腔内被破碎。用于粗碎的旋回破碎机的构造如图 5-6 所示。用于中、细碎的圆锥破碎机的构造如图 5-7 所示。

用于中、细碎的圆锥破碎机又可分为标准型（中碎）、中间型（中细碎）和短头型（细碎），其主要区别在于破碎腔的剖面形状和平行带长度的不同。圆锥破碎机适于破碎抗压强度不超过 300MPa 的各种物料。

用于粗碎的旋回破碎机型号如图 5-8 所示。用于中、细碎的圆锥破碎机型号如图 5-9 所示。

国内部分厂家圆锥破碎机技术参数见表 5-9、表 5-10。

圆锥（旋回）破碎机可挤满给料；工作平稳、振动较轻；破碎腔深度大，工作连续，生产能力高；产品的针片状含量比颚式破碎机少。但机体大，重量大，安装维护较复杂，不适合破碎潮湿和黏性物料。

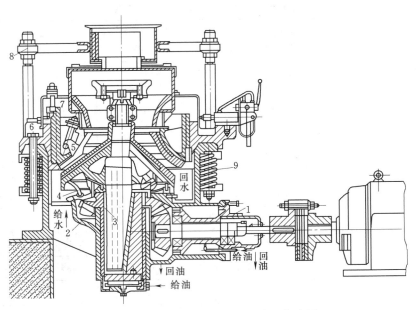

图 5-7　中、细碎弹簧圆锥破碎机构造图

1—机架部；2—传动部；3—偏心套部；4—碗形轴承座；5—破碎圆锥部；
6—支承套部；7—调整套部；8—进料部；9—弹簧部

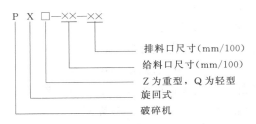

图 5-8　用于粗碎的旋回破碎机型号

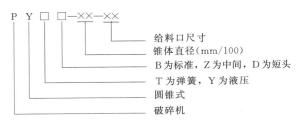

图 5-9　用于中、细碎的圆锥破碎机型号

表 5-9　　　　　　　　　　　国内部分厂家圆锥破碎机技术参数

型　号	破碎锤大端直径（mm）	给料口宽度（mm）	最大给料粒度（mm）	排料口调整范围（mm）	产量（t/h）	功率（kW）	重量（t）
PYTB—900	900	135	115	15～50	50～90	55	10.8
PYTZ—900	900	70	60	5～20	20～65	55	10.8
PYTD—900	900	50	40	3～13	15～50	55	10.9
PYTB—1200	1200	170	145	20～50	110～168	110	25
PYTD—1200	1200	60	50	3～15	18～105	110	25.7
PYTB—1750	1750	250	215	25～60	280～480	155	48
PYTD—1750	1750	100	85	5～15	75～230	155	48
PYTB—2200	2200	350	310	30～60	500～1000	260～280	80
PYTZ—2200	2200	275	230	10～30	200～580	260～280	85

续表

型　号	破碎锤大端直径（mm）	给料口宽度（mm）	最大给料粒度（mm）	排料口调整范围（mm）	产　量（t/h）	功　率（kW）	重　量（t）
PYTD—2200	2200	130	100	5～15	120～340	260～280	85
PYY—900	900	75	65	6～20	17～55	55	9.8
PYY1200	1200	190	160	20～45	90～200	95	18
PYY1650	1650	285	240	25～50	210～425	155	37.8
PYY1750	1750	250	215	25～60	280～480	155	
PYY2200	2200	350	300	30～60	450～900	280	74.5
PYY2200	2200	290	230	15～35	250～580	280	78.5
PYY2200	2200	130	110	8～45	200～380	280	78.5
PYY3000	3000	450	350	35～60	980/1680	525	
MCC60		235			240～580	200	

表 5-10　　　　国内部分厂家旋回破碎机技术参数

型　号	进料口尺寸（mm）	排料口尺寸（mm）	最大进料粒径（mm）	产　量（t/h）	电动功率（kW）	重量不含电机（t）
PX500/75	500	75	400	170	130	42
PX700/130	700	130	580	300	155	82.9
PXZ900/130	900	130	750	625～770	210	141
PXZ1200/180	1200	180	1000	1000～1100	310～350	224
PXZ1200/210	1200	210	1000	1400～1500	310～350	225
PXZ1200/250	1200	250	1000	1500	310～350	224
PXZ1400/170	1400	170	1200	1750～2060	400～430	310
PXZ1400/220	1400	220	1200	2160～2370	400～430	310
PXZ1600/180	1600	180	1350	2400～2800	310	481
PXZ1600/230	1600	230	1350	2950～3200	310	481
PXQ700/100	700	100	580	200～240	130	45
PXQ900/130	900	130	750	350～400	145	86
PXQ900/170	900	170	750	675～770	210	86
PXQ1200/150	1200	150	1000	720	210	144
PXQ1200/170	1200	170	1000	815	210	144

6. 锤式破碎机

锤式破碎机的工作原理，是通过高速旋转的锤头来破碎物料的，其构造如图 5-10 所示。

锤式破碎机是一种冲击式破碎机，按转子数目可分为单转子式（可逆式和非可逆式）、双转子式和环锤式。锤式破碎机的主要部件有以下几部分。

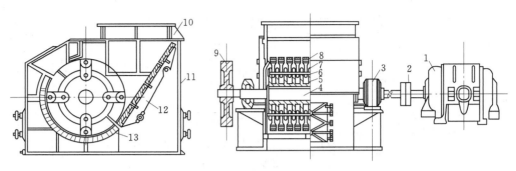

图 5 - 10　锤式破碎机构造图

1—电动机；2—联轴器；3—轴承；4—主轴；5—圆盘；6—销轴；7—轴套；
8—锤子；9—飞轮；10—进料口；11—机壳；12—衬板；13—筛板

（1）电机。驱动动力，大型锤式破碎机的电机功率可达 800kW。

（2）转子。机器的主要部件，由主轴、圆盘、锤头和飞轮组成。锤头装在轴套的销轴上，它可自由摆动并通过销轴来调整与蓖筛的间距。锤头是关键的工作部件，是由高锰钢或其他耐磨合金钢做成。

（3）蓖筛。主要控制产品的粒度，它磨损较快，蓖筛筛孔的尺寸是根据物料性质和产品粒度来选择的。易碎物料或要求产品粒度较细时，筛孔尺寸为最大粒度的 3～6 倍；物料较硬且要求粒度较粗时，筛孔尺寸为产品粒度的 1.5～2 倍。

图 5 - 11　锤式破碎机的型号识别

锤式破碎机构造简单、机体紧凑、占地少、破碎比大；但锤头、转子圆盘、蓖筛磨损较快，不适合破碎坚硬物料。

锤式破碎机的型号识别如图 5 - 11 所示。国内部分厂家生产的锤式破碎机技术参数见表 5 - 11。

表 5 - 11　　　　　国内锤式破碎机技术参数

型　　号	给料粒度（mm）	排料粒度（mm）	产量（t/h）	电动功率（kW）	重　量（t）
PC—600×400	<100	12～15	18.5	1.2	1.2
PC—600×600	<100	15～25	22	1.7	1.7
PC—800×600	<200	20～35	55	2.5	2.5
PC—800×800	<200	35～45	75	4.1	4.1
PC—1000×800	<200	48	115	6.7	6.7
PC—1000×1000	<200	68	130	8.6	8.6
PC—1250×1250	<200	99	180	14	14
PC—1400×1400	<250	170	280	32	32
PC—1600×1600	<350	250	480	37.5	37.5

型　　号	给料粒度 （mm）	排料粒度 （mm）	产　量 （t/h）	电动功率 （kW）	重　量 （t）
PC—1800×2500	＜300	700	800	35.3	35.3
PCK—1000×1000	＜40/80	100～150	280	11.5	11.5
PCK—1430×1300	＜40/80	400	350	21.6	21.6
PCK—1680×1800	＜80	480	630	39	39
PCH—0808	200	28～60	45	5.03	5.03
PCH—1212	300	260～320m³/h	132～280	13.6	13.6
PCH—1216	350	380～500m³/h	220～355	19.1	19.1
PCH—1221	400	500～625m³/h	450	24.5	24.5

7. 辊式破碎机

辊式破碎机可分为双辊式和单辊式。双辊式是靠两个水平旋转的轧辊，将物料咬入破碎腔内，使其受到挤压、磨削从而达到破碎目的。单辊式破碎机，是由一个旋转的轧辊和一个颚板组成，物料在轧辊和颚板之间被压碎后，从排料口排出。双辊式破碎机的工作原理如图 5-12 所示。

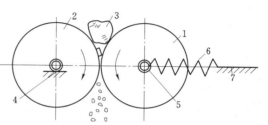

图 5-12　双辊式破碎机的工作原理图
1、2—辊子；3—物料；4—固定轴承；
5—可动轴承；6—弹簧；7—机架

辊式破碎机的主要部件有以下几部分组成。

（1）破碎辊。由高锰钢或特殊碳素钢制作，分齿辊和光辊，它是破碎机的主要工作机构，由可动辊和固定辊直接将物料压碎。

（2）调整机构。用来调整两破碎辊之间的间距，即排料口尺寸，调整方法是通过增减两轧辊之间的垫片数量来完成。以此控制产品的粒度。

（3）弹簧保险装置。平时弹簧的压力能平衡两辊之间的作用力，以保持排料门的间隙。当工作时有非破碎物进入破碎机后，弹簧被压缩，迫使可移动轧辊横向移动，使排矿口宽度增宽，非破碎物被排出后，弹簧恢复原状，机器照常工作。

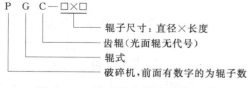

图 5-13　辊式破碎机的型号识别

（4）传动机构。主要是电机通过皮带和一对长齿齿轮，带动两个破碎辊作相向的旋转运动。

辊式破碎机的型号识别如图 5-13 所示。国内部分厂家辊式破碎机的技术参数见表5-12 和表 5-13。

8. 棒磨机

棒磨机是以钢棒为介质的磨碎机械。主要用于对物料的进一步粉碎，以获得更细的颗粒，如建材、化工和水利水电工程制造人工砂时经常使用。

表 5 - 12　　　　　　　国内部分厂家辊式破碎机技术参数

型　号	排料粒度 （mm）	给料尺寸 （mm）	产　量 （t/h）	功　率 （kW）	重　量 （t）
2PG610×400	2～9	＜36	4～13	22	3.8
2PG900×500	2～10	＜40	9～30	2×22	14
2PG900×900	2～10	＜40	11～45	2×30	16.8
2PG1200×1000	3～12	＜40	10～50	2×37	46.8
2PG1200×1200	3～12	＜40	18～68	2×75	48.6
PGC1100×1860	＜150		1410	22	16
PGC2000×3740	＜150		565	110	132
PGC1600×2640	＜150		400	40	37.4
4PG750×500	2～10	30～60	3～10	2×18.5	19.2
4PG900×700	2～10	40～100	10～60	30+12/24	28.7
4PG900×900	2～10	40～100	20～70	2×45	31.4
2PGC600×750	0～100		60～125	22	6.95
2PGC900×900	0～50	300	100	37	13
2PGC1250×1600	0～75	200	250	135	51
2PGX610×400	2～10	75	20～25		4.1

表 5 - 13　　　　　　　　双腔颚辊式破碎机技术参数

型　号	入料粒度 （mm）	物料抗压强度 （MPa）	入料温度 （℃）	排料粒度 （mm）	生产能力 （m³/h）	功　率 （kW）	重　量 （t）
PEGS500×700	＜120	＜600	＜120	5～25	20～35	30	6.0
PEGS600×800	＜150	＜600	＜120	5～25	25～50	37～45	8.4
PEGS750×1000	＜180	＜600	＜120	8～30	35～80	55～75	15
PEGS900×1200	＜210	＜600	＜120	10～30	45～100	75～90	25.5

　　棒磨机由给料、筒体、轴颈、轴承、出料、传动及润滑等部件组成。筒体两端支承在轴承上，由电机带动筒体上的齿圈来进行回转。筒体内装有介质——钢棒以及被磨物料，当筒体回转时，在离心力的作用下，钢棒和物料被筒体内的衬板带动向上提升，当到达一定高度时，又一起被抛落，使物料在冲击和研磨的作用下得到粉碎，被粉碎的物料随着筒体的回转被随时排出。棒磨机的排料方式，多采用溢流式或中间（周边）排料式，用来磨制人工砂时，一般采用湿式中间排料型，其构造如图 5-14 所示。

　　棒磨机的型号识别如图 5-15 所示。国内部分厂家棒磨机的技术参数见表 5-14。

　　棒磨机钢棒装入量的多少直接影响产品的粒度、产量、能耗以及钢棒、筒体衬板的磨损程度。同样的筒体容积，钢棒装入量增大时，设备产量会增加。但是，当装入量过多

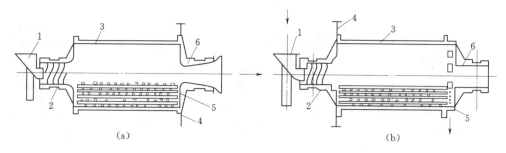

图 5-14 中间排料式棒磨机构造示意图

(a) 湿式棒磨机；(b) 周边排料棒磨机

1—给料器；2—端盖；3—筒体；4—齿轮；5—钢棒；6—端盖

时，可能会减少冲击研磨作用，使研磨作用降低。用棒磨机制砂时，通常采用 $\phi 100mm$ 和 $\phi 75mm$ 的钢棒，其比例为 $40\% : 60\%$，钢棒长度小于筒体长度 $50\sim60mm$ 为宜。

5.1.2 筛分机械

筛分机械主要用于物料的分级、脱水、脱介等作业。在选矿和骨料加工作业中，通常分为预先筛分、检查筛分、分级筛分 3 种。根据要求不同，有湿式和干式 2 种作业方式。

筛分机一般分为固定筛和活动筛两大类。固定筛主要靠物料自身重量，沿筛面移动，达到筛分目的。因此使用时需要较大的倾角（50°左右）。它的特点是结构简单，不消耗动力，价格低廉；缺点是效率低，筛孔易堵塞。

振动筛分机的种类很多，大致分为直线振动筛、惯性振动筛和圆振动筛 3 种。

（1）直线振动筛的运动轨迹为往复的直线，靠两根偏心轴作反向同步回转而产生振动，筛面是水平安装，物料在筛面上靠振动的方向角来移动。由于水平安装，筛体安装高度小，其结构紧凑，筛机振幅大，筛分效率高；缺点是振动器重量大，能量消耗较多。

（2）惯性振动筛的运动是由偏心块旋转时的离心力和冲击力（均为惯性力）产生的。惯性振动筛可分为单轴和双轴惯性振动筛，此类振动筛的振动器随筛框振动，易引起皮带轮时松时紧，使电机工作不稳定；振动筛的振幅随给料量的变化而变化，使筛分效率降低，目前此类筛型很少选用，基本被圆振动筛和直线振动筛所代替。

（3）圆振动筛是 20 世纪 80 年代末，开始由唐山开滦矿物局从德国 KHD 公司引进了 30 台，使用后效果良好。90 年代末鞍山矿山机械股份有限公司又从 KHD 公司引进更新换代产品，目前国内各个厂家已能生产 40 多种规格系列的产品。

1. 直线振动筛分机

直线振动筛分机广泛用于冶金、建材、选煤、化工等采矿业，人工骨料加工过程中常用它作为脱水机械，其结构如图 5-16 所示。直线振动筛的型号识别如图 5-17 所示。

图 5-15 棒磨机的型号识别

M B □□ — ×× — ××

简体长度
简体直径
B 为周边排料，Z 为中间排料
S 为湿式，C 为干式
棒（研磨介质）
磨碎机

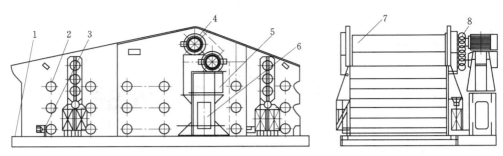

图 5-16　直线振动筛结构示意图

1—底座；2—筛箱；3—防振装置；4—电动机；5、6—电机座；7—激振器；8—轮胎式联轴器

图 5-17　直线振动筛的型号识别

2. 圆振动筛

圆振动筛分机的工作原理是装在筛箱外的电动机带动传动皮带驱动块偏心，使筛箱产生振动，其筛面的运动轨迹为圆形。这样，可以使筛面上的物料层松散，沿筛面向前推进并可使卡塞在筛孔上的难筛物料跳出，使筛孔畅通。圆振动筛的结构示意图如图 5-18 所示。

圆振动筛的型号识别如图 5-19 所示。

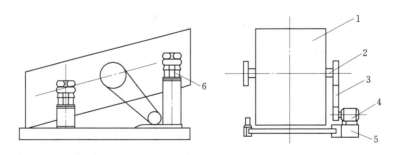

图 5-18　圆振动筛结构示意图

1—筛箱；2—激振器；3—皮带；4—电机；5—电机座；6—支承座

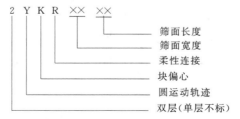

图 5-19　圆振动筛的型号识别

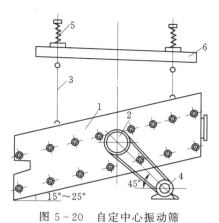

图 5-20 自定中心振动筛
工作原理图

1—筛箱；2—振动器；3—悬挂装置；4—传动装置；5—减振弹簧；6—机架

3. 自定中心振动筛

自定中心振动筛的特点：在筛箱振动过程中，带轮能在空中保持自身中心线不动，其带轮中心与轴孔中心不同心，有一偏心距。当偏心轴旋转时，筛箱与带轮上的配重均绕带轮中心做圆周运动，其质量中心与带轮中心线重合，从而使带轮中心线几乎保持不变，其工作原理如图 5-20 所示。

自定中心筛的型号识别如图 5-21 所示。

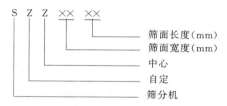

图 5-21 自定中心筛的型号识别

4. 筛网

筛网是振动筛的消耗部件，它分为金属筛网和非金属，筛网选择不当，将直接影响筛分效率。

（1）金属筛网。金属筛网它可分为网栅、莨栅（或格栅）、板栅。

1）网栅。网栅的制造有两种方式，筛孔尺寸在 5.0~6.5mm 以下的筛网是用 $\phi 3$ 的普通钢丝或 65Mn 钢钢丝编织而成；筛孔尺寸在 23~44mm 时，用 $\phi 6~9$ 的 45 号钢筋编织；筛孔尺寸在 80mm 以上时，用 $\phi 16~28$ 的钢筋焊接而成，网孔的形状有方形、矩形和长条形。编织筛网和焊接筛网的有效面积一般是筛网面积的 60%~70%。

2）莨栅。莨栅通常用旧钢轨或型钢制成条状，主要用于固定筛；有的莨栅做成方格形，用于矿石粗碎加工时莨挡超径物料。

3）板栅。板栅是用钢板冲成或钻孔而成，钢板厚度一般为 3~10mm，板栅的优点是磨损均匀、使用时间长、筛孔不易堵塞；缺点是重量大、有效面积小，一般仅为筛网面积的 45%~50%。

（2）非金属筛网。非金属筛网包括天然橡胶、合成橡胶、尼龙和聚氨酯等材料作成的筛网。由于这些材料具有弹性，能吸收冲击力，降低噪音而且韧性好，具有抗裂、耐磨的特点，可延长筛网的使用寿命，近些年来，不少用户都在采用。

聚氨酯筛网是近些年兴起的一种新产品，并被越来越多的用户所使用。实践证明，它的优点是：耐弯屈、柔性好、耐磨损、噪音低；由于筛孔呈八字形，所以不易堵塞；筛网安装更换方便，使用寿命在 3000~4000h。其缺点是一次投资较大、防火性能差，在附近进行电焊作业时须加倍注意，勿将焊渣掉在筛网上，以防燃烧。

5.1.3 洗选机械

洗选机械包括洗泥机、分级机、选粉机等，它的主要作用是对物料进行淘洗、分级、除粉并去除污物和杂质。洗泥机、分级机在生产中，是靠水力作用来完成物料的洗泥和分级;选粉机是靠风力作用来完成选粉的。这些设备主要用于煤炭、冶金、建材等行业。水利水电工程中用来对砂石骨料的洗泥、分级和对人工砂进行选粉,把多余的石粉选出,以达到质量要求。

1. 螺旋洗砂(石)机

螺旋洗砂(石)机适用于建筑工地、砂石厂、玻璃厂、水利水电工地等单位,对砂子进行洗选、分级和脱水。目前国产螺旋洗砂机型号表示方法如图 5-22 所示。螺旋洗石机的型号表示方法与螺旋洗砂机的表示方法基本相同,只是有的厂家在 XL 后面加一个字母 Z 来表示重型。

2. 螺旋分级机

螺旋分级机是用来对砂料或矿物进行淘洗、分级和脱水。通常分为单螺旋和双螺旋。如按溢流端叶片侵入溢流面的深浅不同,又可分为低堰式、高堰式和沉没式等 3 种形式。

低堰式溢流堰顶低于溢流端轴承的中心,其沉降区面积较小,溢流量低,通常用来冲洗矿砂,而不适宜分级;高堰式溢流堰顶高于溢流端

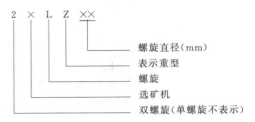

图 5-22 国产螺旋洗砂机型号表示方法

轴承的中心,但低于螺旋叶片的上缘,其沉降区的面积较大。它适用于分离粒径小于 0.15mm 的特细砂和杂质,如图 5-23 所示;沉没式溢流端的螺旋叶片全部浸没在沉降区的料浆面以下,沉降区的面积和深度较大,有利于砂粒的沉淀。它适用于细颗粒的分级,通常用于分级小于 0.15mm 的特细砂料,如图 5-24 所示。

螺旋分级机的型号识别如图 5-25 所示。

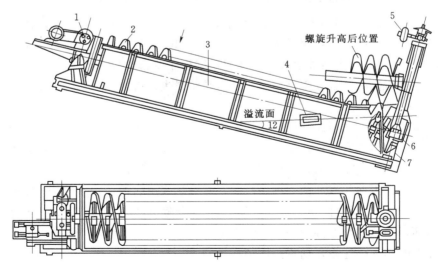

图 5-23 高堰式单级螺旋分级机

1—传动装置;2—螺旋;3—水槽;4—进料口;5—升降机构;
6—下部支座轴承;7—清理用排料阀

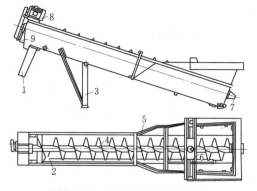

图 5-24　沉没式螺旋分级机

1—卸料槽；2—输水管路；3—构架；4—螺旋轴；5—槽箱；6—进料箱；7—下部轴承；8—原动机构；9—减速箱

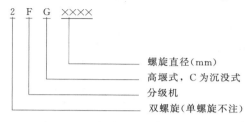

图 5-25　螺旋分级机的型号识别

5.1.4　堆取料机

堆取料机主要用于水利水电工程的砂石料场以及港口、码头、煤场、盐场、钢厂等大量散装物料的转运、堆料作业，通常和给料输送机配套使用，在装卸工作机械化中占有重要地位。

堆取料机的类型包括以下几种。

（1）堆料机。无取料功能，专门进行堆料作业，堆料高度可达 14m。

型号含义：以 D10026 为例，D——堆料机、100——堆料能力（×10t/h）、26——悬臂旋转半径（m）。

（2）混匀堆料机。无取料功能，在堆料过程中可以把料混匀。

型号含义：以 DH6018 为例，DH——混匀、60——堆料能力（×10t/h）、18 悬臂旋转半径（m）。

（3）混匀取料机。采用斗轮取料并具有混匀功能。

型号含义：以 QG40024S 为例，Q——混匀取料机、G——轨道式、400——取料能力（t/h）、25——轨距（m）、S——变型、更新代号。

（4）斗轮堆取料机。既能取料又能堆料。

型号含义：以 DQ300/600 为例，DQ——斗轮堆取料机、300——取料能力（t/h）、600——堆料能力（t/h）。

（5）门式斗轮堆取料机。非悬臂式，采用门架式的堆取料机。

型号含义：以 MDQ12650 为例，MDQ——门式斗轮堆取料机、126——堆料生产率（×10t/h）、50——跨度（m）。

部分堆料机的技术参数见表 5-14，部分取料机的技术参数见表 5-15、表 5-16。

5.1.5　给料机械

1. 概述

给料机适用于冶金、矿山、水利水电、化工、建材、煤炭等部门，将物料均匀连续或间断地向设备喂料。给料机的种类很多，有槽式、板式、往复式、圆盘式、螺旋式、叶轮式及棒条式给料机等。

表 5-14 部分堆料机的技术参数

规格型号	堆料能力 (t/h)	堆料高度 (m)	半径 (m)	旋转速度 (r/min)	轨距 (m)	带宽 (m)	带速 (m/s)	总功率 (kW)
D10026	1000	14	26	0.1112	5.0	1.0	2.0	81
DH6018	600	10	18	0.11	4.5	0.8	1.6	87
DH6019	600	10	19	0.11	4.5	0.8	1.6	84
DH6020	600	10	20	0.31	4.5	0.8	1.6	88.1
DH10037	1000	12	37	0.112	6.0	1.0	2.0	120
DH900.28.5	1900	12.4	28.5	0.112	6.0	1.2	2.0	140

表 5-15 部分取料机的技术参数

规格型号	堆料能力 (t/h)	斗轮直径 (m)	斗数 (个)	斗容 (L)	带宽 (mm)	带速 (m/s)	轨距 (m)	总功率 (kW)
QG400.24S	400	4.8	8	50	800	2.5	24	95
QG400.26S	400	4.8	8	50	800	2.5	26	95
QG600.24S	600	5.5	12	50	1000	2.5	24	112
QG400.30S	600	5.2	10	80	800	2.0	30	135
QG1500.37S	1500	6.77	10	330	1200	2.0	37	317

表 5-16 部分斗轮堆取料机的技术参数

规格型号	堆料 (t/h)	取料 (t/h)	堆取料高 轨上 (m)	堆取料高 轨下 (m)	斗轮 直径 (m)	斗轮 斗轮 (个)	斗轮 斗容 (L)	带宽 (m)	带速 (m/s)	轨距 (m)	回旋半径 (m)	功率 (kW)
DQ300/600	600	300	9.2	1.8	4	8	100	1.0	2.1	5	25	140
DQ1000/1200.30	1200	1000	11	2	6	9	400	1.2	2.6	6	30	230
DQ800/1500.30	1500	800	11	1	5.2	9	250	1.2	3.4	6	30	250
DQ1000/2000.35	2000	1000	10	2	6	9	400	1.6	2.5	7	35	271
DQ1500/1500.35	1500	1500	10	2	7	8	1300	1.4	2.72	7	35	389
DQL1800/3600.41	1800	3600	8.847	1.153	6.6	8		1.8	3.83	7	41	485
DQL1500/3600.41	1600	3600	8.847	1.153	6.3	8		1.8	3.83	7	41	522
DQL800/1250.30	800	1250	12	1.6	5.2	8		1.2	3.15	6	30	285

选用给料机时，应根据物料粒度、给料量、工艺要求以及场地布置等情况来选用合适的机型与型号。

2. 槽式给料机

槽式给料机有结构简单、给料均匀、不易堵塞、生产能力大等优点。水利水电工程中，常用于半成品料仓给料，其给料量可通过调整偏心轮的偏心距来调节。槽式给料机的结构如图 5-26 所示。

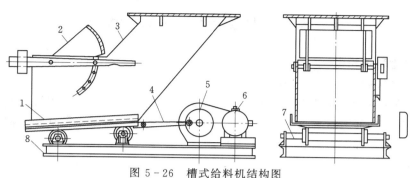

图 5-26 槽式给料机结构图

1—给料槽；2—调节弧节；3—受槽斗；4—偏心连杆；

5—减速箱；6—电动机；7—支承轮轴；8—机架

3．电机振动给料机

电机振动给料机是 20 世纪 80 年代中期发展起来的新型给料设备，它广泛用于矿山、水利水电、冶金、煤炭、化工、建材、粮食等行业中。用来把块状、颗粒状及粉状物料从储料仓或漏斗中均匀连续或定量地向受料装置给料。电机振动给料机的特点是结构简单体积小、安装方便、运行费用低、噪音小，能够改善工作环境。

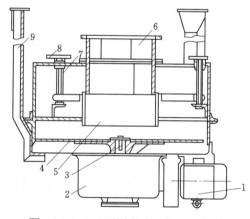

图 5-27 DB 型圆盘式给料机示意图

1—电动机；2—蜗轮箱；3—传动轴；4—分料盘；

5—调整料斗；6—受料斗；7—调整螺杆；

8—手轮；9—吊架

4．圆盘给料机

圆盘给料机可分为吊式和座式，通常使用吊式的较多，吊式又可分为敞开式（即 DK型）和封闭式（即 DB 型）。如图 5-27 所示。

5．板式给料机

板式给料机的工作原理是靠支承在滚柱上的牵引链、牵引板条运行来运送物料。板式给料机有重型、中型和轻型之分。板式给料机的特点是给料粒度大，最大可达 1400mm，给料均匀并能承受较大的物料压力。但其结构较复杂，维修困难、价格较高、设备笨重。

6．振动喂料机（筛）

振动喂料机（筛）的特点是能承受大块物料的冲击、具有相当大的给料能力，当部分筛底做成棒条时，在给料的同时能起到初筛的作

用以满足工艺要求。其工作平稳、可靠使用寿命长，多用来给粗碎设备喂料。

7．往复式给料机

往复式给料机，主要用于煤炭或其他黏性小的松散状物料的给料。往复式给料机由机架、给料槽、传动平台、漏斗、闸门及托棍等组成。当电机转动时带动曲柄连杆机构拖动底板在托棍上作直线往复运动，将物料均匀地卸到其他设备上。

往复式给料机根据需要有带漏斗和不带漏斗 2 种形式，另外，有带调节闸门和不带调节闸门的 2 种结构形式。

5.2　混凝土拌和设备

5.2.1　混凝土称量设备

混凝土配料的称量主要采用电子秤等。

电子秤是通过传感器承受材料重力拉伸，输出电信号在标尺上指出荷重的大小，当指针与预先给定数据的电接触点接通时，即断电停止给料，同时继电器动作，称料斗斗门打开向集料斗供料，如图 5-28、图 5-29 所示。

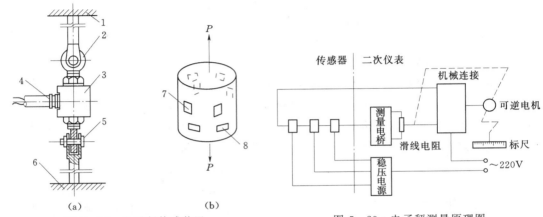

图 5-28　电子秤传感装置

(a) 传感器安装示意图；(b) 传感器内应变片粘贴示意图
1—贮料仓支架；2、5—球铰；3—传感器；4—电路线
插头；6—称量斗；7—竖贴应变片；8—横贴应变片

图 5-29　电子秤测量原理图

4.定量水表

水和外加剂溶液可用定量水表计量。使用时将指针拨至每盘搅拌用水量刻度上，按电钮即可送水，指针也随进水量回移，至零位时电磁阀即断开停水。此后，指针能自动复位至设定的位置。

称量设备一般要求精度较高，而其所处的环境粉尘较大，因此应经常检查调整，及时清除粉尘。一般要求每班检查一次称量精度。

5.2.2　混凝土拌和设备

5.2.2.1　混凝土搅拌机

拌和机械有自落式和强制式两种。其类型及运行示意见表 5-17。

1.自落式混凝土搅拌机

自落式搅拌机是通过筒身旋转，带动搅拌叶片将物料提高，在重力作用下物料自由坠下，反复进行，互相穿插、翻拌、混合使混凝土各组分搅拌均匀的。

(1) 锥形反转出料搅拌机。锥形反转出料搅拌机是中、小型建筑工程常用的一种搅拌机，其正转搅拌，反转出料。由于搅拌叶片呈正、反向交叉布置，拌和料一方面被提升后靠自落进行搅拌，另一方面又被迫沿轴向作左右窜动，搅拌作用强烈。

表 5-17　　　　　　　　　　　混凝土搅拌机的类型

自 落 式		强 制 式			
双 锥 式		立 轴 式			卧轴式 （单轴双轴）
反转出料	倾翻出料	涡桨式	行 星 式		
			定盘式	盘转式	

图 5-30 为锥形反转出料搅拌机外形。它主要由上料装置、搅拌筒、传动机构、配水系统和电气控制系统等组成。图 5-31 为搅拌筒示意图，当混合料拌好以后，可通过按钮直接改变搅拌筒的旋转方向，拌和料即可经出料叶片排出。

图 5-30　锥形反转出料搅拌机

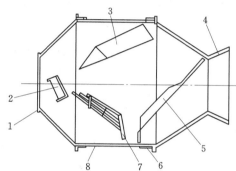

图 5-31　锥形反转出料搅拌机搅拌筒
1—进料口；2—挡料叶片；3—主搅拌叶片；
4—出料口；5—出料叶片；6—滚道；
7—副叶片；8—搅拌筒筒身

（2）双锥形倾翻出料搅拌机。双锥形倾翻出料搅拌机进出料在同一口，出料时由气动倾翻装置使搅拌筒下旋 50°～60°，即可将物料卸出，如图 5-32 所示。双锥形倾翻出料搅拌机卸料迅速，拌筒容积利用系数高，拌和物的提升速度低，物料在拌筒内靠滚动自落而搅拌均匀，能耗低，磨损小，能搅拌大粒径骨料混凝土。主要用于大体积混凝土工程。

2. 强制式混凝土搅拌机

强制式混凝土搅拌机一般筒身固定，搅拌机片旋转，对物料施加剪切、挤压、翻滚、滑动、混合使混凝土各组分搅拌均匀。

（1）涡桨强制式搅拌机。涡桨强制式搅拌机是在圆盘搅拌筒中装一根回转轴，轴上装有拌和铲和刮板，随轴一同旋转，如图 5-33 所示。它用旋转着的叶片，将装在搅拌筒内的物料强行搅拌使之均匀。涡桨强制式搅拌机由动力传动系统、上料和卸料装置、搅拌系统、操纵机构和机架等组成。

（2）单卧轴强制式混凝土搅拌机。单卧轴强制式混凝土搅拌机的搅拌轴上装有两组叶片，两组推料方向相反，使物料既有圆周方向运动，也有轴向运动，因而能形成强烈的物料对流，使混合料能在较短的时间内搅拌均匀。它由搅拌系统、进料系统、卸料系统和供

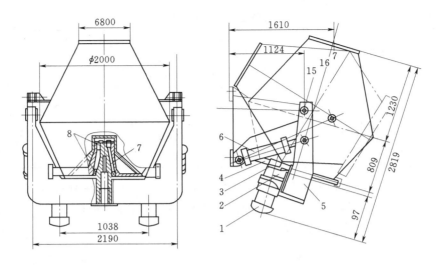

图 5-32　双锥形倾翻出料搅拌机

1—电动机；2—行星摆线减速器；3—小齿轮；4—倾翻机架；5—固定机架；

6—倾翻气缸；7—锥形轴；8—单列圆锥滚柱轴承

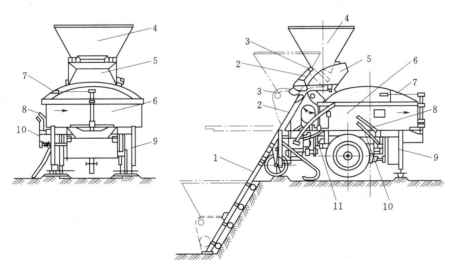

图 5-33　涡桨强制式混凝土搅拌机

1—上料轨道；2—上料斗底座；3—铰链轴；4—上料斗；5—进料承口；6—搅拌筒；

7—卸料手柄；8—料斗下降手柄；9—撑脚；10—上料手柄；11—给水手柄

水系统等组成，如图 5-34 所示。

（3）双卧轴强制式混凝土搅拌机。双卧轴强制式混凝土搅拌机，如图 5-35 所示。它有两根搅拌轴，轴上布置有不同角度的搅拌叶片，工作时两轴按相反的方向同步相对旋转。由于两根轴上的搅拌铲布置位置不同，螺旋线方向相反，于是被搅拌的物料在筒内既有上下翻滚的动作，也有沿轴向的来回运动，从而增强了混合料运动的剧烈程度，因此搅拌效果更好。双卧轴强制式混凝土搅拌机为固定式，其结构基本与单卧式相似。它由搅拌系统、进料系统、卸料系统和供水系统等组成。

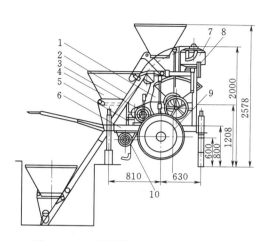

图 5-34 单卧轴强制式混凝土搅拌机

1—搅拌装置；2—上料架；3—料斗操纵手柄；4—料斗；
5—水泵；6—底盘；7—水箱；8—供水装置操纵手柄；
9—车轮；10—传动装置

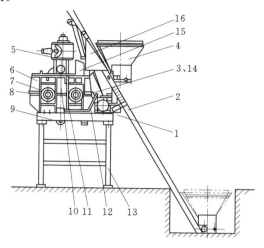

图 5-35 双卧轴强制式混凝土搅拌机

1—上料传动装置；2—上料架；3—搅拌驱动装置；4—料斗；
5—水箱；6—搅拌筒；7—搅拌装置；8—供油器；9—卸
料装置；10—三通阀；11—操纵杆；12—水泵；13—支
承架；14—罩盖；15—受料斗；16—电气箱

3. 与选型有关的主要参数

(1) 额定容量。搅拌机的各种不同含义的容量之间有如下关系。

1) 进料容量 V_1 是指装进搅拌筒而未经搅拌的干料体积，出料容量 V_2 是指卸出搅拌机的成品混凝土体积，标准规定该容量作为搅拌机的额定容量，是搅拌机的主要参数。

2) 搅拌机的几何体积 V_0 是指搅拌筒能够容纳配合料的体积。它与进料容量的关系是：

$$V_0/V_1 = 2 \sim 4$$

3) 出料容量 V_2 与进料容量 V_1 的关系是：

$$\varphi_1 = V_2/V_1 = 0.65 \sim 0.7$$

或

$$V_2 = \varphi_1 V_1$$

式中　φ_1——出料系数。

4) 搅拌机卸出的新鲜混凝土体积 V_2 与捣实后新鲜海绵田体积 V_3 之比值 φ_2，称为压缩系数，比值 φ_2 的大小与混凝土的性质有关，如：

干硬性混凝土　　　　$\varphi_2 = V_2/V_3 = 1.45 \sim 1.26$

朔性混凝土　　　　　$\varphi_2 = V_2/V_3 = 1.25 \sim 1.11$

高朔性混凝土　　　　$\varphi_2 = V_2/V_3 = 1.10 \sim 1.04$

(2) 工作循环时间。搅拌机工作循环时间是指在连续生产条件下，前一次进料过程开始至紧接着的后一次进料过程开始之间的时间间隔，由下列几段时间组成，其单位均以 s 计。

1) 进料时间——从给搅拌筒送料开始到进料过程结束。

2) 搅拌时间——从进料过程结束到出料开始。

3) 出料时间——从开始卸料到至少 95% 以上混凝土卸出。

4) 复位时间——对非倾翻出料的搅拌机，搅拌筒复位时间为零；对倾翻出料的搅拌机，搅拌筒复位时间可由实测确定。

（3）搅拌机的选型计算。

1）搅拌站的小时生产率：

$$Q_h = \frac{Q_y}{mn}k$$

式中　Q_h——搅拌站计划小时生产率，m^3/h；

　　　Q_y——搅拌站年产混凝土计划数，m^3；

　　　m——搅拌站年工作日，一般取 306，d；

　　　n——搅拌站日工作时数，对一班制取 8h，两班制取 15h，三班制取 22h；

　　　k——生产不均匀系数，即最高小时产量与平均小时产量之比。对混凝土预制厂取 $k=1.2$；商品混凝土搅拌站取 $k=1.3\sim2.0$；施工工地取 $k=2.5\sim3.0$。

2）搅拌机小时生产率：

$$q_h = 3.6\frac{V_1\varphi_1}{t_1+t_2+t_3+t_4}$$

式中　q_h——搅拌机小时生产率，m^3/h；

　　　V_1——出料容量，L；

　　　φ_1——出料系数，对混凝土一般取 $0.65\sim0.7$，砂浆取 $0.85\sim0.95$；

　　　t_1——每罐料的搅拌时间，s，可参考搅拌机的有关性能参数；

　　　t_2——每次进料时间，s，一般以提升料斗进料时，可取 $t_2=15\sim20s$，以固定料斗进料时可取 $t_2=10\sim15s$；

　　　t_3——每罐出料时间，s，对 JF 型搅拌机，一般取 $t_3=10\sim20s$，对 JC 型搅拌机经出料槽卸料的，取 $t_3=30\sim60s$，对 JZ 型搅拌机，t_3 值处于前两者之间且偏小些；

　　　t_4——搅拌机复位时间，s，JF 型搅拌机可由实测确定，其他机型 t_4 均为零。

若搅拌机每小时的出料次数为 m，且为连续生产，机械时间利用系数为 k（取 0.85 或实测），则搅拌机小时生产率（m^3/h）亦可按下式计算：

$$q_h = \frac{mV_1\varphi_1 k}{1000}$$

3）搅拌机的数量：

$$n = \frac{Q_h}{q_h}$$

式中　n——搅拌机计算台数，取整数；

　　　Q_h——搅拌站计划小时生产率，m^3/h；

　　　q_h——每台搅拌机小时生产率，m^3/h。

5.2.2.2　混凝土搅拌机楼

1. 概述

搅拌机仅仅是对原材料进行搅拌，而从原材进入、贮存、混凝土搅拌、输出配料等一系列工序，要由混凝土工厂来承担。立式布置的混凝土工厂在我国习惯上叫搅拌（拌和）

楼，水平布置的叫搅拌（拌和）站。搅拌站既可是固定式，也可作成移动式。搅拌楼布置紧凑，占地面积小，生产能力高，易于隔热保温，适合大型工程大量混凝土生产。搅拌站便于安装、搬迁，适于量少、分散、使用时间短的工程项目。

搅拌楼可以有很多种类，主要有周期式生产和连续式两大类，各可配置自落式和强制式搅拌机，按楼、站设置。主机的台数、布置的方式、结构型式、是否进行预冷和隔热、进出料方式和方向，可以根据需要设计配置。如图 5-36、图 5-37 所示。

国产搅拌楼的型号如图 5-38 所示。

例如 HL_{360}—2Q6000 型为生产能力 360m³/h，装有 2 台 6m³ 强制式搅拌机的搅拌楼。习惯上都以 2×6m³ 表示。

国内部分已建和在建的大坝工程的搅拌楼配置见表 5-18。

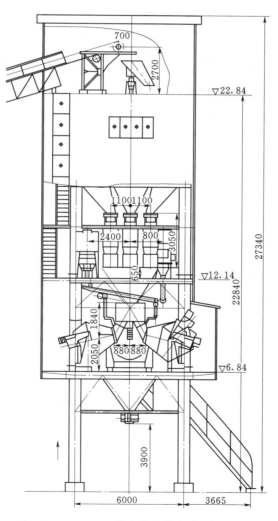

图 5-36　3×1.5m³ 自落式搅拌楼（单位：mm）

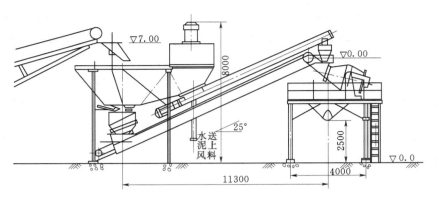

图 5-37 HZ20—1F750I 型混凝土搅拌站（单位：mm）

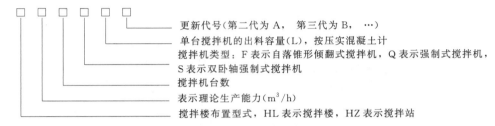

更新代号（第二代为 A，第三代为 B，…）

单台搅拌机的出料容量(L)，按压实混凝土计

搅拌机类型：F 表示自落锥形倾翻式搅拌机，Q 表示强制式搅拌机，S 表示双卧轴强制式搅拌机

搅拌机台数

表示理论生产能力(m³/h)

搅拌楼布置型式，HL 表示搅拌楼，HZ 表示搅拌站

图 5-38 国产搅拌楼的型式代号

表 5-18　　　国内部分已建和在建的大坝工程的搅拌楼配置表（单位：座）

工程名称	配置搅拌楼型号（n×m³）									
	2×1.5	3×1.5	2×3	4×3	4×4.5	2×1.5Q	2×3Q	2×4.5Q	2×6Q	其他
五强溪	1		1	2						
东风	1		2							
漫湾				1						
水口		1				1		1		
三峡		1		4	2			1		1(4×6F)
小浪底		1		2						
大潮山		1		1						
龙滩		2		1		2			3	
构皮滩		1		3	1					
彭水					2		1			
拉西瓦				1	1					
景洪				2			2			
小湾	1			5						

　　搅拌楼选型时首先考虑的是它的生产能力。搅拌楼厂家一般都给出了各种型号搅拌楼的铭牌生产能力。自落式搅拌机楼的生产能力见表 5-19。搅拌楼的各项配套设备必须和搅拌机相协调，充分发挥搅拌机的作用。如果没有其他制约因素，搅拌楼的常温混凝土的理论生产能力主要取决于搅拌机的容量和搅拌周期，需由搅拌作业循环确定。

表 5-19　　　　　　　　　　　　自落式搅拌机楼的铭牌生产能力

型　　号	搅拌机配置 （n×m³）	铭牌生产能力 （m³/h）	可供高峰浇筑强度（m³）		
			小时	日	月
HL50—2F1000	2×1.0	50	40	640	10000
HL75—3F1000	3×1.0	75	60	800	20000
HL76—2F1500	2×1.5	75	60	800	20000
HL115—3F1500	3×1.5	115	100	1200	30000
HL125—4F1500	4×1.5	125	120	1500	40000
HL236—4F3000	4×3.0	236	200	3000	75000
HL360—4F4500	4×4.5	320	300	4000	90000

注　表中可供高峰浇筑强度，视系统协调、工程计划和管理水平而定，表中数据仅供参考。

2. 混凝土搅拌楼（站）的控制系统

（1）控制系统。20 世纪 90 年代以后的混凝土搅拌楼（站）基本上都采用电子秤，微机全自动控制。主要有微机全自动控制系统、电子秤式（分布式）微机控制系统两种。日本 IHI 的 MSC—Ⅲ基本上属于全微机控制系统。目前国产搅拌楼较多的采用全自动微机控制系统。

1）全自动微机控制系统。微机系统采用两台工控机（为工业用微机），运行可靠、抗干扰能力强、可在恶劣环境下运行。微机专用线路供电，经稳压和净化处理和强电地线分离，电源稳定。控制信号由继电器隔离，切断干扰信号，保证系统运行可靠。

微机软件基于多任务开发环境，采用大屏幕 CRT，可在同一屏幕上开设多个窗口，可显示各执行元件及计量秤料位变化和搅拌机状态等，多任务同时执行。简化了操作过程，提高了生产效率。控制软件含有多种自检功能，可检测微机运行状态和搅拌机故障，有利于操作和维修。微机控制台的外形和布置如图 5-39 所示。

微机控制系统的主要功能有：①对进料、计量、卸料、搅拌和混凝土出料的全过程自动控制；②多任务多用户管理，用户数量不限；③显示，打印报表完全汉化；④搅拌时间和卸料时间，分批卸料、卸料顺序等均可窗口设置，随时可调；⑤计量，卸料过程中仓门，秤斗门及秤斗内料位变化均可动态模拟显示；⑥各种计量设定值、计量值、计量误差、需方量和生产量的动态显示；⑦根据需要打印每盘混凝土的生产数据；⑧显示和（或）打印任一时间内的生产和用户表报，记录生产数据，人工和自动转存（档）盘；⑨计量提前量的动态自动调整；⑩进、出料层工业电视监视；⑪骨料仓温度的自动检测（巡检）；⑫砂含水率的自动检测，水和砂量的自动或人工补偿；⑬可为用户提供网络调度和管理接口。

通过巡回检测仪可将各检测点传感器检测到的温

图 5-39　微机控制台的外形和布图
（单位：mm）

度信号，传送给预冷控制系统，调整制冷参数，实现混凝土的出口温度控制等。

2）电子秤式微机控制系统。电子秤式微机控制系统，其功能和全自动微机控制系统基本相同。系统由上位机、下位机（智能电子秤）和 PLC 组成。上位机为主机，指挥下位机（从机）完成电子秤的配料、卸料的过程，保证计量精度。PLC 则控制整个搅拌楼的各项设备按工艺要求，自动协调工作。设定、调整和贮存配比，记录、打印实际配料数据，通过大屏幕显示屏，实时显示配料、搅拌循环，主机和从机间按查询回答方式进行数据联络和交换。

微机系统有全自动、半自动和手动 3 种工作方式。正常搅拌楼在全自动方式运行，按给定的容量、配比和搅拌时间，自动进行配料、卸料、搅拌倾翻等顺序作业；在上位机故障情况下，可由智能电子秤、PLC 和电子控制电路，构成常规控制方式进行半自动方式工作；手动操作主要用于系统调试，在全自动和半自动工作方式下进行人工干预，在应急情况下也可用手动方式维持生产。

在上、下位机和 PLC 控制电路中都设立了电气互锁和顺序连锁，上位机和 PLC 间提供了故障诊断和报警功能，并对某些故障进行自动处理。

（2）搅拌楼的控制和指示仪表。搅拌楼的控制和指示仪表主要有：砂含水率测定、料位计、温度检测、坍落度测定、传感器等。

1）微波含水率测定仪。按我国现行规范，要求砂的含水率控制在 6% 以下。实际上含水率受气候、堆存条件和时间的影响，很难达到这个指标，更重要的是不易稳定。每立方米混凝土砂中的含水量常在 30～40kg 以上，几乎占实际需水量的 40% 多。为保证混凝土质量，含水率的稳定和测定十分重要。图 5-40 是含水率测定仪的典型配置。

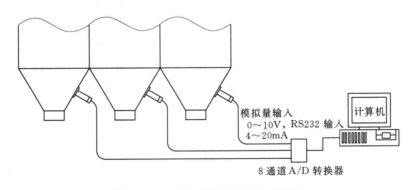

图 5-40　含水率测定仪的典型配置

微波式测定仪用于含水率变化在 0～20% 的范围内，插入砂仓深度为 75～100mm，测定温度范围 0～60℃（不能在冻结的物料中工作），每秒更新数据约 25 次，因此可测定流动的连续料流。

2）料位计。搅拌楼贮仓的料位计有接触式和非接触式 2 类，接触式料位计易被物料损坏，已基本被淘汰。非接触式主要有电容式、雷达式和超声波等料位测量仪，现已广泛采用非接触式超声波料位测量仪，超声波料位计的优点有：精度高，而且安全可靠；测量不受被测物料的密度、介电常数和导电性能的影响；可连续测量料位，其附带软件可进行线性化处理，不仅可用长度（m），重量（kg）和容积（m³）等工程单位来显示，而且还可用于非线性容器的容积测量。

5.2.3 混凝土运输设备

混凝土运输包括 2 个运输过程：一是从拌和机前到浇筑仓前，主要是水平运输；二是从浇筑仓前到仓内，主要是垂直运输。

混凝土的水平运输又称为供料运输。常用的运输方式有人工、机动翻斗车、混凝土搅拌运输车、自卸汽车、混凝土泵、皮带机、机车等几种，应根据工程规模、施工场地宽窄和设备供应情况选用。混凝土的垂直运输又称为入仓运输，主要由起重机械来完成，常见的起重机有履带式、门机、塔机等几种。

1. 轨道式料罐车

有轨料罐车均为侧卸式，大多采用传统的柴油机车牵引。GHC6 型有轨牵引侧卸式混凝土运输车见表 5-20，图 5-41）。

表 5-20　　　　　　　GHC6 型有轨牵引式混凝土运输车的主要技术参数

项　目	参　数	项　目	参　数
罐体注水容积（m³）	9	卸料口尺寸（mm×mm）	1000×530
混凝土运输容易（m³）	6	进料口高度（m）	3843
罐体卸料方式	侧卸式	自重（kg）	13000
轨距（m）	1435	载重量（kg）	28000
轴矩（mm）	2700	牵引机车	JM150 内燃机车
进料口尺寸（mm×mm）	2972×2222		

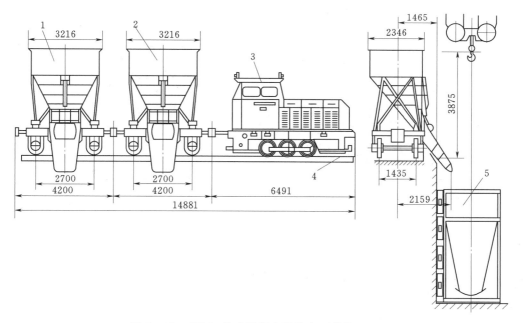

图 5-41　GHC6 轨式混凝土运输车（单位：mm）

1—Ⅰ号混凝土运输车；2—Ⅱ号混凝土运输车；3—JM150 内燃机车；4—钢轨；5—缆机吊罐

2. 无轨的轮胎自行式侧向卸料料罐车

无轨的轮胎自行式料罐车。内蒙古北方重型汽车股份有限公司生产的 PWH 轮式侧卸式混凝土运输车、LDC - 6 型轮式侧卸式混凝土运输车为水电站大坝和厂房的混凝土连续浇筑施工服务，即形成从混凝土拌和楼到垂直运输门机、缆机吊罐之间的水平运输线。LDC - 6 和 PWH 运输车的外形和技术参数分别见图 5 - 42、图 5 - 43 和表 5 - 21。

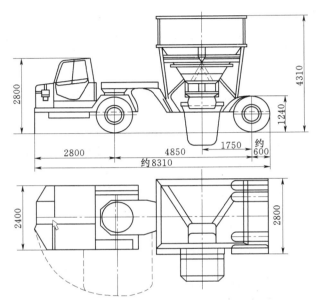

图 5 - 42　PWH 6m³ 轮式侧卸式混凝土运输车（单位：mm）

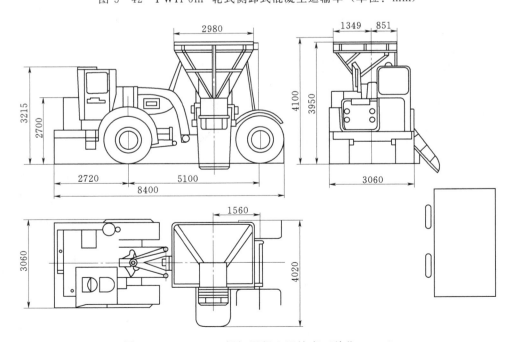

图 5 - 43　LDC—6 侧卸混凝土运输车（单位：mm）

表 5-21 轮式侧卸混凝土运输车

项　目	型　号 LDC—6	型　号 PWH	项　目	型　号 LDC6	型　号 PWH
料罐额定容量（m³）	6	13	最大扭矩（N·m）	636	
料罐几何容量（m³）	8	10	缸径×行程（mm）	108×270	
平均运输速度（km/h）	15～20	22	排量（L）	4.71	
最大爬坡能力（%）	20	20	变速箱型号	FUNK DF158	
制动距离（m）	12		档　位	7前进档，1倒档	3
卸料时间（s）	<30				
最小离地间距（mm）	490		前轮规格×数量	26.5—25（28PR）E—3×2	14.00R25×RB（2）
最小转弯半径（m）	6.9				
车头最大转角（°）	±90		后轮规格×数量	18.00—25（32PR）E—3×3	13.00R25×RB（4）
驱动型式	铰接4×2前桥驱动				
整车自重（kg）	18300	14000	加注容量（L）		
整车重量（kg）	37050	38000	燃油箱（L）	378	200
发动机型号	底特律5—71T	—	冷却系统（L）	38	
类　型	4缸直立二冲程涡轮增压柴油机	6缸气冷柴油机	曲轴箱（L）	19	
			传动箱过滤过滤器（L）	48.5	
总功率（kW）	127（2100rpm）	118（2500rpm）	驱动桥（L）	17	
净功率（kW）	115		液压系统（L）	204	

3. 混凝土搅拌运输车

混凝土搅拌运输车（图5-44）是运送混凝土的专用设备。它的特点是在运量大、运距远的情况下，能保证混凝土的质量均匀，一般用于混凝土制备点（商品混凝土站）与浇筑点距离较远时使用。它的运送方式有2种：一是在10km范围内作短距离运送时，只作运输工具使用，即将拌和好的混凝土接送至浇筑点，在运输途中为防止混凝土分离，让搅拌筒只作低速搅动，使混凝土拌和物不致分离、凝结；二是在运距较长时，搅拌运输两者兼用，即先在混凝土拌和站将干料——砂、石、水泥按配比装入搅拌鼓筒内，并将水注入配水箱，开始只作干料运送，然后在到达距使用点10～15min路程时，启动搅拌筒回转，并向搅拌筒注入定量的水，这样在运输途中边运输边搅拌成混凝土拌和物，送至浇筑点卸出。

4. 混凝土泵

工程上使用较多的是液压活塞式混凝土泵，它是通过液压缸的压力油推动活塞，再通过活塞杆推动混凝土缸中的工作活塞来进行压送混凝土。其工作原理如图5-45所示。

混凝土泵分拖式（地泵）和泵车2种形式。图5-46为HBT60拖式混凝土泵示意图。它主要由混凝土泵送系统、液压操作系统、混凝土搅拌系统、油脂润滑系统、冷却和水泵清洗系统以及用来安装和支承上述系统的金属结构车架、车桥、支脚和导向轮等组成。

混凝土泵送系统由左、右主油缸，先导阀，洗涤室，止动销，混凝土活塞，输送缸，

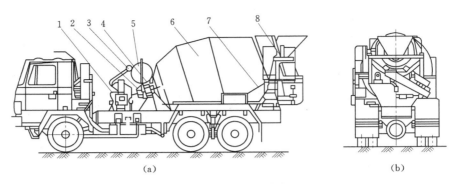

图 5-44　搅拌运输车

（a）侧视；（b）后视

1—泵连接组件；2—减速机总成；3—液压系统；4—机架；5—供水系统；6—搅拌筒；7—操纵系统；8—进出料装置

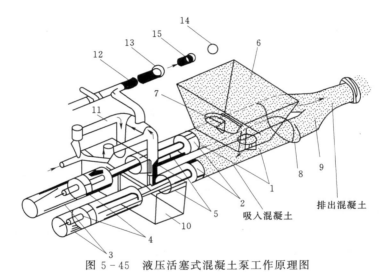

图 5-45　液压活塞式混凝土泵工作原理图

1—混凝土缸；2—混凝土活塞；3—液压缸；4—液压活塞；5—活塞杆；6—受料斗；
7—吸入端水平片阀；8—排出端竖直片阀；9—形输送管；10—水箱；11—水洗装置
换向阀；12—水洗用高压软管；13—Ｖ水洗用法兰；14—海绵球；15—清洗活塞

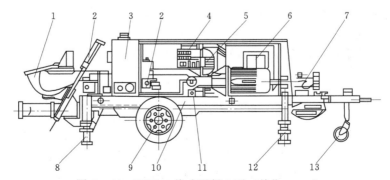

图 5-46　HBT60 拖式混凝土泵（单位：mm）

1—料斗；2—集流阀组；3—油箱；4—操作盘；5—冷却器；6—电器柜；7—水泵；
8—后支脚；9—车桥；10—车架；11—排出量手轮；12—前支腿；13—导向轮

滑阀及滑阀缸,"Y"形管,料斗架组成。当压力油进入右主油缸无杆腔时,有杆腔的液压油通过闭合油路进入左主油缸,同时带动混凝土活塞缩回并产生自吸作用,这时在料斗搅拌叶片的助推作用下,料斗的混凝土通过滑阀吸入口,被吸入输送缸,直到右主轴油缸活塞行程到达终点,撞击先导阀实现自动换向后,左缸吸入的混凝土再通过滑阀输出口进入"Y"形管,完成一个吸、送行程。由于左、右主油缸是不断地交叉完成各自的吸、送行程,这样,料斗里的混凝土就源源不断地被输送到达作业点,完成泵送作业,见表5-22。

表 5-22　　　　　　　　　　　　　　混凝土泵泵送循环

	活　塞	滑　阀	
吸入混凝土	缩回	吸入口放开	输出口关闭
输出混凝土	推进	吸入口关闭	输出口开放

将混凝土泵安装在汽车上称为臂架式混凝土泵车,它是将混凝土泵安装在汽车底盘上,并用液压折叠式臂架管道来运输混凝土,不需要在现场临时铺设管道,如图5-47所示。

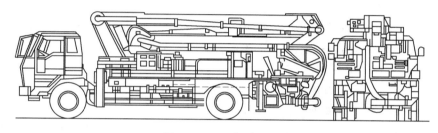

图 5-47　混凝土泵车

5. 混凝土输送泵的选型计算

(1)混凝土输送泵的生产率。对活塞式混凝土泵,其生产率按下式计算:

$$Q = 60FSnaK$$

式中　Q——生产率,m^3/h;

　　　F——活塞断面积,m^2;

　　　S——活塞行程,m;

　　　n——活塞每分钟循环次数,次/min;

　　　a——混凝土输送泵缸体数;

　　　K——容积效率,一般为 0.6~0.9。

(2)混凝土输送泵的输送能力。混凝土泵的输送能力,直接受输送管道阻力的影响,并分别由最大水平输送距离和最大垂直输送高度来表示,但两项不能同时达到最大值。在实际选型计算时,通常根据管道布置,按阻力系数统一折算成水平输送距离,并规定其折算值不得大于泵的最大水平输送距离。

水平输送折算距离按下式计算:

$$L = L_1 + L_2 + L_3 + L_4 + L_5 = k_1 l_c + k_2 H + k_3 l_n + k_4 n_c + k_5 n_w$$

式中　L——水平输送折算距离,m;

　　　L_1——水平钢管折算长度,m;

L_2——垂直钢管折算长度，m；

L_3——胶皮软管折算长度，m；

L_4——锥管接斗折算长度，m；

L_5——弯斗折算长度，m；

k_1——水平钢管折算系数；

k_2——垂直钢管折算系数；

k_3——胶皮软管折算系数；

k_4——锥管接斗折算系数；

k_5——弯斗折算系数，$k_1 \sim k_5$ 取值可查阅有关手册；

l_c——水平钢管累计长度，m；

H——垂直钢管累计长度，m；

l_n——胶皮软管长度，m；

n_c——锥管个数；

n_w——弯斗个数。

（3）混凝土泵的台数。混凝土泵的实际压送量与其公称最大排量是不等的，在计算平均压送量时，应考虑泵的停歇时间。通常泵的平均压送量可按下式计算：

$$Q_a = E_1 Q_{\max}$$

式中　Q_a——泵的平均压送量，m^3/h；

$Q_{\max}$——泵的公称最大排量，m^3/h；

E_1——泵的作业效率，对中等坍落度（8～18cm）的混凝土，输送距离不大于 120m 时，可取 0.35～0.55。

根据浇筑计划中混凝土的每小时需用量及泵的平均压送量便可确定混凝土泵的需用台数，即：

$$n = Q/Q_a = Q/E_1 Q_{\max}$$

式中　n——混凝土泵的需用台数；

Q——混凝土的计划小时用量，m^3/h。

（4）混凝土泵的配管选择。混凝土泵配管直径的选择应根据混凝土的压送性能、压送量及其粗骨料粒径等综合考虑，一般情况下配管内径应不小于混凝土粗骨料最大粒径的 3 倍。常用配管内径为 100mm、125mm 及 150mm 3 种。

6. 混凝土辅助运输设备

运输混凝土的辅助设备有吊罐、集料斗、溜槽、溜管等。用于混凝土装料、卸料和转运入仓，对于保证混凝土质量和运输工作顺利进行起着相当大的作用。

（1）溜槽与振动溜槽。溜槽为钢制槽（钢模），可从皮带机、自卸汽车、斗车等受料，将混凝土转送入仓。其坡度可由试验确定，常采用 45°左右。当卸料高度过大时，可采用振动溜槽。振动溜槽装有振动器，单节长 4～6m，拼装总长可达 30m，其输送坡度由于振动器的作用可放缓至 15～20m。采用溜槽时，应在溜槽末端加设 1～2 节溜管或挡板（图 5-48），以防止混凝土料在下滑过程中分离。利用溜槽转运入仓，是大型机械设备难以控制部位的有效入仓手段。

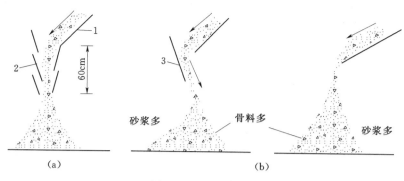

图 5-48 溜槽卸料

（a）正确方法；（b）不正确方法

1—溜槽；2—成两节溜筒；3—挡板

（2）溜管与振动溜管。溜管（溜筒）由多节铁皮管串挂而成。每节长 0.8～1m，上大下小，相邻管节铰挂在一起，可以拖动，如图 5-49 所示。采用溜管卸料可起到缓冲消能作用，以防止混凝土料分离和破碎。

溜管卸料时，其出口离浇筑面的高差应不大于 1.5m。并利用拉索拖动均匀卸料，但应使溜管出口段（约 2m 长）与浇筑面保持垂直，以避免混凝土料分离。随着混凝土浇筑面的上升，可逐节拆卸溜管下端的管节。

溜管卸料多用于断面小、钢筋密的浇筑部位，其卸料半径为 1～1.5m，卸料高度不大于 10m。

振动溜管与普通溜管相似，但每隔 4～8m 的距离装有一个振动器，以防止混凝土料中途堵塞，其卸料高度可达 10～20m。

（3）吊罐。混凝土吊罐有立式和卧式 2 种，人力、压缩空气和液压自能等多种开门方式。卧式吊罐多在 3m³ 以下，主要用于从汽车直接接料（图 5-50）。目前广泛采用

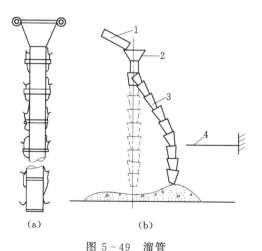

图 5-49 溜管

（a）垂直位置；（b）拉向一侧卸料

1—运料工具；2—受料斗；3—溜管；4—拉索

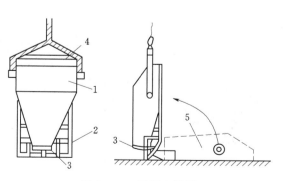

图 5-50 混凝土卧罐

1—装料斗；2—滑架；3—斗门；

4—吊梁；5—平卧状态

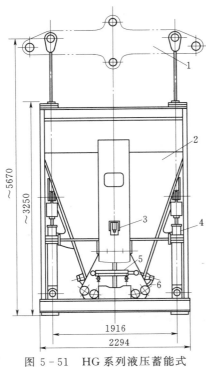

图 5-51　HG 系列液压蓄能式
混凝土吊罐（单位：mm）

1—缆机横梁板；2—罐体；3—手动换向阀；
4—蓄能油缸；5—启闭油缸；6—下料弧门

液压自能立式吊罐。液压自能吊罐系利用起升油缸的起吊力使液压系统产生压力油，专供操作机构开门时使用。油缸活塞杆的回位则由两根蓄能拉伸弹簧来完成。每次起升油缸吸足油后，大约可连续开（关）下料弧门 3 次。如图 5-51 所示，技术参数见表 5-23。

7. 混凝土输送和浇筑用布料机

带式输送机由于其作业连续，输送能力大，设备轻，可以成层均匀布料，具有很高的性价比，对加快大坝混凝土施工，降低工程造价具有很大的意义。我国的小浪底、三峡和龙滩等大型、特大型水电工程都成功地采用了塔带式布料机，开创了大体积混凝土连续施工的新纪元，改变了 100 年来以缆索起重机和门座式臂架回转起重机为主的混凝土吊运入仓的一统局面。

（1）带式输送机的特点。应用于输送和浇筑混凝土的带式输送机应具备以下特点。

1）要有足够的供料和浇筑能力，能在浇筑范围内不断地变换卸料点位置，避免浇筑盲区，进行均匀成层地布料，利于及时振捣、减少分离。

2）设计和选用带式输送机时，要充分考虑混凝土料的容重（通常按振捣后的密实容重计）和振捣前的松散性。

表 5-23　　　　　　　　　　　　**HG 系列液压蓄能混凝土吊罐技术参数**

项　目		单位	型　号						
			HG1.5	HG2	HG4	HG6	HG8	HG12	HGY6
额定容量		m³	1.5	2.5	4.2	6.45	8.1	12.5	6
钢丝绳直径		mm	20	20	30	30	40	40	
吊点高度		mm	4500	5500	6000	8000	8000	10100	
吊点距离		mm	1560	1560	2000	2000	2600	2600	
工作压力		MPa	12	12	15	15	17.5	17.5	8
一次开门次数		—	2		2	3	3	3	
蓄能缸直径		mm	80	80	125	125	140	140	
启闭缸直径		mm	40	40	63	63	80	80	
外形尺寸	长	mm	1760	1760	2160	2160	2800	2800	2295
	宽	mm	1510	1510	1930	1930	2600	2600	2294
	高	mm	2060	2650	2790	3790	3740	4740	3250
罐体重量		kg	1460	1990	2650	3140	5570	6650	4200

3）混凝土运输浇筑过程中不可避免要改变输送机（俯仰）角度和进行中断处理，因此输送机要能随时停机，并满足不利条件下满载起动。

4）为了保证混凝土质量，减少灰浆损失，要求刮净带面上的灰浆，防止泼料、溢浆和分离，并在输送机卸料、转料处能使混凝土重新混合。

5）输送机要有较高的可靠性，万一发生事故，要能快速修复或排除故障，以免浇筑层面出现冷缝或导致混凝土弃料，输送机沿线要有高压冲洗水设备，及时冲洗输送布料机系统及其支架。

6）带式浇筑系统要能可控和均匀地供料，充分注意前后带机的带速和输送能力匹配，适应骨料粒径和布料机倾角的变化，保证物流畅通，避免卡料、堆积、回滚和泼料。

7）大坝的高度和长度一般都比较大，由于受地形、结构物布置和带式输送机俯仰角的限制，供料系统应选择适当供料高程，尽量采用长输送机，减少转运次数。

8）设备要能快速装拆、便于搬迁。

（2）输送和浇筑用布料机的带宽和混凝土输送能力。输送和浇筑用布料机的混凝土输送能力虽然可以按一般带式输送机计算，但布料机是个系统，不是单机作业，运行过程中常需改变倾角或前后带机交接角度，因此要按系统中起控制作用的关键区段设备作为整个系统的设计能力。设备的输送能力，除了带宽、带速、倾角和槽角外，与混凝土的坍落度、骨料种类和粒径、转料斗结构关系甚大，较难准确量化计算。为避免骨料回滚、堵塞、泼料，实际上更多的是按经验方法确定。表 5 - 24、表 5 - 25 为美国 ROTEC 公司推荐的数据，表 5 - 26 为三峡招标时与外商协议的数据。

表 5 - 24　　　　　　ROTEC 带宽 762mm 塔带机的输送能力　　　　　单位：m³/h

带　速 (m/s)	骨　料 (mm)	坍落度 (mm)	带　机　倾　角			
			0°	10°	20°	25°
3.3	150	0	330	300	210	150
3.8	150	0	390	330	240	180
3.8	75	50	420	360	270	210
3.8	75	100	570	480	390	300
4.58	75	50	510	420	330	240
4.58	75	100	690	570	450	300

表 5 - 25　　　　ROTEC 混凝土浇筑运输系统（带速 3m/s）的带机输送能力　　　单位：m³/h

带　宽 (mm)	骨　料 (mm)	坍落度 (mm)	带　机　倾　角					
			0°	5°	10°	15°	20°	25°
460	75	50	120/c	120/d	90/d	75/d	60/d	—
460	75	100	150	135	120/d	90/d	60/e	60/e
610	150	50	240	240	180/c	120/e	120/e	96/e

注　表中 c、d、e 为生产能力制约因素：c—上转料斗堵塞；d—下转料斗堵塞；e—骨料回滚。

按上述方法确定的输送机能力有很大潜力，在美国麋鹿坝施工时，带宽 900mm 的输送机实际输送能力达到 750m³/h。输送机水平输送能力主要受混凝土供料能力限制。在连续输送过程中，布料机倾角可以达到 25°，甚至更高；但 150mm 骨料，倾角 15°时开始下滚；80mm 骨料，倾角 20°时开始下滚。因此计划浇筑大量混凝土的布料机倾角，仰角不宜超过 20°，俯角不超过 12°，宜以此作为输送能力的选型依据，配置电机功率和混凝土的供料设备。

（3）小型串联接力输送机系列。由多台串联的运输机组成，接力输送，一般采用铝合金机架，环形带。ROTEC 公司有 1632 及 1640 2 种型号的产品（前部为一台回转布料机），其技术参数见表 5-28，图 5-52 为总体布置图。这种机型结构较简单，重量轻，可以用人工移位，适用于浇筑一般面积较小的混凝土结构物。

表 5-26　　　　　　　　　　　　　**串联接力输送机规格**

项　　目	单　位	型　　号		项　　目	单　位	型　　号	
		1632	1640			1632	1640
输送机长度	m	10.7	12.8	带　速	m/s	3.05	
总宽度	mm	705	705	输送能力	m³/h	115	
高　度	m	330		整机总量	kg	318	442
功　率	kW	7.5（10HP）		支架重量	kg	136	

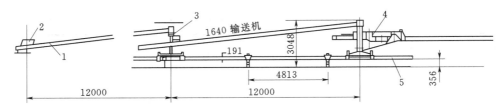

图 5-52　串联接力输送机系列安装图（单位：mm）
1—皮带输送机；2—受料斗；3—全回转移位支架；4—浇筑布料机；5—导轨

（4）回转式仓面布料浇筑机组（Swinger）。用于仓面浇筑的回转带式布料机，具有伸缩、俯仰功能。一般采用环形带和铝合金机架和供料带机组成一个系统。向上输送的最大倾角可达 25°，向下输送倾角可达 10°，带宽有 457mm、610mm 2 种，有立柱安装、支架安装及导轨安装 3 种方式。导轨安装时能沿导轨进行移位。立柱式可绕仓面立柱回转。65m×24m 型布料机可浇筑 40m×40m 的仓面。当需浇筑更长的坝块时，可用 2 台或多台布料机接力。立柱通常插在下层已浇混凝土的预留孔内，在待浇层的立柱外面用对开的预制混凝土管保护。新浇的混凝土块就以混凝土管为内模在仓内留下一个孔洞，作为上一个浇筑块的预留插孔。布料机的自重只有 2.73t 和 4.73t，可以利用起重机将仓面布料机，从一个浇筑块转移到另一浇筑块。仓面布料机的最大输送能力可达 276～420m³/h，一般输送最大粒径达 80mm 的混凝土。仓面布料机的外形如图 5-53 所示，其技术参数见表 5-27。

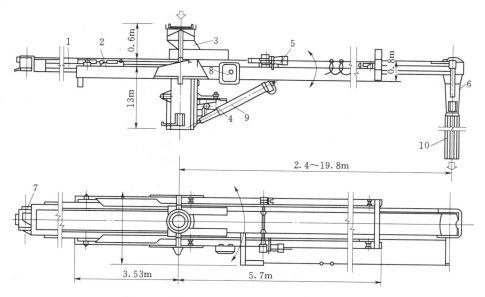

图 5-53 回转式仓面布料机

1—伸缩皮带输送机；2—机架；3—进料斗；4—回转机构；5—伸缩机构；6—报替出料斗；
7—驱动电动机；8—电气控制箱；9—故障机构；10—出料橡胶管

表 5-27 回转式仓面布料机技术参数 （Swinger）

项 目	单位	型 号			项 目	单位	型 号		
		50m×18m	65m×18m	65m×24m			50m×18m	65m×18m	65m×24m
供料半径	m	15.2	19.76	19.76	长 度	m	2.59	7.59	9.14
带宽	mm	457	610	610	自 重	t	2.73	2.73	4.73
带 速	m/s	4.8	4.8	4.8	输送机电机重量	t	1.45	1.45	2.73
输送能力	m³/h	4.6	4.6	6.96	最大卸料高度	m	1.19	1.19	2.0
伸缩速度	m/min	5.26	5.26	5.26	最大骨料粒径	mm	75	75	150
回转速度	r/min	0.24	0.24	0.24	电机容量	kW	15+6	15+7.5	15+7.6
上升到24° 所需时间	min	1.25	2.2	2.2	象鼻管长度 （直径300）	m	15	10.7	10.7

（5）自行式布料机。自行式带浇筑机有安装在汽车、轮胎或履带起重机底盘上 3 种机型。

1）胎带机。CC200—24 型胎带机是安装在轮胎起重机底盘上的回转布料机，共有 3 节带机，可在臂架里伸缩。图 5-54 为 CC200—24 型胎带机。带有进料斗。该胎带机的带宽为 610mm，全伸展时浇筑半径在水平时为 61m；最大倾角：上升时为 30°，下俯时为 15°；最大高度 33.5m。布料回转角度 360°，转移方便，适合于浇筑中型、小型和零星混凝土工程。CC200—24 的技术参数见表 5-28。其他各型的胎带机简明参数见表 5-29。

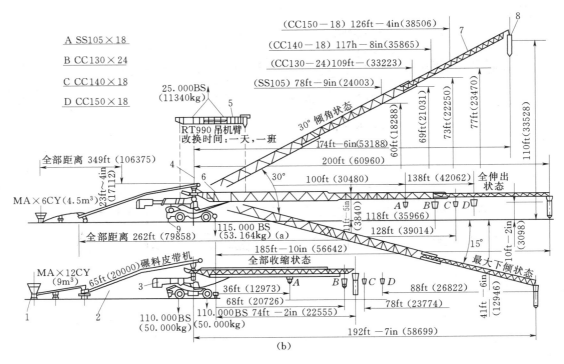

图 5-54　CC200—24 型胎带布料机外形尺寸图

（a）工作状态（全伸出、最大仰角及最大下倾工况）；（b）全收缩状态

1—MAX 螺旋推送斗；2—喂料皮带机；3—伸缩式配重；4—回转中心；5—拆下的起重机吊臂；
6—俯仰油缸；7—伸缩皮带机；8—溜斗及溜管；9—支撑液压千斤顶

表 5-28　　　　　　　　　　　　　　CC200—24 型胎带机技术参数

项　　目	单　位	指　标	项　　目	单　位	指　标
最大输送能力	m³/min	0.6	总　重	kg	10680
最大布料半径	m	61	辅助电机功率	kW	73.5
最小布料半径	m	22.6	发动机型号		6V—92TA 或 6—71T
倾角30°时 最大范围	m	53.2	功　率	kW	275，210
最大高度	m	33.5	转　速		r/min
倾　角	(°)	30～—15	发电机		D. D. A. C. E
回转角度	(°)	360	输出功率	kW	200
带机长度和宽度	m×mm	61×610	底　盘		RT—9100 型或 RT—990 型
供料带机（长×宽）	m×mm	19.8×610	发动机		6CTA8.3—C
部件重量			功　率	kW	183.7
起重机及支撑	kg	43990	转　速	r/min	2500
输送装置	kg	18140	燃油箱	L	946
平衡量	kg	36281	液压油箱	L	1305

表 5－29 其他各型胎带机技术参数

型 号	自 重（kg）	浇筑能力（m³/h）	前支承千斤顶距主出口距离（m）	最高垂直距离（m）	覆盖范围（180°）（m²）
SS105×18	24948	279	30.48	18.29	1376
CC130×24	63504	419	35.97	21.03	1546
CC140×18	53254	279	39.01	22.25	1693
CC150×18	63504	279	42.06	23.47	1841
CC200×24	99729	419	56.64	33.53	4741

2）履带自行式布料机。履带式布料机是安装于履带式起重机底盘上的自行回转布料机，除底盘为履带外，其余结构和规格参数与胎带机相同。由于其对地压力小，特别适合于直接在碾压混凝土表面边行走边布料，随坝面升高而升高，不像塔带机那样需要大量的基础工程和准备工作，其布料范围大，而且价格低廉，极大地简化了碾压混凝土施工。

（6）桥式布料机。桥式布料机用于道路施工中浇筑路面混凝土。有简单的铺料机，也有带全套刮平、振捣及碾实装置的"桥梁霸王机"（我国福建水口工程引进的桥式机用于厂房二期混凝土的布料机就是其中之一）。用钢轮在常规轨道上行走（水口的布料机是包胶轮和尼龙滑块移动），带有侧面卸料器、弹性悬挂的插入式振捣器、螺旋式整平器、平板振捣器及滚子压实器等部件，以保证浇筑的桥面和路面的混凝土质量，其最大路面浇筑宽度可达到46m。

（7）面板和斜坡布料机。布料机呈斜面布置，坡顶及坡脚各安装一根行走轨道，按斜面结构要求，设置一桁架梁，来支承斜向输送机及振捣、整平装置，在导轨上移动，以保证面板混凝土质量和外部体形尺寸。这种布料机最大斜面长度可达46m，最大坡角30°，混凝土布料能力为230m³/h。

（8）塔带式布料机。塔带机是专用于大型工程常态混凝土施工的主要设备。其基本型式是一台固定的（小浪底为行走式）水平臂塔机和2台悬吊在塔机臂架上的内外布料机组成的大型机械手，既有塔机的功能，又可借小车水平移动，吊钩的升降使臂架和内外布料机绕各自的关节旋转，由于布料机的俯仰，可在很大覆盖范围内实现水平和垂直输送混凝土，进行均匀成层布料。塔柱还可随坝面或附壁支点的升高而接高，因此也适于高坝施工。浇筑能力不受高程和水平距离的影响，始终保持高强度，这是传统的缆机和门塔机所做不到的。

按照采用塔机塔柱形状的不同，目前有2种类型的塔带机：美国 Rotec 公司采用圆形管柱；法国保定（Potain）和日本 NC 公司采用方形塔柱。这2种塔柱的"无盲区"供料的带机与主轴方向角不同，如图5－58所示。Rotec 塔带机 TC—2400 正常设计供料范围是85m，提供三峡工程时加大到100m，MD—2200 的供料范围为105m。

图5－54和图5－55分别是 TC—2400 和 MD—2200 的外形图。

塔带机的操作室均装备有现代化的电气控制和无线电遥控设备及电话等通信工具，同时有模拟和数字指示卸料内外布料机的倾角、回转角度、侧向重力矩与带速以及具有自动停机的功能。这些设备为塔带机的运行提供了安全、可靠和良好的运行保证。

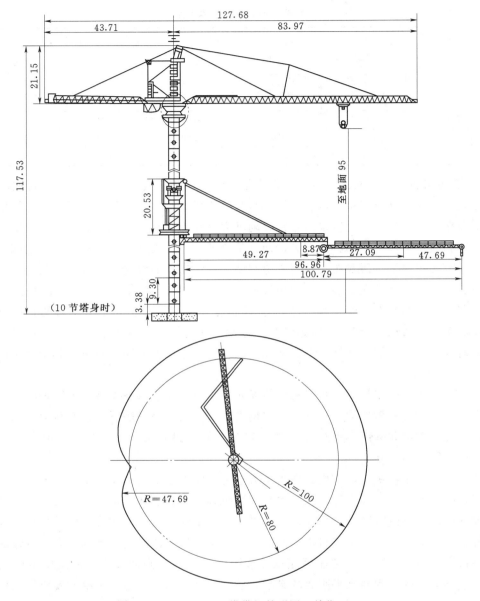

图 5-54　TC—2400 塔带机外形图（单位：m）

5.2.4　混凝土浇筑

5.2.4.1　混凝土振捣器

混凝土振捣器的分类见表 5-30、表 5-31、图 5-56。

1. 插入式振捣器

根据使用的动力不同，插入式振捣器有电动式、风动式和内燃机式 3 类。内燃机式仅用于无电源的场合。风动式因其能耗较大、不经济，同时风压和负载变化时会使振动频率显著改变，因而影响混凝土振捣密实质量，逐渐被淘汰。因此一般工程均采用电动式振捣器。电动插入式振捣器又分为 3 种，见表 5-32。

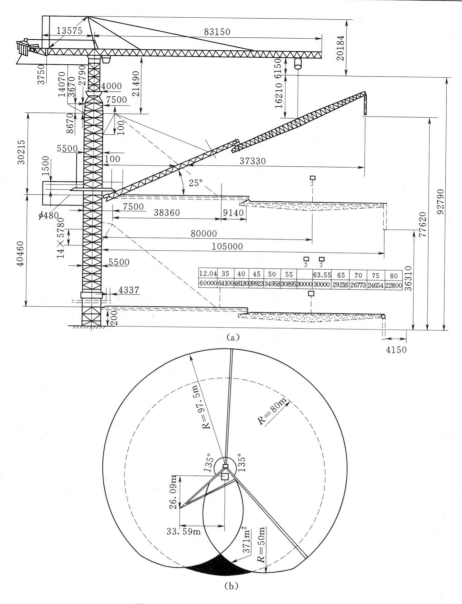

图 5-55　MD—2200 塔带机外形图

（1）插入式振捣器的工作原理。按振捣器的激振原理，插入式振捣器可分为偏心式和行星式 2 种。

1）偏心式的激振原理如图 5-57（a）所示。利用装有偏心块的转轴（也有将偏心块与转轴做成一体的）作高速旋转时所产生的离心力迫使振捣棒产生剧烈振动。偏心块每转动一周，振捣棒随之振动一次。一般单相或三相异步电动机的转速受电源频率限制只能达到 3000r/min，如插入式振捣器的振动频率要求达到 5000r/min 以上时，则当电机功率小于 500W 尚可采用串激式单相高速电机，而当功率为 1kW 甚至更大时，应由变频机组供电，即提供频率较大的电源。

表 5-30　　　混凝土振捣器分类

序号	分类法	名　　称	说　　明
1	按振动频率分	低频振捣器	频率为 2000～5000r/min
		中频振捣器	频率为 5000～8000r/min
		高频振捣器	频率为 8000～20000r/min
2	按动力来源分	电动式振捣器	
		风动式振捣器	
		内燃机式振捣器	适用于无电源工地
3	按传振方式分	插入式振捣器	又称内部振捣器
		外部振捣器	
		振动台	

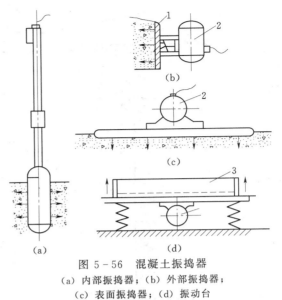

图 5-56　混凝土振捣器
(a) 内部振捣器；(b) 外部振捣器；
(c) 表面振捣器；(d) 振动台
1—模板；2—振捣器；3—振动台

表 5-31　　　　　　　混凝土振捣器的型号

类	组	型	特性	代号	代　号　含　义
混凝土机械	混凝土振动器 Z（振）	内部振动式 N（内）	P（偏）D（电）	ZN	电动软轴行星插入式混凝土振动器
				ZPN	电动软轴偏心插入式混凝土振动器
				ZDN	电机内装插入式混凝土振动器
		外部振动式（外）	B（平）F（附）D（单）J（架）	ZB	平板式混凝土振动器
				ZF	附着式混凝土振动器
				ZFD	单向振动附着式混凝土振动器
				ZJ	台架式混凝土振动器
	混凝土振动台			ZT	混凝土振动台

表 5-32　　　　　　　电动插入式振捣器

序号	名称	构　　　造	适用范围
1	串激式振捣器	串激式电机拖动，直径 18～50mm	小型构件
2	软轴振捣器	有偏心式、外滚道行星式、内滚道行星式振捣棒直径 25～100mm	除薄板以外各种混凝土工程
3	硬轴振捣器	直联式，振捣棒直径 80～133mm	大体积混凝土

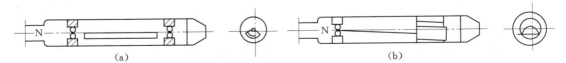

图 5-57　振捣棒振动原理图
(a) 偏心式；(b) 行星式

2）行星式振捣器是一种高频振动器，振动频率在10000r/min以上，如图5-57（b）所示。行星振动机构又分为外滚道式和内滚道式，如图5-58所示。它的壳体内，装入由传动轴带动旋转的滚锥，滚锥沿固定的滚道滚动而产生振动。当电机通过传动轴带动滚锥轴转动时，滚锥除了本身自转外，还绕着轨道"公转"。滚道与滚锥的直径越接近，"公转"的次数也就越高，即振动频率越高，如图5-59所示。由于公转是靠摩擦产生的，而滚锥与滚道之间会发生打滑，操作时启动振动器可能由于滚锥未接触滚道，所以不能产生公转，这时只需轻轻将振捣棒向坚硬物体上敲击一下，使两者接触，便可产生高速的公转。

（2）软轴插入式振捣器。软轴插入式振捣器有软轴行星式振捣器、软轴偏心式振捣器和串激式软轴振捣器3类。

1）软轴行星式振捣器。图5-60为软轴行星式振捣器结构图，由可更换的振动棒头、软轴、防逆装置（单向离合器）及电机等组成。电机安装在可360°回转的回转支座上，机壳上部装有电机开关和握手，在浇筑现场可单人携带，并可搁置在浇筑部位附近手持软轴上进行振捣操作。

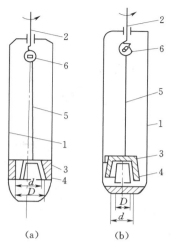

图5-58 行星振动机构
（a）外滚道式；（b）内滚道式
1—壳体；2—传动轴；3—滚锥；4—滚道；5—滚锥轴；6—柔性铰接
D—滚道直径；d—滚锥直径

振捣棒是振捣器的工作装置，其外壳由棒头和棒壳体通过螺纹联成一体。壳体上部有内螺纹，与软轴的套管接头密闭衔接。带有滚轴的转轴的上端支承在专用的轴向大游隙球轴承或球面调心轴承中，端头以螺纹与软轴连接，另一端悬空。圆锥形滚道与棒壳紧配，压装在与转轴滚锥相对的部位。

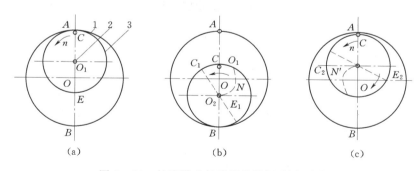

图5-59 外滚道式行星振捣器振动原理图
（a）开始；（b）公转半周后；（c）公转一周后
1—外滚道；2—滚锥轴；3—滚锥

2）软轴偏心式振捣器。图5-61为软轴偏心式振捣器，由电机、增速器、软管、软轴和振捣棒等部件组成。软轴偏心式振捣器的电机定子、转子和增速器安装在铝合金机壳内，机壳装在回转底盘上，机体可随振动方向旋转。软轴偏心式振捣器一般配装一台两极交流异步电动机，转速只有2860r/min。为了提高振动机构内偏心振动子的振动频率，一般在电动机转子轴端至弹簧软轴连接处安装一个增速机构。

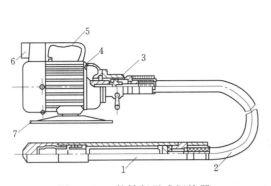

图 5-60　软轴行星式振捣器

1—振捣棒；2—软轴；3—防逆装置；4—电动机；
5—握手；6—电动机开关；7—电动机回转支座

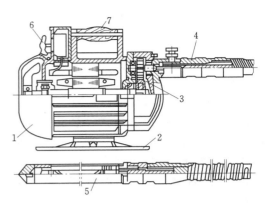

图 5-61　软轴偏心式振捣器

1—电动机；2—底盘；3—增速器；4—软轴；
5—振捣棒；6—电路开关；7—手柄

3）串激式软轴振捣器。串激式软轴振捣器是采用串激式电机为动力的高频偏心软轴插入式振捣器，其特点是交直流两用，体积小，重量轻，转速高，同时电机外形小巧并采用双重绝缘，使用安全可靠，无需单向离合器。它由电机、软轴软管组件、振捣棒等组成，如图 5-62 所示。电机通过短软轴直接与振捣棒的偏心式振动子相连。当电机旋转时，经软轴驱动偏心振动子高速旋转，使振捣棒产生高频振动。

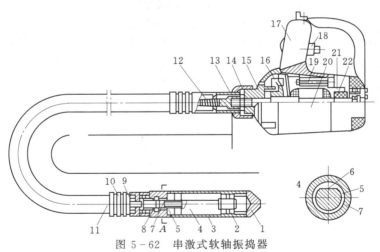

图 5-62　串激式软轴振捣器

1—尖头；2—轴承；3—套管；4—偏心轴；5—鸭舌销；6—半月键；7—紧套；
8—接头；9—软轴；10、13—软轴接头；11—软管；12—软轴丝头；14—软管
紧定套；15—电动机端盖；16—风扇；17—手把；18—开关；19—定子；
20—转子；21—碳刷；22—电枢

（3）硬轴插入式振捣器。硬轴插入式振捣器也称电动直联插入式振捣器，如图 5-63 所示，它将驱动电机与振捣棒联成一体，或将其直接装入振捣棒壳体内，使电机直接驱动振动子，振动子可以做成偏心式或行星式。硬轴插入式振捣器一般适用于大体积混凝土，因其骨料粒径较大，坍落度较小，需要的振动频率较低而振幅较大，所以一般多采用偏心式。

图 5-64 为大型工程用的方头液压振捣器。

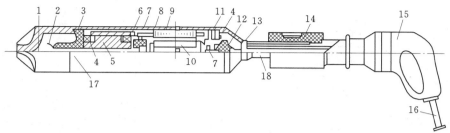

图 5-63 硬轴偏心式振捣器

1—端塞；2—吸油嘴；3—油盘；4—轴承；5—偏心轴；6—油封座；7—油封；8—中间壳体；
9—定子；10—转子；11—轴承座；12—接线盖；13—尾盖；14—减振器；15—手柄；
16—引出电缆；17—圆销孔；18—连接管

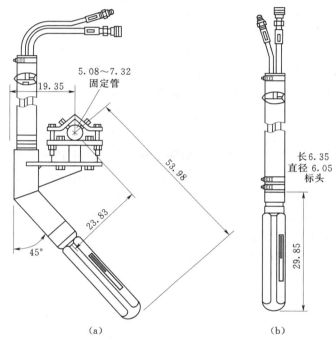

（a）　　　　　　　　　　　　（b）

图 5-64 方头液压振捣器（单位：m）

（a）倾斜式；（b）直立式

2. 外部式振捣器

外部式振捣器包括附着式、平板（梁）式及振动台 3 种类型，见表 5-33。

附着式振捣器和平板（梁）式振捣器的振捣作用都是由混凝土表面传入的，其区别仅在于附着式振捣器本身无振板，用螺栓或夹具固定在混凝土结构的模板上进行振捣，模板就是它的振板；而平板（梁）式振捣器则自带振板，可直接放置在混凝土表面进行振捣。

（1）附着式振捣器。附着式振捣器由电机、偏心块式振动子组合而成，外形如同一

表 5-33　　外部振捣器

序号	名　　　称	适 用 范 围
1	平板式振捣器	混凝土表面及板面
2	梁式振捣器	混凝土路面

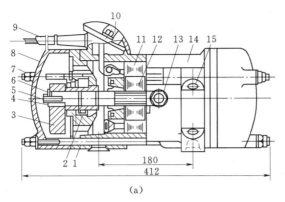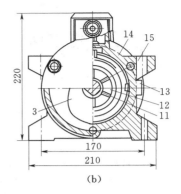

（a）　　　　　　　　　　　　　　　　　（b）

图 5-65　附着式振捣器

1—轴承座；2—轴承；3—偏心轮；4—键；5—螺钉；6—转子轴；7—长螺栓；8—端盖；9—电源线；
10—接线盒；11—定子；12—转子；13—定子紧固螺钉；14—外壳；15—地脚螺钉孔

台电动机，如图 5-65 所示。机壳一般采用铸铝或铸铁制成，有的为便于散热，在机壳上铸有环状或条状凸肋形散热翼。附着式振捣器是在一个三相二极电动机转子轴的两个伸出端上各装有一个圆盘形偏心块，振捣器的两端用端盖封闭。端盖与轴承座机壳用 3 只长螺栓紧固，以便维修。外壳上有 4 个地脚螺钉孔，使用时用地脚螺钉将振捣器固定在模板或平板上进行作业。

　　附着式振捣器的偏心振动子安装在电机转子轴的两端，由轴承支承。电机转动带动偏心振动子运动，由于偏心力矩作用，振捣器在运转中产生振动力进行振捣密实作业。

　　（2）平板（梁）式振捣器。平板（梁）式振捣器有两种型式，一是在上述附着式振捣器底座上用螺栓紧固一块木板或钢板（梁），通过附着式振捣器所产生的激振力传递给振板，迫使振板振动而振实混凝土，如图 5-66 所示；另一类是定型的平板（梁）式振捣器，振板为钢制槽形（梁形）振板，上有把手，便于边振捣、边拖行，更适用于大面积的振捣作业，如图 5-67 所示。

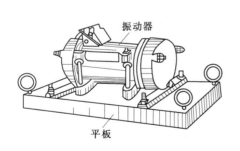

图 5-66　简易平板式振捣器

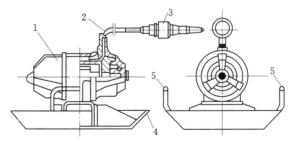

图 5-67　槽形平板式振捣器

1—振动电动机；2—电缆；3—电缆接头；
4—钢制槽形振板；5—手柄

　　上述外部式振捣器空载振动频率在 2800～2850r/min 之间，由于振捣频率低，混凝土拌和物中的气泡和水分不易逸出，振捣效果不佳。近年来已开始采用变频机组供电的附着式和平板式振捣器，振捣频率可达 9000～12000r/min，振捣效果较好。

　　（3）振动台。混凝土振动台，又称台式振捣器。它是一种使混凝土拌和物振动成型的机械。其机架一般支承在弹簧上，机架下装有激振器，机架上安置成型制品的钢模板，模板内装有混凝土拌和物。在激振器的作用下，机架连同模板及混合料一起振动，使混凝土拌和物密实成型，如图 5-68 所示。

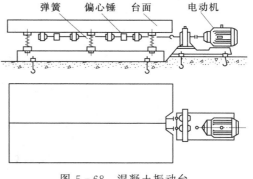

图 5-68　混凝土振动台

5.2.4.2　振捣器的使用

1. 插入式振捣器的使用

（1）振捣器使用前的检查。

1）电机接线是否正确，电压是否稳定，外壳接地是否完好，工作中亦应随时检查。

2）电缆外皮有无破损或漏电现象。

3）振捣棒连接是否牢固和有无破损，传动部分两端及电机壳上的螺栓是否拧紧，软轴接头是否接好。

4）检查电机的绝缘是否良好，电机定子绕组绝缘不小于 0.5MΩ。如绝缘电阻低于 0.5MΩ，应进行干燥处理。有条件时，可采用红外线干燥炉、喷灯等进行烘烤，但烘烤温度不宜高于 100℃；也可采用短路电流法，即将转子制动，在定子线圈内通入电压为额定值 10%～15% 的电源，使其线圈发热，慢慢干燥。

（2）接通电源，进行试运转。

1）电机的旋转方向应为顺时针方向（从风罩端看），并与机壳上的红色箭头标示方向一致。

2）当软轴传动与电机结合紧固后，电机启动时如发现软轴不转动或转动速度不稳定，单向离合器中发出"嗒嗒"响的声音，则说明电机旋转方向反了，应立即切断电源，将三相进线中的任意两线交换位置。

3）电机运转正确时振捣棒应发出"呜、呜、……"的叫声，振动稳定而有力。如果振捣棒有"哗、哗、……"声而不振动，这是由于启动振捣棒后滚锥未接触滚道，滚锥不能产生公转而振动，这时只需轻轻将振捣棒向坚硬物体上敲动一下，使两者接触，即可正常振动。

（3）振捣器的操作。

1）振捣在平仓之后立即进行，此时混凝土流动性好，振捣容易，捣实质量好。振捣器的选用，对于素混凝土或钢筋稀疏的部位，宜用大直径的振捣棒；坍落度小的干硬性混凝土，宜选用高频和振幅较大的振捣器。振捣作业路线保持一致，并顺序依次进行，以防漏振。振捣棒尽可能垂直地插入混凝土中。如振捣棒较长或把手位置较高，垂直插入感到操作不便时，也可略带倾斜，但与水平面夹角不宜小于 45°，且每次倾斜方向应保持一致，否则下部混凝土将会发生漏振。这时作用轴线应平行，如不平行也会出现漏振点（图 5-69）。

2）振捣棒应快插、慢拔。插入过慢，上部混凝土先捣实，就会阻止下部混凝土中的空气和多余的水分向上逸出；拔得过快，周围混凝土来不及填铺振捣棒留下的孔洞，将在每一层混凝土的上半部留下只有砂浆而无骨料的砂浆柱，影响混凝土的强度。为使上下层

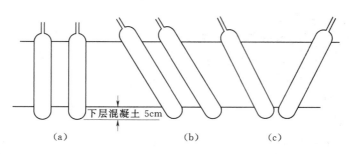

图 5-69　插入式振捣器操作示意图

(a) 直插法；(b) 斜插法；(c) 错误方法

混凝土振捣密实均匀，可将振捣棒上下抽动，抽动幅度为 5～10cm。振捣棒的插入深度，在振捣第一层混凝土时，以振捣器头部不碰到基岩或老混凝土面，但相距不超过 5cm 为宜；振捣上层混凝土时，则应插入下层混凝土 5cm 左右，使上下两层结合良好。在斜坡上浇筑混凝土时，振捣棒仍应垂直插入，并且应先振低处，再振高处，否则在振捣低处的混凝土时，已捣实的高处混凝土会自行向下流动，致使密实性受到破坏。软轴振捣棒插入深度为棒长的 3/4，插入过深软轴和振捣棒结合处容易损坏。

3) 振捣棒在每一孔位的振捣时间，以混凝土不再显著下沉，水分和气泡不再逸出并开始泛浆为准。振捣时间和混凝土坍落度、石子类型及最大粒径、振捣器的性能等因素有关，一般为 20～30s。振捣时间过长，不但降低工效，且使砂浆上浮过多，石子集中在下部，混凝土产生离析，严重时，整个浇筑层呈"千层饼"状态。

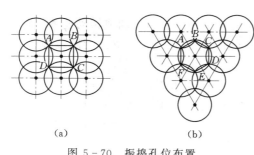

图 5-70　振捣孔位布置

(a) 正方形分布；(b) 三角形分布

4) 振捣器的插入间距控制在振捣器有效作用半径的 1.5 倍以内，实际操作时也可根据振捣后在混凝土表面留下的圆形泛浆区域能否在正方形排列（直线行列移动）的 4 个振捣孔径的中点 [图 5-70 (a) 中的 A、B、C、D 点]，或三角形排列（交错行列移动）的 3 个振捣孔位的中点 [图 5-70 (b) 中的 A、B、C、D、E、F 点] 相互衔接来判断。在模板边、预埋件周围、布置有钢筋的部位以及两罐（或两车）混凝土卸料的交界处，宜适当减少插入间距，以加强振捣，但不宜小于振捣棒有效作用半径的 1/2，并注意不能触及钢筋、模板及预埋件。

5) 为提高工效，振捣棒插入孔位尽可能呈三角形分布。据计算，三角形分布较正方形分布工效可提高 30%，此外，将几个振捣器排成一排，同时插入混凝土中进行振捣。这时 2 台振捣器之间的混凝土可同时接收到这两台振捣器传来的振动，振捣时间可因此缩短，振动作用半径也即加大。

6) 振捣时出现砂浆窝时应将砂浆铲出，用脚或振捣棒从旁边将混凝土压送至该处填补，不可将别处石子移来（重新出现砂浆窝）。如出现石子窝，按同样方法将松散石子铲出同样进行填补。振捣中发现泌水现象时，应经常保持仓面平整，使泌水自动流向集水地点，并用人工掏除。泌水未引走或掏除前，不得继续铺料、振捣。集水地点不能固定在一处，应逐层变换掏水位置，以防弱点集中在一处。也不得在模板上开洞引水自流或将泌水表层砂浆排出仓外。

7）振捣器的电缆线应注意保护，不要被混凝土压住。万一压住时，不要硬拉，可用振捣棒振动其附近的混凝土，使其液化，然后将电缆线慢慢拔出。

8）软轴式振捣器的软轴不应弯曲过大，弯曲半径一般不宜小于50cm，也不能多于两弯，电动直联偏心式振捣器因内装电动机，较易发热，主要依靠棒壳周围混凝土进行冷却，不要让它在空气中连续空载运转。

9）工作时，一旦发现有软轴保护套管橡胶开裂、电缆线表皮损伤、振捣棒声响不正常或频率下降等现象时，应立即停机处理或送修拆检。

2. 外部式振捣器的使用

（1）外部式振捣器使用前的准备工作。

1）振捣器安装时，底板的安装螺孔位置应正确，否则底脚螺栓将扭斜，并使机壳受到不正常的应力，影响使用寿命。底脚螺栓的螺帽必须紧固，防止松动，且要求四只螺栓的紧固程度保持一致。

2）如插入式振捣器一样检查电机、电源等内容。

3）在松软的平地上进行试运转，进一步检查电气部分和机械部分的运转情况。

（2）外部式振捣器的操作。

1）操作人员应穿绝缘胶鞋、戴绝缘手套，以防触电。

2）平板式振捣器要保持拉绳干燥和绝缘，移动和转向时，应蹬踏平板两端，不得蹬踏电机。操作时可通过倒顺开关控制电机的旋转方向，使振捣器的电机旋转方向正转或反转，从而使振捣器自动地向前或向后移动。沿铺料路线逐行进行振捣，两行之间要搭接5cm左右，以防漏振。振捣时间仍以混凝土拌和物停止下沉、表面平整，往上返浆且已达到均匀状态并充满模壳时为止，表明已振实，可转移作业面。时间一般为30s左右。在转移作业面时，要注意电缆线勿被模板、钢筋露头等挂住，防止拉断或造成触电事故。振捣混凝土时，一般横向和竖向各振捣一遍即可，第一遍主要是密实，第二遍是使表面平整，其中第二遍是在已振捣密实的混凝土面上快速拖行。

3）附着式振捣器安装时应保证转轴水平或垂直，如图5-71所示。在一个模板上安装多台附着式振捣器同时进行作业时，各振捣器频率必须保持一致，相对安装的振捣器的位置应错开。振捣器所装置的构件模板，要坚固牢靠，构件的面积应与振捣器的额定振动板面积相适应。

（3）混凝土振动台是一种强力振动成型机械装置，必须安装在牢固的基础上，地脚螺栓应有足够的强度并拧紧。在振捣作业中，必须安置牢固可靠的模板锁紧夹具，以保证模板和混凝土与台面一起振动。

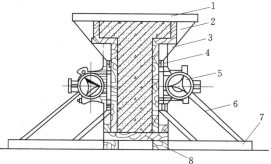

图5-71 附着式振捣器的安装
1—模板面卡；2—模板；3—角撑；4—夹木枋；5—附着式振动器；6—斜撑；7—底横枋；8—纵向底枋

5.2.4.3　混凝土振动器的选型计算

1. 插入式振动器的生产率

$$Q = 2KR^2 h \frac{3600}{t_1 + t}$$

式中　Q——振动器生产率，m^3/h；

$\quad\quad K$——振动器时间利用系数，一般取 $K = 0.8 \sim 0.85$；

$\quad\quad R$——插入式振动器作用半径，约为振动棒直径的 10 倍，m；

$\quad\quad h$——振密深度（即每一浇筑层的厚度），m；

$\quad\quad t$——在每一点的振动延续时间，s；

$\quad\quad t_1$——振动器从一点移到另一点所耗时间，s。

每个浇筑块所需振动器的台数：

$$n = \frac{3600 BLh}{Q(t_2 - t_3)}$$

式中　n——插入式振动器的理论需用台数；

B、L、h——浇筑块混凝土的宽度、长度、厚度，m；

$\quad\quad Q$——插入式振动器生产率，m^3/h；

$\quad\quad t_2$——混凝土的初凝时间，s；

$\quad\quad t_3$——混凝土从搅拌地点输送到浇筑地点所需时间，s。

考虑 25%～30% 的备用，实际选用的台数应为 (1.25～1.3) n。

2. 平板式振动器的生产率

$$Q = kFh \frac{3600}{t_1 + t}$$

式中　Q——平板振动器生产率，m^3/h；

$\quad\quad k$——平板振动器时间利用系数，一般取 $K = 0.8 \sim 0.85$；

$\quad\quad F$——振动器底板面积，m^2；

$\quad\quad h$——振动器作用深度，m；

$\quad\quad t$——在每一处的振动延续时间，s；

$\quad\quad t_1$——振动器从一点移到另一点所耗时间，s。

5.3　钢 筋 加 工 机 械

5.3.1　钢筋除锈机械

钢筋除锈机由小功率电动机作为动力，带动圆盘钢丝刷的转动来清除钢筋上的铁锈。钢丝刷可单向或双向旋转。除锈机有固定式和移动式 2 种型式。

如图 5-72 所示为固定式除锈机，又分为封闭式和敞开式 2 种类型。它主要由小功率电动机和圆盘钢丝刷组成。圆盘钢丝刷有厂家供应成品，也可自行用钢丝绳废头拆开取丝编制，直径为 25～35cm，厚度为 5～15cm。所用转速一般为 1000r/min。封闭式除锈机另加装一个封闭式的排尘罩和排尘管道。

5.3.2 钢筋调直机械

钢筋的机械调直可用钢筋调直机、弯筋机等调直。钢筋调直机用于圆钢筋的调直和切断，并可清除其表面的氧化皮和污迹。目前常用的钢筋调直机有 GT16/4、GT3/8、GT6/12、GT10/16。此外还有一种数控钢筋调直切断机，利用光电管进行调直、输送、切断、除锈等功能的自动控制。

GT16/4 型钢筋调直切断机主要由放盘架、调直筒、传动箱、牵引机构、切断

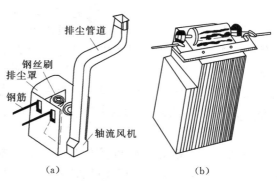

图 5-72 固定式除锈机
(a) 封闭式；(b) 开敞式

机构、承料架、机架及电控箱等组成，其基本构造如图 5-73 所示。它由电动机通过三角皮带传动，而带动调直筒高速旋转。调直筒内有 5 块可以调节的调直模，被调直钢筋在牵引辊强迫作用下通过调直筒，利用调直模的偏心，使钢筋得到多次连续的反复塑性变形，从而将钢筋调直。牵引与切断机构是由一台电动机，通过三角皮带传动、齿轮传动、杠杆、离合器及制动器等实现。牵引辊根据钢筋直径不同，更换相应的辊槽。当调直好的钢筋达到预设的长度，而触及电磁铁，通过杠杆控制离合器，使之与齿轮为一体，带动凸轮轴旋转，并通过凸轮和杠杆使装有切刀的刀架摆动，切断钢筋同时强迫承料架挡板打开，成品落到集材槽内，从而完成一个工作循环。

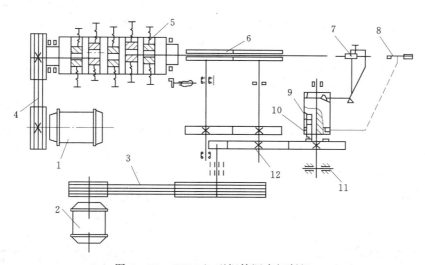

图 5-73 GT16/4 型钢筋调直切断机

1、2—电动机；3、4—三角皮带；5—调直机构；6—牵引辊；7—切断机构；
8—操纵机构；9—凸轮系统；10—离合器；11—制动装置；12—变速器

5.3.3 钢筋切断机械

钢筋切断机是用来把钢筋原材料或已调直的钢筋切断，其主要类型有机械式、液压式和手持式钢筋切断机。机械式钢筋切断机有偏心轴立式、凸轮式和曲柄连杆式等型式。如

图 5-74、图 5-75 所示。

偏心轴立式钢筋切断机由电动机、齿轮传动系统、偏心轴、压料系统、切断刀及机体部件等组成。一般用于钢筋加工生产线上。由一台功率为 3kW 的电动机通过一对皮带轮驱动飞轮轴，再经三级齿轮减速后，通过转键离合器驱动偏心轴，实现动刀片往复运动与定刀片配合切断钢筋。

曲柄连杆式钢筋切断机又分开式、半开式及封闭式 3 种，它主要由电动机、曲柄连杆机构、偏心轴、传动齿轮、减速齿轮及切断刀等组成。曲柄连杆式钢筋切断机由电动机驱动三角皮带轮，通过减速齿轮系统带动偏心轴旋转。偏心轴上的连杆带动滑块和活动刀片在机座的滑道中作往复运动，配合机座上的固定刀片切断钢筋。

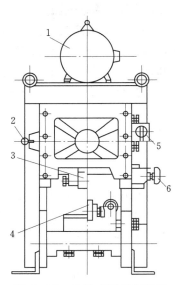

图 5-74　凸轮式钢筋切断机
1—电动机；2—离合器操纵杆；
3—动刀片；4—定刀片；5—电
气开关；6—压料机构

5.3.4　钢筋弯曲成型机械

钢筋弯曲机有机械钢筋弯曲机、液压钢筋弯曲机和钢筋弯箍机等几种型式。机械式钢筋弯曲机按工作原理分为齿轮式及蜗轮蜗杆式钢筋弯曲机两种。蜗轮蜗杆式钢筋弯曲机由电动机、工作盘、插入座、蜗轮、蜗杆、皮带轮、齿轮及滚轴等组成。也可在底部装设行走轮，便于移动。其构造如图 5-76 所示。弯曲钢筋在工作盘上进行，工作盘的底面与蜗轮轴连在一起，盘面上有 9 个轴孔，中心的一个孔插中心轴，周围的 8 个孔插成型轴或轴套。工作盘外的插入孔上插有挡铁轴。它由电动机带动三角皮带轮旋转，皮带轮通过齿轮传动蜗轮蜗杆，再带动工作盘旋转。当工作盘旋转时，中心轴和成型轴都在转动，由于中心轴在圆心上，圆盘虽在转动，但中心轴位置并没有移动；而成型轴却围绕着中心轴作圆弧转动。如果钢筋一端被挡铁轴阻止自由活动，那么钢筋就被成型轴绕着中心轴进行弯曲。通过调整成型轴的位置，可将钢筋弯曲成所需要的形状。改变中心轴的直径（16mm、20mm、25mm、35mm、45mm、60mm、75mm、85mm、100mm），可保证不同直径的钢筋所需的不同的弯曲半径。

齿轮式钢筋弯曲机主要由电动机、齿轮减速箱、皮带轮、工作盘、滚轴、夹持器、转

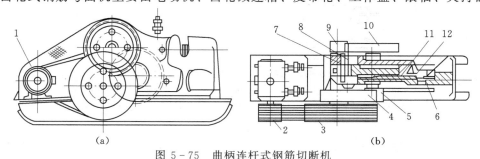

(a)　　　　　　　　　　　　　　　　　(b)

图 5-75　曲柄连杆式钢筋切断机
1—电动机；2、3—三角皮带轮；4、5、9、10—减速齿轮；6—固定刀片；
7—连杆；8—偏心轴；11—滑块；12—活动刀片

轴及控制配电箱等组成，其构造如图 5 - 77 所示。齿轮式钢筋弯曲机，由电动机通过三角皮带轮或直接驱动圆柱齿轮减速，带动工作盘旋转。工作盘左、右 2 个插入座可通过调节手轮进行无级调节，并与不同直径的成型轴及挡料轴配合，把钢筋弯曲成各种不同规格。当钢筋被弯曲到预先确定的角度时，限位销触到行程开关，电动机自动停机、反转、回位。

5.3.5 钢筋焊接机械

钢筋焊接方式有电阻点焊、电弧焊、电渣压力焊、埋弧压力焊、气压筋等，其中对焊用于接长钢筋、点焊用于焊接钢筋网、埋弧压力焊用于钢筋与钢板的焊接、电渣压力焊用于现场焊接竖向钢筋。

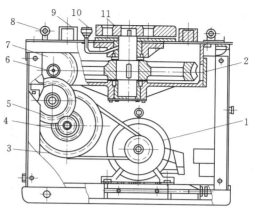

图 5 - 76　蜗轮蜗杆式钢筋弯曲机
1—电动机；2—蜗轮；3—皮带轮；4、5、7—齿
轮；6—蜗杆；8—滚轴；9—插入座；
10—油杯；11—工作盘

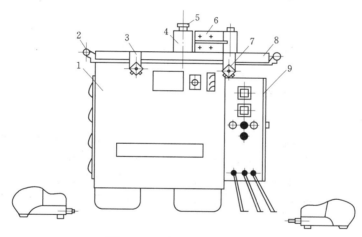

图 5 - 77　齿轮式钢筋弯曲机
1—机架；2—滚轴；3、7—调节手轮；4—转轴；5—紧固手柄；
6—夹持器；8—工作台；9—控制配电箱

5.3.5.1 电阻焊

钢筋点焊机是利用电流通过焊件时产生的电阻热作为热源，并施加一定的压力，使交叉连接的钢筋接触处形成一个牢固的焊点，将钢筋焊合起来。点焊机又分电动凸轮式点焊机、气压传动式点焊机及多头点焊机等。

点焊机主要由点焊变压器、时间调节器、电极和加压机构等部分组成，如图 5 - 78 所示。根据点焊机传动方式不同又分为电动凸轮式及气压传动式。

点焊时，将表面清理好的钢筋叠合在一起，放在 2 个电极之间预压夹紧，使 2 根钢筋交接点紧密接触。当踏下脚踏板时，带动压紧机构使上电极压紧钢筋，同时断路器也接通电路，电流经变压器次级线圈引到电极，接触点处在极短的时间内产生大量的电阻热，使钢筋加热到熔化状态，在压力作用下 2 根钢筋交叉焊接在一起。当放松脚踏板时，电极松开，断路器随着杠杆下降，断开电路，点焊结束。

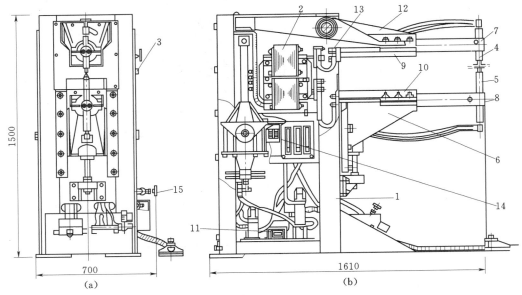

图 5-78　DN3—75 型气压传动式点焊机（单位：mm）

1—机身；2—变压器；3—转换开关；4—上电极；5—下电极；6—下电极支架；7—上电极臂；
8—下电极臂；9—上电极臂压块；10—下电极臂压块；11—调节级数表；12—杠杆；
13—次级软铜片；14—控制变压器；15—减压阀

5.3.5.2　电弧焊接

钢筋电弧焊是以焊条作为一极，钢筋为另一极，利用焊接电流通过产生的电弧热进行焊接的一种熔焊方法。电弧焊具有设备简单、操作灵活、成本低等特点，且焊接性能好，但工作条件差、效率低。适用于构件厂内和施工现场焊接碳素钢、低合金结构钢、不锈钢、耐热钢和对铸铁的补焊，可在各种条件下进行各种位置的焊接。电弧焊分手弧焊、埋弧压力焊等。

1. 手弧焊

手弧焊是利用手工操纵焊条进行焊接的一种电弧焊。手弧焊用的焊机有交流弧焊机（焊接变压器）、直流弧焊机（焊接发电机）等。

手弧焊用的焊机是一台额定电流在 500A 以下的交流变压器；辅助设备有焊钳、焊接电缆、面罩、敲渣锤、钢丝刷和焊条保温筒等。如图 5-79、图 5-80 所示。

电弧焊是利用电焊机（交流变压器或直流发电机）的电弧产生的高温（可达6000℃），将焊条末端和钢筋表面熔化，使熔化了的金属焊条流入焊缝，冷凝后形成焊缝接头。BX3—300 型交流弧焊机是一台动绕组式单相焊接变压器，其降压特性是借助于初、次级线圈间的漏磁作用而获得的。AX—320 型直流弧焊机是由一台 12kW 的三相感应电动机和一台裂板式直流弧焊发电机组成，其降压特性是借电枢反应的退磁作用而获得。空载时，由于无焊接电流通过，不产生电压下降，所以空载电压下较高，便于引燃电弧，电弧能产生光和热。焊接时，由于有焊接电流通过，弧焊机产生的漏磁或退磁作用使

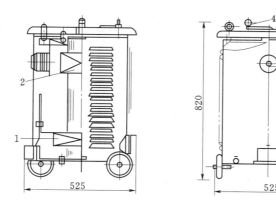

图 5-79 BX3—300 型交流弧焊机（单位：mm）
1—初级线圈；2—次级线圈；3—电源转换开关；4—调节手柄；5—滚轮

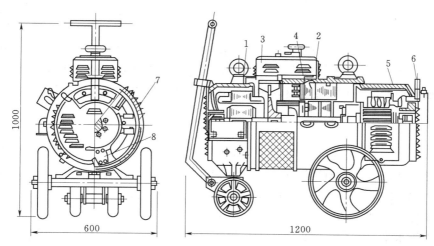

图 5-80 AX—320 型直流弧焊机（单位：mm）
1—电动机；2—焊接发电机；3—变阻器；4—直流定子；5—电刷架；
6—调节电流手柄；7—主极；8—交极

电压下降到相当于电弧稳定燃烧的电压。焊接过程中，随着电弧长度的增加，由于电阻增加，焊接电流下降，电压增加；相反则电压减小，电流增加，从而满足了焊接时的实际需要。

2. 埋弧压力焊

埋弧压力焊是将钢筋与钢板安放成 T 型形状，利用焊接电流通过时在焊剂层下产生电弧，形成熔池，加压完成的一种压焊方法。具有生产效率高、质量好等优点，适用于各种预埋件、T 型接头、钢筋与钢板的焊接。预埋件钢筋压力焊适用于热轧直径 6～25mm HPB235、HRB335 级钢筋的焊接，钢板为普通碳素钢 HPB235 级，厚度为 6～20mm 的料接。

埋弧压力焊机主要由焊接电源（BX2—500、AX1—500）、焊接机构和控制系统（控制箱）3 部分组成。图 5-81 是由 BX2—500 型交流弧焊机作为电源的埋弧压力焊机的基

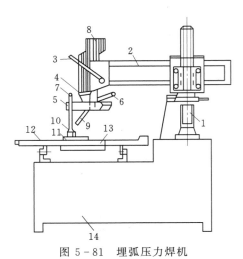

图 5-81　埋弧压力焊机

1—立柱；2—摇臂；3—压柄；4—工作头；5—钢
筋夹头；6—手柄；7—钢筋；8—焊剂料箱；9—焊
剂漏口；10—铁圈；11—预埋钢板；12—工作
平台；13—焊剂储斗；14—机座

本构造。其工作线圈（副线圈）分别接入活动电极（钢筋夹头）及固定电极（电磁吸铁盘）。焊机结构采用摇臂式，摇臂固定在立柱上，可作左右回转活动；摇臂本身可作前后移动，以使焊接时能取得所需要的工作位置。摇臂末端装有可上下移动的工作头，其下端是用导电材料制成的偏心夹头，夹头接工作线圈，成活动电极。工作平台上装有平面型电磁吸铁盘，拟焊钢板放置其上，接通电源，能被吸住而固定不动。

在埋弧压力焊时，钢筋与钢板之间引燃电弧之后，由于电弧作用使局部用材及部分焊剂熔化和蒸发，蒸发气体形成了一个空腔，空腔被熔化的焊剂所形成的熔渣包围，焊接电弧就在这个空腔内燃烧，在焊接电弧热的作用下，熔化的钢筋端部和钢板金属形成焊接熔池。待钢筋整个截面均匀加热到一定温度，将钢筋向下顶压，随即切断焊接电源，冷却凝固后形成焊接接头。

3. 气压焊接

气压焊是利用氧气和乙炔气，按一定的比例混合燃烧的火焰，将被焊钢筋两端加热，使其达到热塑状态，经施加适当压力，使其接合的固相焊接法。钢筋气压焊适用于 14～40mm 热轧 HPB235、HRB335、HRB400 级钢筋，也能进行不同直径钢筋间的焊接，还可用于钢轨焊接。被焊材料有碳素钢、低合金钢、不锈钢和耐热合金等。钢筋气压焊设备轻便，可进行水平、垂直、倾斜等全方位焊接，具有节省钢材、施工费用低廉等优点。

钢筋气压焊接机由供气装置（氧气瓶、溶解乙炔瓶等）、多嘴环管加热器、加压器（油泵、顶压油缸等）、焊接夹具及压接器等组成，如图 5-82 所示。

钢筋气压焊采用氧—乙炔火焰对着钢筋对接处连续加热，淡白色羽状火焰前端要触及钢筋或伸到接缝内，火焰始终不离开接缝，待接缝处钢筋红热时，加足顶锻压力使钢筋端面闭合。钢筋端面闭合后，把加热焰调成乙炔稍多的中性焰，以接合面为中心，多嘴加热器沿钢筋轴向，在两倍钢筋直径范围内均匀摆动加热。摆幅由小变大，摆速逐渐加快。当钢筋表面变成炽白色、氧化物变成

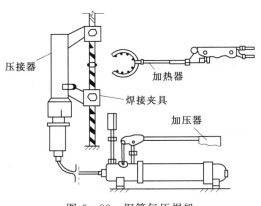

图 5-82　钢筋气压焊机

芝麻粒大小的灰白色球状物继而聚集成泡沫，开始随多嘴加热器摆动方向移动时，再加足顶锻压力，并保持压力到使接合处对称均匀变粗，其直径为钢筋直径的 1.4～1.6 倍，变

型长度为钢筋直径的 1.2～1.5 倍，即可终断火焰，焊接完成。

4. 电渣压力焊

钢筋电渣压力焊是将两根钢筋安放成竖向对接形式，利用焊接电流通过两钢筋端面间隙，在焊剂层下形成电弧过程和电渣过程，产生电弧热和电阻热，熔化钢筋，加压完成的一种焊接方法。钢筋电渣压力焊机操作方便，效率高，适用于竖向或斜向受力钢筋的连接，钢筋级别为 HPB235、HRB335 级，直径为 14～40mm。

电渣压力焊机分为自动电渣压力焊机及手工电渣压力焊机两种。主要由焊接电源（BX2—1000 型焊接变压器）、焊接夹具、操作控制系统、辅件（焊剂盒、回收工具）等组成。图 5-83 为电动凸轮式钢筋自动电渣压力焊机基本构造示意图。图 5-84 为手工电渣压力焊示意图。将上、下两钢筋端部埋于焊剂之中，两端面之间留有一定间隙。电源接通后，采用接触引燃电弧，焊接电弧在两钢筋之间燃烧，电弧热将两钢筋端部熔化，熔化的金属形成熔池，熔融的焊剂形成熔渣（渣池），覆盖于熔池之上。熔池受到熔渣和焊剂蒸气的保护，不与空气接触而发生氧化反应。随着电弧的燃烧，两根钢筋端部熔化量增加，熔池和渣池加深，此时应不断将上钢筋下送。至其端部直接与渣池接触时，电弧熄灭。焊接电流通过液体渣池产生的电阻热，继续对两钢筋端部加热，渣池温度可达 1600～2000℃。待上下钢筋端部达到全断面均匀加热的时候，迅速将上钢筋向下顶压，液态金属和熔渣全部挤出，随即切断焊接电源。冷却后，打掉渣壳，露出带金属光泽的焊包。

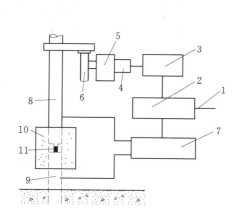

图 5-83　电动凸轮式钢筋自动电渣
压力焊机基本构造

1—电源输入；2—控制箱；3—操作箱；4—电动机；
5—减速箱；6—凸轮；7—焊接变压器；8—上钢筋；
9—下钢筋；10—焊剂；11—引弧圈

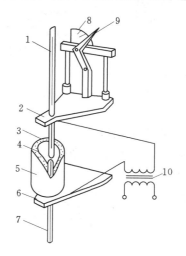

图 5-84　手工电渣压力焊示意图

1—钢筋；2—活动电极；3—焊剂；4—导电
焊剂；5—焊剂盒；6—固定电极；7—钢筋；
8—标尺；9—操纵杆；10—变压器

5.3.6　钢筋机械连接机械

钢筋机械连接有挤压连接和螺纹套管连接两种形式。螺纹套管连接又分为锥螺纹套管连接和直螺纹套管连接，现在工程中一般采用直螺纹套管连接。

直螺纹套管连接是通过滚轮将钢筋端头部分压圆并一次性滚出螺纹（图 5.85），利用螺纹的机械咬合力传递拉力或压力。直螺纹套管连接适用于连接 HRB400 级、HRBF400 级钢筋，优点是工序简单、速度快、不受气候因素影响。

（1）连接套筒。连接套筒有标准型、扩口型、变径型、正反丝型。标准型是右旋内螺纹的连接套筒接套。扩口型是在标准型连接套的一端增加 45°～60°扩口段，用于钢筋较难对中的场合。变径型是右旋内螺纹的变直径连接套，用于连接不同直径的钢筋。正反丝型是左、右旋内螺纹的等直径连接套，用于钢筋不能转动而要求对接的场合。

（2）施工机具。直螺纹套管连接施工中所用的主要机具包括钢筋套丝机、镦粗机、扳手。

钢筋直螺纹滚丝机（图 5.86）由机架、夹紧机构、进给拖板、减速机及滚丝头、冷却系统、电器系统组成。使用时，把钢筋端头部位一次快速直接滚制，使纹丝机头部位产生冷性硬化，从而使强度得到提高，使钢筋丝头达到与母材相同。

图 5.85　直螺纹钢筋连接

图 5.86　钢筋直螺纹滚丝机

5.3.7　钢筋冷拉机械

常用的冷拉机械有阻力轮式、卷扬机式、丝杠式、液压式等钢筋冷拉机。

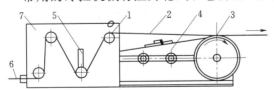

图 5-87　阻力轮式钢筋冷拉设备
1—阻力轮；2—钢筋；3—绞轮；4—变速箱；
5—调节槽；6—钢筋；7—支承架

1. 阻力轮式钢筋冷拉机

阻力轮式冷拉机的构造如图 5-87 所示。它由支承架、阻力轮、电动机、变速箱、绞轮等组成。主要适用于冷拉直径为 6～8mm 的盘圆钢筋，冷拉率为 6%～8%。若与两台调直机配合使用，可加工出所需长度的冷拉钢筋。阻力轮式冷拉机，是利用一个变速箱，其出头轴装有绞轮，由电动机带动变速箱高速轴，使绞轮随着变速箱低速轴一同旋转，强力使钢筋通过 4 个（或 6 个）不在一条直线上的阻力轮，将钢筋拉长。绞轮直径一般为 550mm。阻力轮是固定在支承架上的滑轮，直径为 100mm，其中一个阻力轮的高度可以调节，以便改变阻力大小，控制冷拉率。

2. 卷扬机式钢筋冷拉机

卷扬机式钢筋冷拉工艺是目前普遍采用的冷拉工艺。它具有适应性强，可按要求调节冷拉率和冷拉控制应力；冷拉行程大，不受设备限制，可适应冷拉不同长度和直径的钢筋；设备简单、效率高、成本低。图5-88所示为卷扬机式钢筋冷拉机构造，它主要由卷扬机、滑轮组、地锚、导向滑轮、夹具和测力装置等组成。工作时，由于卷筒上传动钢丝绳是正、反穿绕在两副动滑轮组上，因此当卷扬机旋转时，夹持钢筋的一副动滑轮组被拉向卷扬机，使钢筋被拉伸；而另一副动滑轮组则被拉向导向滑轮，为下次冷拉时交替使用。钢筋所受的拉力经传力杆、活动横梁传送给测力装置，从而测出拉力的大小。对于拉伸长度，可通过标尺直接测量或用行程开关来控制。

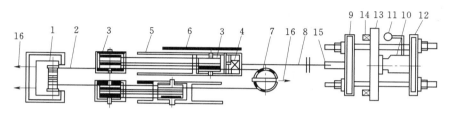

图5-88　卷扬机式钢筋冷拉机

1—卷扬机；2—传动钢丝绳；3—滑轮组；4—夹具；5—轨道；6—标尺；7—导向滑轮；
8—钢筋；9—活动前横梁；10—千斤顶；11—油压表；12—活动后横梁；
13—固定横梁；14—台座；15—夹具；16—地锚

本 章 小 结

本章主要介绍混凝土骨料加工机械、混凝土称量机械、拌和机械、运输机械、浇筑机械、振捣机械、钢筋施工机械的工作原理、适用场合、生产率计算及设备选型计算方法。

通过本章的学习，要求了解混凝土骨料破碎、筛分、洗选、堆取料机、给料机械，混凝土称量、拌和、运输、浇筑、振捣，钢筋除锈、调直、切断、弯曲成型、焊接、机械连接、冷拉机械等钢筋混凝土工程常用施工机械的工作原理，掌握这些设备的适用场合、生产率计算及设备选型计算方法。

复 习 思 考 题

1. 混凝土骨料破碎机械有哪些类型？
2. 在选择破碎设备时应注意哪些问题？
3. 试述颚式破碎机的工作原理。它适用于哪些场合？
4. 试述反击式破碎机的工作原理。它适用于哪些场合？
5. 试述立式冲击破碎机的工作原理。它适用于哪些场合？
6. 试述圆锥式破碎机的工作原理。它适用于哪些场合？
7. 试述锤式破碎机的工作原理。它适用于哪些场合？
8. 试述棒磨机的工作原理。它适用于哪些场合？
9. 常见的混凝土骨料筛分机械有哪些类型？
10. 试述直线振动筛分机的工作原理。它适用于哪些场合？

11. 试述圆振动筛的工作原理。它适用于哪些场合？

12. 试述自定中心振动筛的工作原理。它适用于哪些场合？

13. 试述洗选机械的类型及适用场合。

14. 试述堆取料机的类型及适用场合。

15. 试述给料机械的类型及适用场合。

16. 试述混凝土称量设备的类型及适用场合。

17. 试述混凝土拌和机的类型及适用场合。

18. 试述搅拌机的选型计算方法。

19. 试述混凝土运输设备的类型及适用场合。

20. 试述混凝土输送泵的选型计算方法。

21. 试述混凝土振捣器的类型及适用场合。

22. 试述混凝土振动器的选型计算方法。

23. 试述钢筋加工机械的类型及适用场合。

第6章 起 重 机 械

起重机械是工程建设中应用广泛的重要机械设备之一。起重机械用来对物料作起重、装卸、运输、安装和人员运送等作业，能在一定范围内垂直和水平移动物品，是一种间歇、循环动作的搬运机械。它被广泛用在国民经济各部门，在减轻劳动强度、提高生产效率、降低成本、加快建设速度、实现建筑业的机械化过程中起着重要的作用。

在各种工程建设中广泛应用的起重机又被称为工程起重机，它主要包括桅杆起重机、轮式起重机、履带起重机、塔式起重机、门座式起重机和缆式起重机等。

6.1 桅 杆 式 起 重 机

桅杆式起重机具有制作简单，装卸方便，起重量大（可达 1000kN 以上），受地形限制小等特点。但它的灵活性差，工作半径小，移动较困难，并需要拉设较多的缆风绳。适用于交通不便，地形复杂，起重机械难于使用的吊装施工。桅杆式起重机又称为拔杆，主要由拔杆、底座、滑车组、卷扬机或绞盘、缆风绳和地锚等组成。拔杆的结构比较简单，制作容易，安装和拆除方便，造价低。按其结构和吊重形式不同，可分为独脚拔杆、人字拔杆、龙门拔杆、悬臂拔杆和牵缆式桅杆起重机等多种类型。

6.1.1 独脚拔杆

主件为一根拔杆，用缆风绳将其固定在竖直的位置上，或略倾斜，倾角 β 为 $5°\sim10°$。缆风绳一般用 4 根，使之互相成为 $90°$ 角拉开张紧，这样比较稳定。缆风绳与地面的角度不宜大于 $45°$，以免增加拔杆压力。拔杆顶端系有起重滑车组，起重绳的跑头经过拔杆底部的转向滑轮引向卷扬机，在转向滑轮的另一侧，必须设留绳，以防止起吊时拔杆被拉动。缆风绳和留绳都要用地锚固定，如图 6-1 所示。

独脚拔杆有木制、钢管制及钢结构拼装等几种。木拔杆的起重高度一般为 $8\sim15$m，起重力为 $30\sim100$kN。无缝钢管拔杆，一般起重高度可达 20m，起重力可达 300kN 左右。

钢结构独脚拔杆是用角钢组成的正方形断面，分成几节用螺栓连接，高度可达 50m，起重力在 1000kN 以内。

6.1.2 人字拔杆

人字拔杆是两根圆木、方木、钢管或型钢格构式杆件，在顶端以螺栓连接并用直径为 $16\sim19$mm 的钢丝绳捆

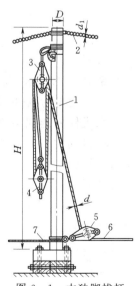

图 6-1　木独脚拔杆
1—拔杆；2—风缆；3—定滑车；4—动滑车；5—导向滑轮；6—至绞车；7—留绳（去地锚）

绑两层或用钢铰连接而成人字形，在交接处悬挂起重滑车组，拔杆下端两脚之间距离为高度的 1/3～1/2，并设防滑钢丝绳或横拉杆以承受水平推力，拔杆前后风缆各两根，互成45°～60°角，后风缆受力较大，直径应大些。当起重量较大时，可在后风缆中间加一副背索滑车组，共同受力。拔杆向前的倾斜度可用风缆绳和背索滑车组调整。人字拔杆起重能力较大，横向稳定性较好。木制人字拔杆高 5～15m，起重力为 30～300kN；钢管人字拔杆起重力一般为 100～300kN。结构布置如图 6-2 所示。

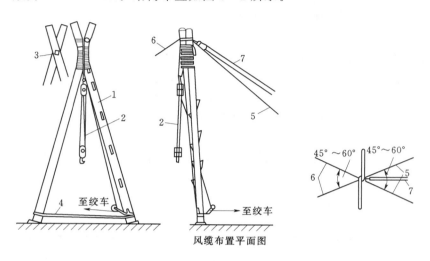

图 6-2　木人字拔杆

1—拔杆；2—起重滑车组；3—螺栓；4—绊脚绳；5—后风缆；6—前风缆；7—背索滑车组

6.1.3　牵缆式拔杆

牵缆式拔杆是在独脚拔杆的根部装一根可以回转和起伏的吊杆而成，它比独脚拔杆工作范围大，而且机动灵活，如图 6-3 所示。

木制牵缆式拔杆，起重力在 50kN 以下；无缝钢管牵缆式拔杆，起重力为 100kN，起吊高度可达 25m；用角钢做成的牵缆式拔杆，起重力为 600kN，起吊高度可达 80m。

吊杆和拔杆的连接有两种形式：一种是吊杆直接连在底盘上，吊杆转动时，拔杆不动，而由设在吊杆顶端两侧的拉绳牵动吊杆旋转；另一种是将吊杆与拔杆连接在一个转盘上，由卷扬机牵动转盘旋转，带动拔杆和吊杆同时旋转，这时，缆风绳必须通过活动装置连接在拔杆顶端，当拔杆转动时，缆风绳保持不动。

6.1.4　龙门拔杆

龙门拔杆是由 2 根立柱和横梁组成的门字形起重框架，横向稳定性较好，可用于装卸尺寸较大的重物或骑在建筑物轴线上单独吊装或抬吊渡槽槽身及桥梁等构件。最简单的为木制单肢柱、单横梁的龙门拔杆，结构如图 6-4 所示，柱底

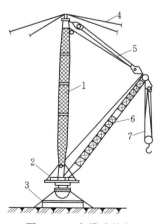

图 6-3　牵缆式拔杆

1—拔杆；2—转盘；3—底座；
4—缆风绳；5—起伏滑车组；
6—吊杆；7—起重滑车组

有垫木，前后设缆风绳以维持垂直状态，但起重量不大，移动较困难。起重量大的龙门拔杆可采用钢结构或木桁架的型式，有的用格构式钢塔架与工字钢作横梁组成龙门拔杆，也有用万能杆件组成的龙门拔杆。此时柱的纵向（与龙门平面垂直的方向）宽度较大，纵向亦较稳定，不需设风缆，柱底设轮，可沿轨道行走。如果横梁为双梁式的，上设可移动的起重小车，起重范围扩大为轨道控制的长方形，则基本上已接近正规的桥式起重机。龙门拔杆的起吊高度一般为 5～15m，有的已达 20m，起吊宽度为 3～20m，有的已达 30m。

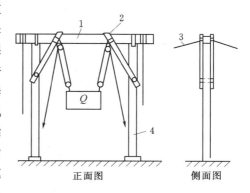

图 6-4 简易木龙门拔杆
1—横梁；2—撑木；3—风缆；4—柱

6.1.5 悬臂拔杆

悬臂拔杆是在独脚拔杆的中上部铰接一根可俯仰和旋转的悬臂吊杆而成，比独脚拔杆的吊装高度高，平面范围广。起重时，吊杆的水平分力使拔杆产生较大的弯曲应力，限制了起重量。为此，可在吊杆的对侧加设撑杆、钢筋拉条，与拔杆组成加筋桁架，增加抗弯能力，可加大起重量。有的吊杆还可以上下移动，以适应构件对起吊高度和幅度的不同要求。悬臂拔杆的构造如图 6-5 所示。

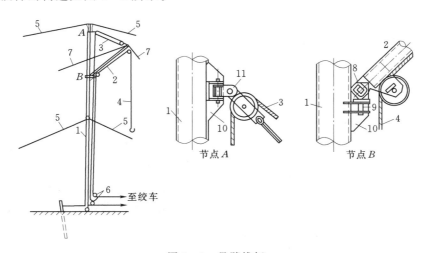

图 6-5 悬臂拔杆
1—独脚拔杆；2—悬臂；3—变幅滑车组；4—起重滑车组；5—风缆；6—导向滑车；
7—拉绳；8—悬臂枢轴；9—转销；10—托架；11—旋转耳

6.2 轮式起重机

6.2.1 轮式起重机的特点

汽车式起重机和轮胎式起重机统称轮式起重机。近来开发出的全路面起重机，兼有汽车和轮胎起重的优点。汽车和轮胎起重机的主要区别见表6-1。

表 6-1 汽车起重机和轮胎起重机的主要区别

项 目	汽车起重机	轮胎起重机
底盘	通用或加强专用汽车底盘	专用底盘
行驶速度	汽车速度，可与汽车编队行驶	≤30km/h（越野的可达30km/h以上）
发动机	中小型使用汽车发动机，大型设专用发动机	设在回转平台或底盘上
驾驶室	在回转平台上增设一操纵室	一般只有一个设在回转平台上的操纵室
外形	轴距长，重心低，适用于公路运输	轴距短，重心高
起重性能	吊重使用支腿，支腿在侧、后方	全周作业并能吊重行驶
行驶性能	转弯半径大，越野性能差	转弯半径小，越野性能好
支腿位置	前支腿位于前轿后面	支腿一般位于前后轿外侧
使用特点	经常远距离转移	工作地点比较固定

6.2.2 臂架

轮式起重机的臂架有桁架式和箱形两种。桁架臂架用钢丝绳滑轮组变幅，箱形臂架可用液压伸缩变幅。箱形臂架的伸缩臂平时可收缩在基臂内，不妨碍车辆高速行驶，因而得到广泛应用。汽车式或轮胎式起重机及其臂架形式，可根据使用要求和特点，参照相应产品的技术性能选用。

6.2.3 轮式起重机的型号代号

国产轮式起重机的型号和主要参数如图6-6所示。

图 6-6 国产轮式起重机的型号识别

主要参数的意义为：

（1）起重量。系指在起重机安全工作时所允许的最大起吊质量，单位为kg或t。按我国现行规范，起重量是指吊钩上的起吊质量（抓斗之类的吊具质量应计入起重量）。国外和我国一些厂家则将吊钩等各类吊具均计入起重量，选型时应以厂家产品数据为准。

（2）起重力矩。臂长允许的最大起重量与相应工作幅度的乘积，单位为kN·m。铭牌起重力矩是指最大额定起重量和最小工作幅度的乘积。

（3）工作幅度。回转中心轴线至吊钩中心的水平距离（m）。

（4）起升高度。吊钩在最高位置时钩口中心到地面（吊地面以下物品时为最低位置）的距离（m）。

需要说明的是并不是所有厂家产品都按以上型号和参数代号表示，以上型号和参数代号表示也不适用于国外和一部分合资企业的产品。轮式起重机的产品极其多样化，臂架的节数、长度、倾角变化和组合不同，都影响到技术参数。

6.2.4　轮式起重机的基本构造

轮胎式起重机有汽车起重机和轮胎起重机两种,是工程起重机中最通用的机种,它们的共同特点是起重机上车装在下车为轮胎式的底盘上。

汽车起重机是在通用或专用汽车底盘上安装各种工作机构的起重机,汽车起重机车桥多数采用弹性悬挂,除汽车底盘原有的驾驶室外,平台上另设一操纵起重作业的驾驶室。运行速度高(50~80km/h),适合于流动性大,长距离转换场地作业,机动性好。但车身长,转弯半径大,通过性差,工作时需打支腿,不能带载行走,前方不能作业。起重机工作机构的动力通常从汽车底盘的发动机上获得,大吨位起重机的作业部分多采用单独的发动机提供动力。

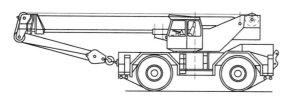

图 6-7　轮胎起重机示意图

轮胎起重机是将起重装置和动力装置安装在专门设计的轮胎底盘上的起重机,如图 6-7 所示。轮胎起重机车架为刚性悬挂,可以吊载行走,采用一个驾驶室,这种起重机的轮距较小,与轴距相近,转弯性好,各向稳定性接近,越野性好,能在 360°范围内旋转作业。适合于在作业场地相对稳定的场合作业,一台发动机给整机提供动力,发动机布置在回转平台上。轮胎起重机多为中型以下起重机。

汽车起重机与轮胎起重机的主要区别如图 6-8 所示。轮胎起重机只有一个驾驶室,能带载行驶,转弯半径小,越野性好;汽车起重机有两个驾驶室,不能带载行驶,转弯半径大,越野性差,工作时必须打支腿,不能在前方吊装作业。

现以 QY32B 汽车起重机为例说明其构造及工作原理,如图 6-9 所示。采用日本 K303LA 汽车专用底盘(驱动型式 8×4),具有 4 节伸缩主起重臂,2 节副起重臂,H 形支腿,双缸前支变幅,主、副卷扬装置独立驱动。最大起重力矩为 960kN·m,使用基本臂工作时,最大起重量为 320kN,工作幅度为 3m,最大起升高度是 10.60m;主臂全伸(臂长为 32m)时,最大起重量为 7kN,工作幅度为 8m,最大起升高度为 31.8m。全伸主臂加两节副臂(32m+14m),工作幅度为 10m 时,最大起升高度为 46m,最大起重量为 14.5kN。

1. 主臂与副臂架

主臂采用高强钢材制成,其断面为大圆角的五边形结构,如图 6-10(a)所示。主臂共分 4 节,一节基本臂和 3 节套装伸缩臂,各节臂间(两侧和上下面)用滑块支承,基本臂根部铰接在转台上,中

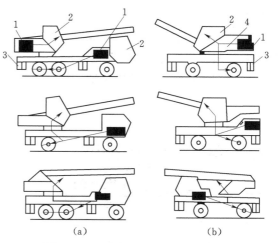

图 6-8　汽车与轮胎起重机示意图

(a)汽车起重机;(b)轮胎起重机

1—发动机;2—驾驶室;3—支腿;4—动力传递

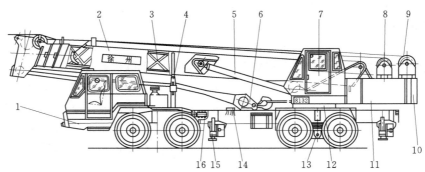

图6-9 QY32B起重机整体结构图

1—汽车底盘；2—主吊臂；3—副臂；4—吊架支架；5—变幅油缸；6—主吊钩；7—驾驶室；
8—副卷扬机；9—主卷扬机；10—配重；11—转台；12—回转机构；13—弹性悬
架锁死机构；14—下车液压系统；15—支腿；16—取力装置

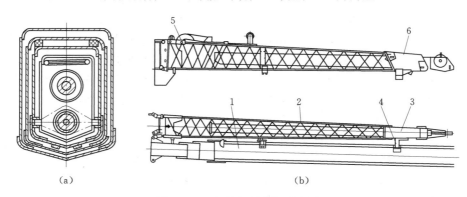

（a）　　　　　　　　　　　　（b）

图6-10 主臂与副臂架示意图

（a）平面图；（b）伸缩机构
1—主臂；2—第一节副臂架；3—第二节副臂架；4—副臂固定座；5、6—销轴

部与变幅油缸铰接。

副臂架采用高强结构钢制成，如图6-10（b）所示。第一节副起重臂为桁架式结构，第二节副起重臂为箱形结构。第二节副臂套装在第一节副臂内，靠托滚支承。工作时靠人工将2节副臂拉出，然后用销轴6固定。通过调节轴销5的位置，可实现5°、30°两种副起重臂补偿角的起重作业。整个副臂采用侧置式，收存时置于主起重臂的侧方，通过固定销轴和拖架与主起重臂相联。

2. 工作机构

（1）臂架伸缩机构。臂架的伸缩机构由2个双作用油缸及钢丝滑轮系统组成，如图6-11所示。油缸1推动一节臂和二节臂顺序伸缩，油缸2推动后三节臂（三、四、五节臂）实现同步伸缩。推动二节臂伸缩的油缸1的活塞杆头部与基本臂铰接，缸体与

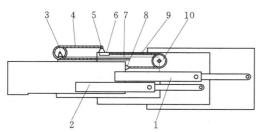

图6-11 主臂及其伸缩机构

1、2—衡轮；3—导向轮；4—伸臂钢丝绳；
5—拉紧装置；6、7—平衡轮；8—绳卡；
9—缩臂钢丝绳；10—导向轮

二节臂铰接，推动三节臂伸缩油缸 2 的活塞杆头部与二节臂铰接，缸体与三节臂铰接，三节臂的头部装有 2 个导向滑轮 3，伸臂绳 4 绕过固定在四节臂根部的平衡滑轮 7，两端分别通过 2 个导向轮 3，用拉紧装置 5 固定在二节臂的头部，缩臂绳 9 绕过固定在二节臂上的平衡轮 6，两端分别绕过装在三节臂根部的 2 个导向轮 10，用绳卡 8 固定在四节臂的根部。

当油缸 2 推动三节臂外伸时，固定于三节臂头部的导向滑轮 3 相对二节臂伸臂绳拉紧装置 5 前移，由于绕在伸缩机构上的伸臂钢丝绳 4 的长度是一个定值，则导向轮 3 前移后通过钢丝绳带动固定在四节臂根部的平衡滑轮 7 移动，带动四节臂外伸。在三节臂相对于二节臂外伸的同时，四节臂也相对三节臂外伸出了同样的距离，实现了三、四节臂同步伸出。当油缸带动三节臂回缩时，缩臂钢丝绳 9 的长度是定值，导向轮 10 后移，带动缩臂绳 9 牵拉四节臂回缩，从而实现三、四节臂的同步回缩。

（2）变幅机构。采用双变幅油缸改变吊臂的仰角。在油缸上装有平衡阀，以保证变幅平稳，同时在液压软管突然破裂时，也可防止发生起重臂跌落事故。

（3）起升机构。起升机构采用高压自动变量马达驱动，行星齿轮减速器变速，液压多片制动器制动，如图 6-12所示。由马达、制动器、行星齿轮减速器、钢丝绳、滑轮组、卷筒吊钩和后支座等部分组成。

变量马达通过行星减速机带动卷筒转动，从而使绕在卷筒上的钢丝绳带动吊具上升或下降。液压马达用五位换向阀控制，可以实现单泵供油或双泵供油，以获得起升机构有级和无级多种工作速度。

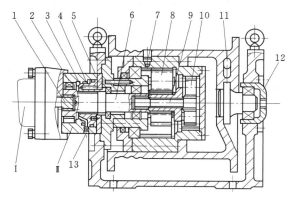

图 6-12　起升机构示意图

Ⅰ—液压马达；Ⅱ—制动器；1—马达输出轴；2—干式
摩擦片；3—滑块；4—弹簧；5—密封盖；6—传动轴；
7—PI/t 口；8—一级行星机构；9—传动轴；
10—二级行星机构；11—钢丝绳楔槽；
12—右轴承座；13—液压进油口

减速机动力输入端配置一个常闭式制动器，减速器工作时，液压油从进油口 13 通入时，滑块 3 即在油压作用下向着密封盖 5 的方向移动，使弹簧 4 压缩，内外摩擦片即松开，从而打开了制动器。卷筒旋转，起升机构工作。当起升手柄回到中位时，马达和制动器都停止供油，滑块 3 在弹簧 4 的作用下，重新压紧内外摩擦片，起升机构制动。

为了提高作业效率，起重机设置 2 个起升机构，即主起升机构和副起升机构，2 个机构可采用各自独立的驱动装置。主副起升机构的动作由主副离合器及制动器控制。

（4）回转机构。回转机构采用液压马达驱动，双级行星齿轮减速，常闭式制动器制动，如图 6-13 所示。

制动器为液压控制的常闭式制动器，动摩擦片 7 与减速器输入轴啮合，滑块 8 在压缩弹簧 9 的作用下把动摩擦片 7 与静摩擦片 6 压紧，起制动作用，并传递一定的转矩。制动片由于受压缩弹簧的作用而常闭，工作时，借助工作压力打开。当制动器由液压油口通入

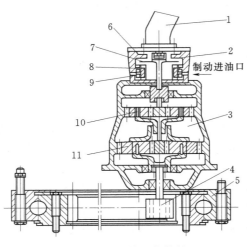

图6-13 回转机构结构

1—液压马达；2—制动器；3—行星减速器；4—回转
小齿轮；5—回转支承；6—静摩擦片；7—动摩擦片；
8—滑块；9—压缩弹簧；10—第一级行星排；
11—第二级行星排

液压油时，滑块8在油压作用下向下滑动，弹簧受到压缩，打开制动器，回转机构带动转台回转。当回转马达和制动器停止供油，压缩弹簧9重新压紧摩擦片7，锁死回转机构。

3. 轮胎式起重机弹性悬架锁死机构

刚性悬架对于轮胎式起重机很合适，工作时，可以不用打开支腿吊重和吊重行驶。当行驶速度大于30km/h时，由于道路不平引起的底盘振动较大，宜用弹性悬架。具有弹性悬架的轮胎式起重机在吊重或吊重行驶时（仅限于轮胎起重机）必须把弹性悬架锁死。因为具有弹性悬架的轮胎式起重机用支腿工作时，车架被抬起，而轮胎仍接触地面，不利于起重机的稳定。另外，有弹性悬架的轮胎起重机不能在不用支腿时吊重。因此，起重机工作时，必须将悬架弹簧锁死。

图6-14为用液压缸钢丝绳稳定器的悬架锁死机构原理图。液压缸不工作时，钢丝绳下垂，桥与车架之间的弹簧可以在行驶时起缓冲作用。支腿撑地后，稳定器液压缸外伸，钢丝绳抬起轮轴，使悬挂弹簧处于压紧状态，轮胎不能落地。若轮胎起重机不用支腿吊重时，悬挂弹簧已压紧，失去弹性如同刚性悬挂。

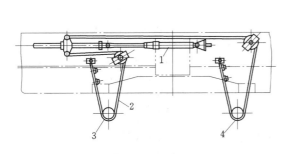

图6-14 钢丝绳式稳定器

1—稳定器油缸；2—钢丝绳；3—起重机
前桥；4—起重机后桥

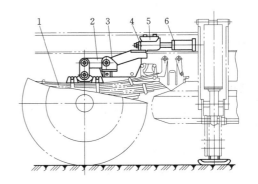

图6-15 杠杆式稳定器

1—板簧；2—杠杆；3—支座；
4—挡块；5—滑座；6—油缸

图6-15为杠杆式稳定器悬架锁死机构。当液压缸6外伸，将挡块4推入滑座5和杠杆之间，压住杠杆拉起悬挂弹簧，使弹簧压紧失去弹性，达到锁死的目的。当支腿撑地时，车轮也被抬起，而不能触地。

6.2.5 轮胎式起重机技术参数

轮胎式起重机的基本参数见表6-2。

表 6-2　　　　　　　　　　　　　　　　　轮胎式起重机主要技术性能

型　号		单位	QY8B	QY32B	QY125	QLY25C
最大起重量		kN	80	320	1250	250
最大起重力矩		kN·m	2256	960	4340	
工作速度	起升（单绳速度）	m/min	58	90		
	回转（空载）	r/min	2.5	2.5	106.5	92
	变幅（起/落）	s	25/15	80/50	1.5	2.5
	臂杆伸缩（伸/缩）	s	55/35	160/130	98	72/38
	支腿收放（收/放）	s	6/12	≤30	155	
行驶性能	最大行驶速度	km/h	74	68	50	36.6
	最大爬坡度		28°	28°	24.2°	
	最小转弯半径	m	8.27	≤12	14.5	0
底盘	型　号		JN151	K303LA	KF·125·63/64	
	驱动型式	m	4×2	8×2	12×6	
	支腿跨距（纵/横）	m	3.57/3.9	5.53/5.9	6.3/7	
	前轴/后轴载荷	kN		112/203		
发动机	型　号		6135Q		上车 8F6L013C 下车 F12L413	6120QK
	最大功率	kW	118		124/284	118
	最高转速	r/min	1800		250	2000
液压系统最高压力		MPa	21	21	36	20
外形尺寸（长×宽×高）		m	8.6×2.45 ×3.2	12.7×2.5 ×3.5	17.5×3×3.98	10.5×2.6 ×3.5
整机质量		t	15.6	31.5	92.22	25.5

6.3　履带式起重机

6.3.1　履带起重机的型号、用途和特点

履带起重机是将起重装置安装在履带行走底盘上的起重机，除用于工业与民用建筑施工和设备安装工程的起重作业外，更换或加装其他工作装置，又可作为正铲、拉铲、抓斗、钻孔机、打桩机和地下连续墙成槽机等施工机械。就起重作业来说，它能改装成履带型的塔式起重机。这种履带型的塔式起重机施工时既不用铺设轨道，也不用浇筑混凝土基础，能大大减少施工作业场地和施工费用。所以，履带起重机是一种应用广泛的起重设备。

履带起重机的传动方式有机械式、液压式和电动式 3 种。目前，多采用液压传动。

由于履带起重机的履带与地面的接触面积大，重心低，平均比压小，约为 0.05～0.25MPa，可在松软、泥泞地面作业。它的牵引能力大，爬坡能力强，能在崎岖不平的场地上行驶，起重量大（可达 10000kN），稳定性好。大型履带起重机的履带装置可设计成横向伸缩式，以扩大支承宽度。履带起重机的缺点是自重大，行驶速度较低（2～5km/h)，不宜作长距离运行，转移作业时，需通过铁路运输或用平板车拖运，以防止对路面的损害。

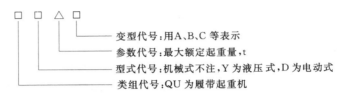

图 6-16　履带起重机的型号识别

履带起重机的型号由类组、型式、参数及变型代号组成，如图 6-16 所示。QUY100 表示液压式履带起重机，最大额定起重量为 1000kN(100t)。

6.3.2　履带起重机的基本构造

履带起重机的工作机构与轮式起重机相近，吊臂一般采用可接长的桁架结构。

HS853 液压履带起重机如图 6-17 所示。机重 70t，最大起重量 800kN。除用作起重机，也可作履带桩架。该机有各种安全装置和微机控制的力矩限制器，对安全作业起到保证作用。

该机主要由吊臂、工作机构、转台、行走装置、动力装置、液压系统、电气系统和安全装置等组成。

该机采用全液压驱动，柴油机驱动液压泵，液压泵输出的压力油通过控制阀传递到起升、变幅、回转和行走机构的液压马达，使之产生转矩，再通过减速器后传给卷筒、驱动轮等，实现各种动作。履带起重机的起升和回转机构与轮式起重机近似或相同，行走机构与液压挖掘机近似或相同。变幅机构采用钢丝绳拉动绕性变幅。履带式起重机主要技术性能见表 6-3。

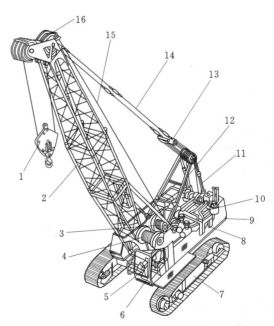

图 6-17　履带起重机构造

1—吊钩；2—吊臂；3—变幅卷扬机构；4—起升卷扬机构；5—操作系统；6—驾驶室；7—行走机构；8—液压泵；9—平台；10—发动机；11—变幅钢丝绳；12—支架；13—拉紧器；14—吊挂钢丝绳；15—起升钢丝绳；16—滑轮组

表 6 - 3 履带式起重机主要技术性能表

型　号		QU25	QU50	WD200A	KH180—3
最大起重量 （kN）	主钩	250	500	500	500
	副钩	30		50	
最大起升高度 （m）	主钩	28	9～50	13～36	9～50
	副钩	32.3		40	
臂长 （m）	主钩	13～30	13～52	15，30，40	13～52
	副钩			6	6.1～15.25
起升速度 （m/min）		50.8	35.70	2.94～30	35.70
回转速度 （r/min）		4.7	2.7	0.97～3.97	3.1
行走速度 （km/h）		1.5	1.1	0.36，1.46	1.5
最大爬坡度 （°）		36	40	31	40
接地比压 （MPa）		0.082	0.068	0.123	0.061
操纵方式			液压		液压
作业方式		起重、抓斗、打桩	起重、抓铲、抓斗、打桩	抓斗、强夯、电磁现象	起重、拉铲、抓斗、打桩、吊塔
动力		柴油机	柴油机	电动机	柴油机
型号		6135AK—1	6135K—15	JR—116—4	PD604
功率 （kW）		110	128	155	110
外形尺寸(长×宽×高)(m)		6.1×2.5×5.3	7.0×（3.3～4.3）×3.3	7×4×6.3	7.0×（3.3～4.3）×3.1
整机自重 （t）		41.3	50	75，77，79	46.9

6.4 塔式起重机

6.4.1 塔式起重机的型号、用途和分类

塔式起重机是工业与民用建筑、桥梁工程和其他建设工程的重要施工机械之一。用于起吊和运送各种预制构件、建筑材料和设备安装等工作。它的起升高度和有效工作范围大，操作简便，工作效率高。

塔式起重机的类型很多，其共同特点是有一个垂直的塔身，在其上部装有起重臂，工作幅度可以变化，有较大的起吊高度和工作空间。通常按下列方式分类：

（1）按安装方式分为快速安装式和非快速安装式两种。快速安装式是指可以整体拖运自行架设，起重力矩和起升高度都不大的塔机；非快速安装式是指不能整体拖运和不能自行架设，需要借助其他起重机械完成拆装的塔机，但这类塔机的起升高度、臂架长度和起重力矩均比快速架设式塔机大得多。

（2）按行走机构可分为固定式、移动式和自升式三种。固定式是将起重机固定在地面

或建筑物上，移动式有轨道式、轮胎式和履带式三种。自升式有内爬式和外附式两种。

（3）按变幅方式分为起重臂的仰角变幅和水平臂的小车变幅。

（4）按回转机构的位置分为上回转和下回转两种。目前应用最广泛的是上回转自升式塔机。

由于在建筑施工中连续浇注混凝土的需要，出现了配备布料装置的塔式起重机，一机多用，提高工效，降低作业成本。

塔式起重机的型号由类组、型式、特性、主参数及改型代号组成，如图 6-18 所示。QTK25A 为第一次改型 250kN·m 快装下回转塔式起重机；QTZ800 为起重力矩 8000kN·m 上回转自升塔式起重机。

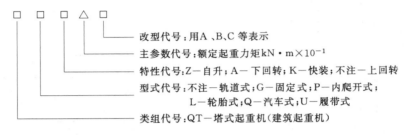

图 6-18　塔式起重机的型号识别

6.4.2　下回转塔式起重机

下回转塔式起重机的吊臂铰接在塔身顶部，塔身、平衡重和所有工作机构均装在下部转台上，并与转台一起回转。它重心低、稳定性好、塔身受力较好，能做到自行架设，整体拖运，起升高度小。下面以 QTA60 型塔机为例说明其构造及工作原理。

QT60 型塔式起重机是下回转轨道式塔机，额定起重力矩为 600kN·m，最大起重量 60kN，最大起升高度 39～50m，工作幅度 10～20m，适合 10 层楼以下高度建筑施工和设备安装工程。该机主要由吊臂、塔身、转台、底架、行走台车、工作机构、驾驶室和电气控制系统等组成，如图 6-19 所示。

1. 金属结构部分

（1）起重臂。用16锰钢管焊接的格构式矩形截面，中间为等截面，两端的截面尺寸逐渐减小。

（2）塔身。由16锰钢管焊接的格构式正方形断面，上端与起重臂连接，下端与平台连接。

（3）回转平台。由型钢及钢板焊接成平台框架结构，平台前部安装塔身，后面布置2套电动机驱动的卷扬机构，用于完成起升和变幅工作。回转平台与底架用交叉滚柱式回转支承连接。通过回转驱动装置使平台回转。

（4）底架。用钢板焊接成的方形底座大梁及4条辐射状摆动支腿，支腿与底架用垂直轴连接，并用斜撑杆与底架固定，每个支腿端部安装一个两轮行走台车。其中2个带动力行走台车，布置在轨道的一侧。行走台车相对支腿可以转动，便于塔机转弯。整体拖运时，支腿可向里收拢，减少拖运宽度。

2. 工作机构部分

（1）起升机构。采用单卷筒卷扬机提供的动力拉动起升滑轮机构，带动吊钩上下运动，实现吊重。

（2）变幅机构。采用单卷筒卷扬机提供的动力拉动变幅滑轮机构，改变吊臂仰角，实现吊重的水平移动。

（3）回转机构。采用立式鼠笼式电机通过液压耦合器和行星减速器驱动回转小齿轮绕回转支承外齿圈回转。在减速器输入端还装有开式制动器。

（4）行走机构。由行走台车和驱动装置组成。4个双轮台车装在摆动支腿的端部，并可绕垂直轴转动。其中2个带有行走动力的台车布置在轨道的同一侧，电机通过液压耦合器和行星摆线针轮减速器及一对开式齿轮驱动车轮。

行走机构和回转机构的电动机与减速器之间用液压耦合器连接，运动比较平稳。

（5）驾驶室升降机构。塔身下部安装一个小卷扬机构用于提升和放下驾驶室。

该机转场移动时可以整体拖运和整体装拆，因此转移工地方便。由于下回转塔机的起升高度较小，使用的范围受到很大的限制。随着城市建设的发展，高层建筑越来越多，施工企业购买的塔机应适合各类建设工程的需要，使下回转塔机的发展和应用空间越来越小。

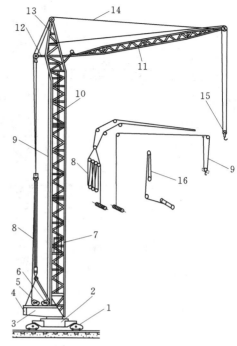

图 6-19　QTA60 型塔式起重机

1—行走台车；2—底架；3—回转机构；4—转台及配重；5—变幅卷扬机；6—起升卷扬机；7—司机室；8—变幅滑轮组；9—起升滑轮组；10—塔身；11—起重臂；12—塔顶撑架；13—塔顶；14—起重臂拉索滑轮组；15—吊钩滑轮；16—司机室卷扬机构

6.4.3　上回转塔机

当建筑高度超过50m时，一般必须采用上回转自升式塔式起重机。它可附着在建筑物上，随建筑物升高而逐渐爬升或接高。自升式塔机可分为内部爬升式和外部附着式2种。内部自升式的综合技术经济效果不如外部附着式塔机，一般只在工程对象、建筑形体及周围空间等条件不宜采用外附式塔机时，才采用内爬式塔机。上回转塔机的起重臂装在塔顶上，塔顶和塔身通过回转支承连接在一起，回转机构使塔顶回转而塔身不动。

外部附着式塔机可做成多用途形式，有固定式、轨道式和附着式。固定式塔机比附着式塔机低2/3左右，移动式用于楼层不高的建筑群的施工，附着式起升高度最大。

6.4.3.1　QTZ80型自升式塔式起重机

图6-20为QTZ80型塔式起重机总体构造，该机为水平臂架，小车变幅，上回转自升式多用途塔机。该机具有轨道式、固定式和附着式三种使用型式，适合各种不同的施工对象。主要的技术性能最大起重量为80kN，最大起重力矩为800kN·m，行走式和固定式最大起升高度为45m，自爬式最大起升高度为140m，附着式最大起升高度为200m。为满足工作幅度的要求，分别设有45m及56m两种长度的起重臂。该塔机具有起重量

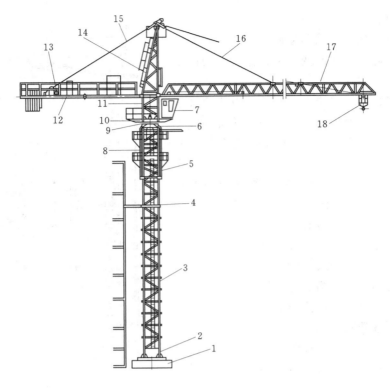

图 6－20　QTZ280 型塔式起重机

1—固定基础；2—底架；3—塔身；4—附着装置；5—套架；6—下支座；7—驾驶室；8—顶升机构；

9—回转机构（1m 以上支座）；10、11—转塔身；12—平衡臂；13—起升机构；

14—塔顶；15、16—起重臂拉杆；17—起重臂；18—变幅机构

大，工作速度快，自重轻，性能先进，使用安全可靠，广泛应用于多层、高层民用与工业建筑、码头和电站等工程施工。

1. 金属结构

（1）底架。固定式和附着式塔机有井字型和压重型 2 种底架。

井字型底架由一个整体框架、8 个压板组成，如图 6－21 所示。底架通过 20 只预埋在混凝土基础中的地脚螺栓固定在基础上，底架上焊接有 4 个支腿，通过高强度螺栓与塔身基础节相连，并采用双螺母防松结构。

压重型底架由 2 节基础节、十字架、斜撑杆和拉杆等组成，如图 6－22 所示。十字梁之间用拉杆连接，通过 8 只预埋在混凝土基础中的地脚螺栓固定在基础上。塔身的基础节用高强度螺栓固定在十字梁的连接座上，并用四根斜撑杆把基础节与十字梁加固连接。压重放置在十字梁上，压重总重量 64t。塔身基础节上端与塔身标准节相连。

（2）塔身与标准节。塔身安装在底架上，由许多标准节用螺栓连接而成。标准节有加强型和普通型 2 种，两种标准节的截面中心尺寸为 1.7m×1.7m，每节长度均为 2.8m，如图 6－23 所示。每节之间采用 8 个高强度螺栓相连，并采用双螺母防松结构，加强型标准节主弦杆为 135mm×135mm×12mm 方钢管焊接而成，采用压重型底架时，每台塔机有 3 节加强型标准节，采用井字型底架时，每台塔机有 5 节加强型标准节。普通型标准节

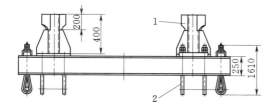

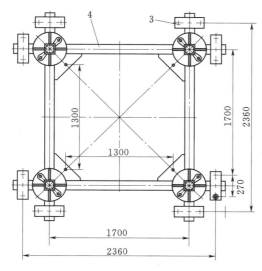

图 6-21　井字型底架（单位：mm）

1—支腿；2—地脚螺栓；3—压板；

4—整体框架

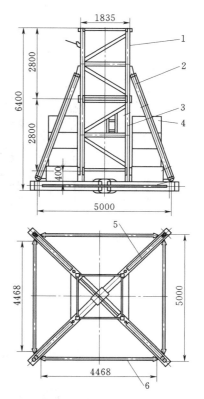

图 6-22　压重型底架（单位：mm）

1—基础节Ⅰ；2—撑杆；3—基础节Ⅱ；

4—压重；5—十字架；6—拉杆

主弦杆为 135mm×135mm×10mm 方钢管焊接而成，其数量根据塔机高度而定。

加强型标准节全部安装在塔身最下部（即在全部普通型标准节下面），严禁把加强型标准节和普通型标准节混装。各标准节内均设有供人通行的爬梯，并在部分标准节内（一般每隔 3 节标准节）设有一个休息平台。

（3）顶升套架。主要由套架结构、工作平台、顶升横梁、顶升油缸和爬爪等组成，如图 6-24（d）所示。塔机的自升加节主要由此部件完成。

顶升套架在塔身外部，上端用 4 个销轴与下支座相连，顶升油缸安装在套架后侧的横梁上。液压泵站安放在油缸一侧的平台上；顶升套架内侧安装有 16 个可调节滚轮，顶升时滚轮起导向支承作用，沿塔身行走。塔套外侧有上、下 2 层工作平台，平台四周有护栏。

（4）回转支承总成。回转支承总成由上支座、回转支承、回转驱动装置、下支座、标准节引进导轨和引进滑车等组成，如图 6-24（c）所示。

下支座为整体箱形结构。下支座上部用高强度螺栓与回转支承外圈连接，下部四角用 4 个销轴与爬升套架连接，用 8 个高强度螺栓与塔身连接。

上支座为板壳结构，上支座的下部用高强度螺栓与回转支承内圈连接，上部用 8 个高强度螺栓与回转塔身连接。左右两侧焊接有安装回转机构的法兰盘，对称安装 2 套回转驱动装置。上支座的上方设有工作平台，右侧工作平台的前端焊接有连接驾驶室的支座耳板，

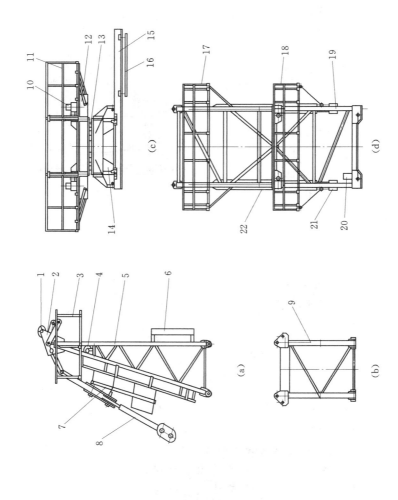

图 6-24　塔身上部结构

(a) 塔顶；(b) 回转塔身；(c) 下支座；(d) 顶升套架

1—滑轮；2—拉板架；3—工作平台；4—滑轮；5—塔顶框架；6—力矩限制器；7—爬梯；8—拉杆；9—回转塔身；
10—回转驱动装置；11—工作平台；12—上支撑座；13—回转支座；14—下支撑座；15—引进导轨；16—引进滑车；
17—上工作平台；18—下工作平台；19—套架框架；20—爬爪；21—顶升横梁；22—顶升油缸

图 6-23　标准节（单位：mm）

1—踏步；2—固定座；3—标准节；4—基础节

用于固定驾驶室。

（5）回转塔身。回转塔身为整体框架结构，如图6-24（b）所示。下端用8个高强度螺栓与上支座连接；上端设有四组耳板，通过8个销轴分别与塔顶、平衡臂和起重臂连接。

（6）塔顶。塔顶是斜锥体结构，如图6-24（a）所示。塔顶下端用销轴与回转塔身连接。顶部焊接有拉板架、起重臂和平衡臂通过刚性组合拉杆及销轴与拉板架相连，塔顶后部设有带护圈的爬梯。另外还安装有起升钢丝绳滑轮和安装起重臂拉杆的滑轮。

（7）起重臂。起重臂上、下弦杆都是采用2个角钢拼焊成的钢管，整个臂架为三角形截面的空间桁架结构，高1.2m，宽1.4m，臂总长56m，共分为9节，节与节之间用销轴连接，采用两根刚性拉杆的双吊点，吊点设在上弦杆。下弦杆有变幅小车的行走轨道。起重臂根部与回转塔身用销轴连接，并安装变幅小车牵引机构。变幅小车上设有悬挂吊篮，便于安装与维修。

（8）平衡臂。平衡臂是由槽钢及角钢拼焊而成的结构，长12.5m，平衡臂根部用销轴与回转塔身连接，尾部用2根平衡臂拉杆与塔顶连接。平衡臂上设有护栏和走道，起升机构和平衡重均安装在平衡臂尾部，根据不同的臂长配备不同的平衡重，56m长臂时平衡重为13.8t。

2．工作机构

（1）起升机构。起升机构如图6-25所示。起升卷扬机安装在平衡臂的尾部，由电动机、联轴节、减速器、卷筒、制动器、涡流制动器和高度限位器等组成。采用YZRDW250型涡流绕线电动机，借助涡流制动器的调速作用获得5m/min的最低稳定速度，在电机和减速器之间装有液压推杆式制动器，制动平稳可靠，卷筒轴的末端上安装有多功能高度限位器，通过调整可以控制起升钢丝绳放出和卷入的长度，控制起升高度。

（2）变幅机构。变幅机构如图6-26所示。小车牵引机构安装在吊臂的根部，由电动机、制动器、行星减速器、卷筒和变幅限位器等组成。采用常闭式制动器的三速电动机经由行星减速器带动卷筒旋转，使卷筒上的2根钢丝绳带动小车在起重臂臂架轨道上来回运动。牵引钢丝绳一端缠绕后固定在卷筒上，另一端则固定在载重小车上。变幅时靠绳的一收一放来保证载重小车正常工作。该牵引机构减速器内置于卷筒之中，结构紧凑，能实现慢、低、高3种速度。卷筒一端装有幅度限位器，控制小车的运行范围。

（3）回转机构。回转机构有两套，对称布置在大齿圈两侧，由涡流力矩电机驱动行星减速器，带动小齿轮驱动回转支承转动，从而带动塔机上支座左右回转，起重臂和平衡臂随之转动，如图6-27所示。回转电动机采用交流变频控制技术，通过专用变频器改变电动机的输入频率从而改变电动机运转速度，达到无冲击和无级调速的目的。无级调速速度为0~0.65r/min，变频器能控制电机软启动、软制动，使回转起、制动平稳。电动机带常开式制动器，与电机分开控制，只是在塔机加节或有风状态工作时，才通电吸合制动塔机回转。

（4）行走机构。由2个主动台车和2个被动台车、限位器、夹轨器及撞块等组成。主、被动台车按斜角对称布置，如图6-28所示。主动台车传动系统如图6-29所示，由电动机、液压耦合器、蜗轮蜗杆减速器、开式齿轮、主动行走轮及行走台车架等组成。台车与台车之间中心距及轨距均为5m。制动器附着于电动机尾端，既可在作业时作制动，也可作停车制动器。

（5）顶升机构液压系统。顶升机构的工作是靠安装在爬架侧面的顶升油缸和液压泵站来完成。液压泵站是由液压泵、控制阀、滤油器和油箱等组成的一体动力装置，如图 6-30 所示。液压泵站安装在顶升套架的平台上。

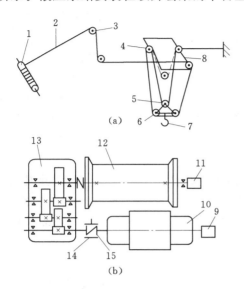

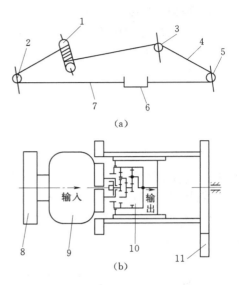

图 6-25　起升机构

（a）起升滑轮组；（b）起升卷扬机构

1—卷筒；2—钢丝绳；3—塔顶滑轮；4—小车滑轮组；
5—变倍率滑轮；6—吊钩滑轮；7—吊钩；8—变幅
小车；9—涡流制动器；10—电动机；11—高度限位器；
12—卷筒；13—减速器；14—制动器；15—联轴节

图 6-26　变幅机构

（a）变幅滑轮组；（b）变幅卷扬机构

1—臂根导向滑轮；2—卷筒；3—滑轮；4—长钢
丝绳；5—臂头滑轮；6—变幅小车；7—短钢
丝绳；8—制动器；9—电动机；10—行星
减速器；11—变幅限位器

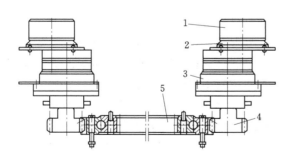

图 6-27　塔式起重机回转机构

1—电动机；2—制动器；3—行星减速器；
4—回转小齿轮；5—回转支承

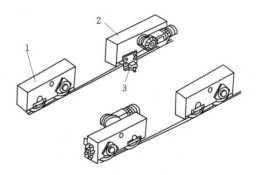

图 6-28　行走机构

1—被动行走台车；2—主动行走台车；
3—限位器

3. 塔身标准节的安装方法和过程

塔身标准节的安装如图 6-31 所示。方法和过程如下：

（1）将起重臂旋转至引入塔身标准节的方向。吊起一节标准节挂到引进轨道的引进滑车上，然后再吊起一节，并将载重小车运行至使塔身两边平衡，使得塔机的上部重心落在顶升横梁的位置上。实际操作中，观察到爬升架四周 16 个导轮基本上与塔身标准节主弦杆脱开时，即为理想位置。

（2）调整油缸的长度，使顶升横梁挂在塔身的踏步上，一定要挂实。然后卸下塔身与下支座的 8 个连接螺栓。

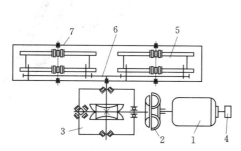

图 6-29 主动行走台车

1—电动机；2—液压耦合器；3—蜗轮蜗杆减速器；

4—制动器；5—行走轮；6—开式齿轮；

7—行走台车架

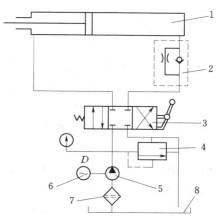

图 6-30 顶升机构液压系统

1—顶升油缸；2—节流阀；3—控制阀；

4—安全阀；5—液压泵；6—电动机；

7—滤油器；8—油箱

（3）开动液压系统使顶升油缸全部伸出，如图 6-31（a）所示。再稍缩活塞杆，使得爬升架上的爬爪搁在塔身的踏步上，代替顶升横梁支撑顶升套架，使之顶起塔身上半部分及套架与固定塔身成为一体，如图 6-31（b）所示。

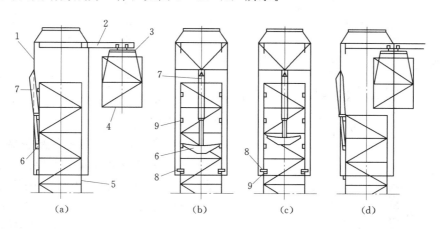

图 6-31 顶升过程示意图

1—爬升套架；2—引进轨道；3—引进滑车；4—标准节；5—塔身；6—顶升横梁；

7—顶升油缸；8—爬爪；9—踏步

（4）油缸全部缩回，如图 6-31（c）所示。重新使顶升横梁挂在塔身再上面的一个踏步上，再次全部伸出顶升油缸，此时塔身上方恰好有装入一个标准节的空间。

（5）拉动挂在引进滑车上的标准节，把标准节引至塔身的正上方，如图 6 - 31 （d）所示。对准标准节的螺栓连接孔，微缩回油缸。至上下标准节接触时，用 8 个高强度螺栓将上下塔身标准节连接。

（6）调整油缸的伸缩长度，将下支座与刚装好的塔身标准节连接牢固，即完成一节标准节的加节工作，若连续加几节标准节，则可按照以上步骤连续几次操作即可。

4. 安装附着架

附着装置由 2 个半环梁和 4 根撑杆组成。用来把塔机与建筑物固定，起依附作用，如图 6 - 32 所示。安装时，将环梁提升到附着点的位置，2 个半环梁套在塔身的标准节上，用螺栓紧固成附着框架，用 4 根带调节螺栓的撑杆把附着框架与建筑物附着处铰接。4 根撑杆应保持在同一水平面内，杆上的螺栓可以推动顶块固定塔身。安装附着式塔机最大工作高度 45m 时，必须安装第一个附着架。以后，每个附着架以上塔身最大悬高不大于 25m。应用经纬仪检查塔机轴心的垂直度，其垂直度在全高不超过 4/1000 时，垂直度的调整可通过调整 4 根附着用撑杆与建筑物的附着位置而获得。

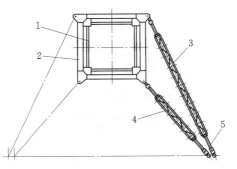

图 6 - 32 附着装置

1—标准节；2—半环梁；3—外撑杆；
4—内撑杆；5—调节螺杆

5. 安全控制装置

塔式起重机的安全控制装置主要有起重力矩限制器、最大工作载荷限制器、起升高度限位器、回转限位器、幅度限位器和行走限位器等，如图 6 - 33 所示。

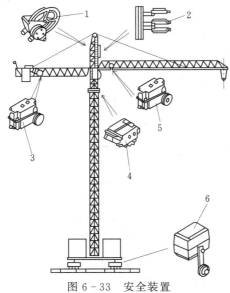

图 6 - 33 安全装置

1—力矩限制器；2—起重量限制器；
3—起升高度限位器；4—回转限位器；
5—幅度限位器；6—行走限位器

（1）力矩限制器。力矩限制器由 2 条弹簧钢板和 3 个行程开关和对应调整螺杆等组成。安装在塔顶中部前侧的弦杆上。当起重机吊重物时，塔顶主弦杆会发生变形。当载荷大于限定值，其变形显著，当螺杆与限位开关触头接触时，力矩控制电路发出报警，并切断起升机构电源，起到防止超载的作用。

（2）起重量限制器。起重量限制器是用于防止超载发生的一种安全装置。由导向滑轮、测力环及限位开关等组成。测力环一端固定于支座上，另一端则锁固在滑轮轴的一端轴头上。滑轮受到钢丝绳合力作用时，便将此力传给测力环。当载荷超过额定起重量时，测力环外壳产生变形。测力环内金属片和测力环壳体固接，并随壳体受力变形而延伸，导致限位开关触头接触。力矩控制电路发出报警，并切断起升机构电源，起到防止超载的作用。

（3）起升限位器和变幅限位器。它们固定在卷筒上，带有一个减速装置，由卷筒轴驱动，可记下卷筒转数及起升绳长度，减速装置驱动其上若干个凸轮。当工作到极限位置时，凸轮控制触头开关，可切断相应运动。

（4）回转限位器。回转限位器带有由小齿轮驱动的减速装置，小齿轮直接与回转齿圈啮合。当塔式起重机回转时，其回转圈数在限位器中记录下来。减速装置带动凸轮控制触头开关，便可在规定的回转角度位置停止回转运动。

（5）行程限位器。行程限位器用于防止驾驶员操纵失误，保证塔式起重机行走在没有撞到轨道缓冲器之前停止运动。

（6）超程限位器。当行走限位器失效时，超程限位器用以切断总电源，停止塔式

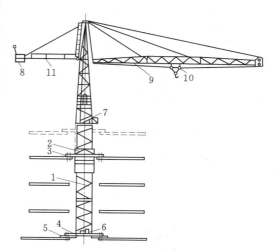

图 6-34　QTP40 型内爬式塔式起重机
1—塔身；2—套架；3—套架横梁；4—塔身底座横梁；
5—旋转支腿；6—提升塔身卷扬机；7—起重机构；
8—平衡重箱；9—起重臂；10—起重小车；
11—平衡臂

起重机运行。所有限位装置工作原理都是通过机械运动加上电控设备而达到目的。

6.4.3.2　内爬式塔式起重机

内爬式塔式起重机安装在建筑物内部，并利用建筑物的骨架来固定和支撑塔身。它的构造和普通上回转式塔式起重机基本相同。不同之处是增加了一个套架和一套爬升机构，塔身较短。利用套架和爬升机构能自己爬升。内爬式起重机多由外附式改制而成。

如图 6-34 所示，QTP40 型内爬式塔式起重机，最大起重量 40kN，最大起重力矩 400kN·m，工作幅度 2.4～20m。金属结构主要由底座、套架、塔身、起重臂和平衡臂等组成。

（1）底座。底座如图 6-35 所示。塔身安装在底座横梁上，底座横梁成对角布置，底座横梁下面固定旋转支腿，旋转支腿用螺栓与建筑物的主梁相连接，以支撑塔身。提升塔身时，应先拆下螺栓，将旋转支腿旋至底座横梁的下面，然后才能提升塔身。

（2）套架。套架设置在塔身外围，其结构如图 6-36 所示。在套架的上下四角靠近塔身处各装有 2 个滚轮，滚轮与塔身之间有 4～6mm 间隙，以减少提升阻力。在套架上部固定有 2 根横梁，横梁的端部铰装有翻转支腿，在提升套架时支腿上翻，在提升塔身时将支腿用螺栓固定在建筑物的主梁上。

内爬式塔式起重机的爬升机构采用机内卷扬机和钢丝绳滑轮组来进行，整个爬升过程可分为 3 个阶段，如图 6-36 所示。

（1）准备状态。自升塔式起重机吊装作业时，其底座固定在建筑物的框架梁上，套架位于塔身下端。在吊装完 4、5 层构件后，准备提升套架。将起重小车行至起重臂根部，然后放下吊钩，套住套架横梁，如图 6-37（a）所示。

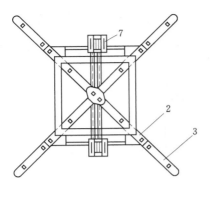

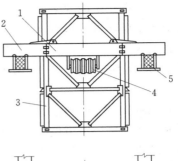

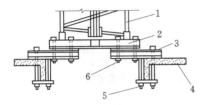

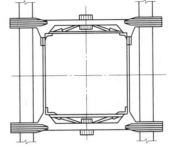

图 6-35　内爬式起重机底座

1—塔身；2—底座横梁；3—旋转支腿；

4—支撑梁；5、6—螺栓；

7—提升塔身滑轮组

图 6-36　套架

1—套架横梁；2—支腿；3—套架；

4—塔身提升滑轮组；

5—建筑物主梁

（2）提升套架。拆下塔套的支腿固定螺栓并向上翻转（此时，塔身底座支腿与建筑物主梁连接固定），开动卷扬机，把套架提升到第 5 楼层，将支腿翻下，放好套架横梁，放松吊钩，使套架垂直地放在建筑物主梁上，并固定好，如图 6-37（b）所示。

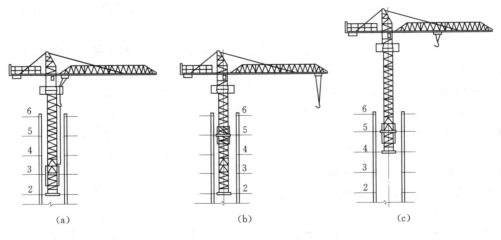

（a）　　　　　　　　　　　（b）　　　　　　　　　　　（c）

图 6-37　内爬式自升塔式起重机的爬升过程

（a）准备状态；（b）提升套架；（c）提升塔身

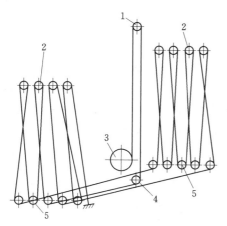

图 6-38　爬升系统钢丝绳滑轮组

1—塔身滑轮；2—套架滑轮组；3—爬升机构卷筒；
4—底座导向滑轮；5—底座滑轮

（3）提升塔身。当套架固定好后，松开起重机底座与建筑物横梁的连接，收回底座的支腿（此时钢丝绳基本拉紧）。开动塔身下部的提升塔身卷扬机，通过底座和套架上的滑轮组将塔身提升。使底座提升到第 4 楼层后，翻出支腿，并固定在该楼层的主梁上。然后即可开始吊装作业，如图 6-37（c）所示。

爬升系统钢丝绳滑轮组如图 6-38 所示。爬升机构也可采用液压缸顶升。

内爬式塔式起重机的起升高度可达 80～160m，塔身短，自重轻，工作稳定性好，不用铺轨。由于起重机支承在框架主梁上，必须验算支撑梁的强度或根据载荷情况加临时支撑。

6.5　门 座 式 起 重 机

6.5.1　用途与特点

门座式起重机（俗称门机）系混凝土大坝施工用的主力设备之一，在火电建设组装场和工厂、码头及船厂也有应用。结构介于建筑塔式起重机与港口装卸起重机或造船起重机之间，下设有门座以供运输车辆通过。对于大坝浇筑混凝土用门座式起重机，要求采用易于拆卸及安装的拆拼式结构，其单元构件的外形尺寸须限制在公路、铁路运输的界限尺寸以内；兼具浇筑混凝土与安装设备的双重功能（以下分别称为浇筑工况和安装工况）。

浇筑工况时，各机构速度快，工作频繁，要求达到每小时 10～12 个工作循环以上，工作级别 A_6；安装工况时，必须能通过改绕钢丝绳或其他措施增大起重机在小幅度范围内的起重能力，要求工作慢而平稳，以利吊装就位，相当于工作级别 $A_3 \sim A_4$。现有国产门机用于浇筑工况与安装工况的最大额定起重量之比约为 1：3～1：2.5。

大坝用的门机有浇筑工况时的额定起重量有 100kN（$3m^3$ 混凝土吊罐）和 200kN（$6m^3$ 混凝土吊罐）两种。20 世纪 70 年后开发的新机型，最大幅度增加到 45～62m，在门座上设置了高塔架，实际上是一种门座式塔机，门机高架化，浇筑高度大大提高，一次可浇筑较高的大坝或浇筑到较高的部位，减少搬迁起重机——栈桥系统的次数，甚至不用栈桥而节约大量钢材和加快施工进度。

即使采用缆机和塔带机施工，由于其覆盖范围有限，其他水工建筑物如厂房、船闸、护坝等往往仍需配置一定数量的门机。

门机有动臂和定臂两种，动臂门机可以减少配置门距，抬吊方便；定臂门机自重轻，变工况容易，变幅功率小。目前国产浇筑用门机多为动臂式。

6.5.2　门座式起重机的构造特点

部分常用门座式起重机分别简述如下。

1. DMQ540/30 型门座式起重机

DMQ540/30 型门机（图 6-39）具有 37.5m 长的刚性起重臂，可以在 18～37m 幅度范围内全回转，门座轨距为 7m，可同时通行 2 列窄轨（762mm）机车。起重臂头部设有 3 个滑轮，可改变起升钢丝绳分支数。如使用 300kN 吊钩，可在 25m 幅度内吊重 200kN；在 18m 幅度内吊重 300kN。本机高压电缆绞盘容缆量为 50m，相应的起重机运行范围为 100m。

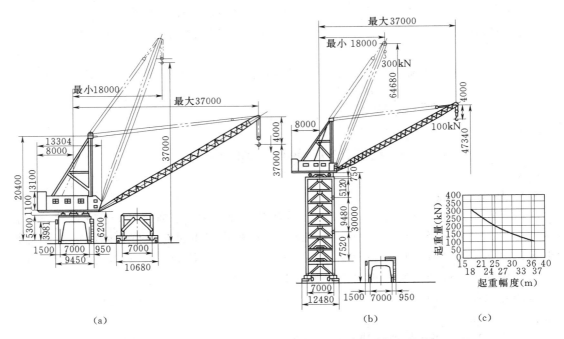

图 6-39　DMQ540/30 和 DMQ540/30B 型门座式起重机（单位：mm）

(a) DMQ540/30；(b) DMQ540/30B；(c) 起重量曲线

为扩大使用范围，可将门架加高至 30m 而成为本机的变型——MDQ540/30B 型高架门座式起重机。兼有高、低门机两种性能，以满足不同工程的需要。

本机的单臂架钢丝绳变幅系统，不能带载荷变幅。其回转支承为不带反钩滚轮的台车转盘式支承，回转机构采用涡轮减速器驱动。鉴于其上部回转部分（包括配重）自身平衡，可以不装门腿及大车运行机构，作为固定式起重机使用。

本机经过多次改进，具有构造简单、紧凑、装卸转移方便、自重轻、造价低等优点，在我国各水利水电工程得到广泛应用。在火电厂组装设备也受欢迎。

2. MQ600/30 型高架门座式起重机

MQ600/30 型高架门座式起重机（图 6-40）有直径 3.37m 的圆筒型塔身，每节管柱长 9.65m，可以根据需要高度进行组装。上部采用交叉滚子轴承作回转支承，下部采用交叉十字形箱形结构门架，在门架下方可通过一列准轨或两列窄轨机车。采用大件拆拼结构，高强度螺栓连接。起重机运行范围为150m。行走台车装有转向支承，可以在曲线轨道上运行。

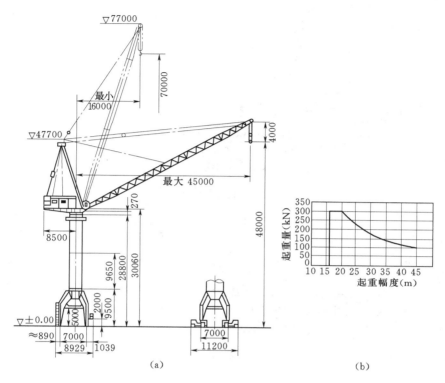

图6-40　MQ600/30型高架门座式起重机（单位：mm）

（a）外形尺寸；（b）起重量曲线（安装工况）

本机可以在16～45m幅度范围内全回转工作，最小幅度时的起升高度可达70m，起重机吊钩可延伸到轨面下进行起重作业，当额定起重量为100kN时，总起升范围为120m，为适应建筑构件和机电设备等大件吊装，可以改变起升钢丝绳的绕法，以增大起重能力。当幅度为16～20m时，额定起重量可达300kN。

回转驱动机构采用涡流制动器调速，起、制动都很平稳，单臂架的钢丝绳变幅系统无水平补偿，不能带载荷变幅。

本机结构简单紧凑，外形较美观，自重较轻，登机用的螺旋盘梯藏于圆筒塔身内部。上部构件不能"自升自装"，由于轨距与DMQ540/30型门机相同，可利用设于同一轨道上的DMQ540/30型起重机进行吊装。

3. SDTQ1800/60型高架门座式起重机

SDTQ1800/60型高架门座式起重机，如图6-41所示，采用下转柱式结构。塔架和转柱下段的一节（长为18m）为可装可卸。可安装成低塔架或高塔架2种组装形式，以供用户选择。在18m节中间装有电梯，便于运送人员和物品。门架下面可并排通过3列准轨机车，本机结构用精制铰孔螺栓连接。

采用平衡滑轮补偿法进行水平变幅，能使吊重在变幅时作近似水平移动，从而降低变

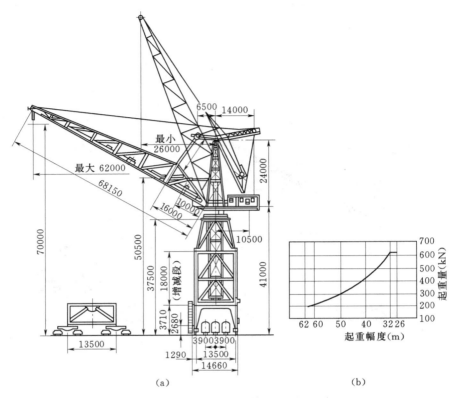

图 6-41　SDTQ1800/60 型高架门座式起重机（单位：mm）
(a) 外形；(b) 起重量曲线

幅时所需功率，以达到提高变幅速度的目的。采用本补偿法时，起升钢丝绳不在变幅系统内反复缠绕，因而起升钢丝绳磨损少，寿命长。起升绳有 2 分支、4 分支、6 分支 3 种绕法。6 分支绕法在幅度 26～30m 内最大额定起重量为 600kN。起升机构采用了能耗制动，吊钩可以微速下降，便于在吊装大件时精确对位。

塔架顶部有平衡臂，使起升臂的自重得到平衡，并且变幅机构用针齿条变幅，工作安全可靠。

本机是目前我国用于水利水电工程施工最大型的起重设备，工作范围广，其不足之处是装拆时必须有大型起吊手段，起升臂相对比较重，因而整机自重也较重，造价较高。

6.5.3　门座式起重机技术参数

水利水电专用的各型门机的型号，以拼音字母和数字表示。拼音字母 SDMQ 和 DMQ 表示门机，字母后数字为该机的最大起重力矩（kN·m），分母表示该机的最大起重量（kN）。各门座式起重机的主要技术参数见表 6-4。

表 6 - 4　　　　　　　　**国产门座式起重机主要技术参数**

型号（名称）		DMQ540/60GA3F (DMQ540/60B)		20t 四连杆 门座式起重机		MQ600/30		MQ1000	
工　况		浇筑	安装	浇筑	安装	浇筑	安装	浇筑	安装
起重机工作级别		A6	A4			A6	A4	A6	A4
最大起重力矩（kN·m）		3700	5400	4000	4000	4500	6000	6200	10000
额定起重量	最大幅度时（kN）	100	100	100	100	100	100	100	100
	最大起重力矩时（kN）	100	300	100	200	300	300	100	320
幅度（m）	最大	37	37	40	40	45	45	62	62
	最小	18	18	9	9	16	16	24	24
起升高度 （轨上，m）	最大幅度时	20（44）	20（44）	75	75	48	48	70	70
	最小幅度时	37（61）	37（61）	75	75	70	70	95	95
下降深度 （轨下，m）	最大幅度时	83（59）	0	30	30	72	0	55	0
	最小幅度时	70（16）	0	30	30	50	0	30	0
起升速度（m/min）		46	15.3	50	50	46	15.3	58.5	20
回转速度（r/min）		0.75		1.0		0.75		0.5	
变幅速度（平均，m/min）		约 3.3		32		9.67		26.3	16，4
大车行走速度（m/min）		20.3		32		22		20.8	
起重臂铰点高度（m）		6.2		12		30		43.2	
机尾回转半径（m）		3.1		8		8.5		10.8	
门架净空高度（m）		3.98		5.4		5		6.93	
轨距×基距（m×m）		7×7		10×10.5		7×7		13.5×10.5	
轮压（kN）		504（418）		211		500		470	
钢轨型号		QU70				QU70		QU80	
计算风压 （N/m²）	工作状态	250	150			250		250	150
	非工作状态	600				600		600	
输入电源		6000V，50Hz		6000V，50Hz		6000V，50Hz		6000V，50Hz	
总功率（按 FC=25% 计入，kW）		238		284		230		325	
整机总质量（t）		153（约208）		239		210		443	
其中配重质量（t）		42		46		45		89	

续表

型号（名称）		20/60t 门座式起重机		SDMQ1260/60			SDTQ1800/60		SDMQ100/5	DMQ1600
工况		浇筑	安装	浇筑 标准臂	浇筑 加长臂	安装	安装	安装	安装	安装
工作级别				A6	A6	A4	A6	A4	A7	
起重力矩（kN·m）		9000	10800	9000	5600	12600	12400	18000	1000	1600（主钩）
起重量（kN）	最大幅度	200	200	200	100	200	200	200	50	300（160）
	最大力矩	200	600	200/300	100/300	600	200	600	50	630（160）
幅度（m）	最大	45	45	45	58	50	62	62	20	40.8（43.8）
	最小	18	18	19	26	19	26	26	9.5	18（19.8）
起升高度（轨上，m）	最大幅度	36	36	60	55	55	70（52）	70（52）	6	
	最小幅度	60	60	70	80	65	70（52）	70（52）	6	
下降深度（轨下，m）	最大幅度	124	0	45	50	0	30（48）	0（18）	6	
	最小幅度	100	0	35	25	0	30（48）	0（18）	6	
起升速度（m/min）		46/25	15.3/8.3	50～63	25～63	18～32	52	17.3	起升58.95，开闭60	
回转速度（r/min）		0.5		0.7/0.35			0.4		1.44	0.4
变幅速度（m/min）		9		20	16.76	13.85	33		59	2.2
大车行走速度（m/min）		30		20			21		29.7	16
臂架铰点高度（m）		19.5		30			41（23）		8.55	7.6
机尾回转半径（m）		9		11.2			14.45		5.8	8.4
门架净高（m）		6.5		10.2			6.6		3.84	
轨距×基距（m×m）		10.5×10.5		12×10.5			13.5×13.5		5×5.1	10×10
轮压（kN）		420		508	527	532（双轨265）	446		210	300
钢轨型号		QU80		QU80			QU80		43kg/m	QU80
风压（N/m²）	工作状态			250		150	250		250	
	非工作状态			800			800		800	
输入电源		6000V，50Hz		6000V，50Hz			10000V，50Hz		380V，50Hz	380V，50Hz
总功率（kW）		364		455.9			450		119	335
整机自重（t）		318		365	369.5	365	665		110	315
其中配重（t）				53			105			121

注　1. DMQ1600 型的括号内数字为副钩的数据。

　　2. SDTQ1800/60 型的括号内数字为装成低架时的数据。

　　3. DMQ540/60 型的括号内数字为加高或 DMQ540/60 型的数据。

6.6 缆 索 起 重 机

6.6.1 缆索起重机的特点

缆索起重机（简称缆机）是一种以柔性钢索作为大跨距支承构件，兼有垂直运输和水平运输功能的特种起重机。缆机在混凝土大坝工程常被用作主要的施工设备之一。此外，在渡槽架设、桥梁建筑、码头施工、森林工业、堆料场装卸、码头搬运等方面也有广泛的用途，还可配用抓斗进行水下开挖。

大坝混凝土浇筑用缆机的特点是：跨距较大，主索为密闭索，工作速度高，采用直流拖动；满载工作且工作频繁，其起重机工作级别为 A6～A7，起升机构和小车牵引机构的工作级别为 M7。与门、塔机栈桥施工相比，有以下优点：

（1）无需架设施工栈桥，不占用直线工期，基坑开挖后即可形成生产能力浇筑混凝土，无施工度汛问题。

（2）缆机的浇筑与导流方式无关，基本上与其他地面施工设备互不干扰。

（3）可采用较高的起升、下降及小车运行速度（横移速度），因而其工效比门机、塔机高得多。

（4）必要时可用作沟通两岸的交通工具。

缆机也存在一定的局限性或缺点：

（1）缆机轨道基础的开挖和混凝土浇筑工程量一般都比较大，又都位于坝肩以上较高的高程上，基础工程和安装的工作困难较多。

（2）缆机是一种比较复杂的专用设备，其设计、制造、安装、调试所需周期较长，必须提前订货和安排，不像门、塔机通用性较强，制造安装周期较短。

（3）使用缆机，必须熟练掌握操作技术，操作人员必须经过较长时间的培训（3～6个月以上）。

（4）缆机与门机、塔机相比，单台造价要昂贵得多，而且主索（承载索）目前还需进口。

（5）缆机的转用性较差，在后续工程，往往需要作不同程度的改造，有时由于工程条件不适宜，被长期搁置或废弃。

能否真正发挥缆机施工的优越性，主要取决于工程的设计及地形地质条件。一般认为峡谷系数（深与宽之比）为 1：3 以上的峡谷河床中的高坝采用缆机施工较为有利，对于拱坝及重力坝施工尤为适宜。

6.6.2 缆机的类型

缆机按其主索的数量分为单索、双索及四索缆机，按工作速度又可分为高速、中速、低速缆机等。按主索支点有 6 种基本类型，由此又可派生若干复合机型，详见表 6-5。但最常用的是平移式和辐射式 2 类。

6.6.3 缆机的选型和布置

1. 额定起重量

混凝土浇筑用缆机额定起重量要与吊罐容量相适应，我国缆机的额定起重量和吊罐对

表 6-5　　　　　　　缆 机 机 型 一 览 表

缆机机型名称		覆盖范围	适用工程	布置灵活性	基础工程量	造价	备注
基本机型	固定式	直线条带	桥梁、渡槽、碾压、混凝土坝、辅助工程	好	小	低	
	摆塔式　单	狭长梯形	桥梁、条形坝、坝顶部位、溢洪道	较好	较小	较低	
	摆塔式　双	狭长矩形					
	平移式	矩形	适用于各种坝型,用于薄拱坝时经济性差	差	大	高	
	辐射式	扇形	拱坝、重拱坝、条形坝	较差	较大	较高	
	索轨式　单	梯形	中小型工程,覆盖范围可比摆塔式宽	较好	较小	较低	难以用于大型缆机
	索轨式　双	矩形、梯形					
	拉索式　单	梯形	小型工程,起重量在4.5t以下			低	只能用于小型缆机
	拉索式　双	矩形、梯形					
派生机型与复合机型	H 形	狭长矩形	中小型工程			相当于2台固定式缆机	只能设置1台
	川字形	狭长矩形				较低	只能设置1台,可利用固定式缆机进行改造
	斜平移式	平行四边形	与平移式相同	优于平移	小于平移式	略高于平移式	
	一侧延长平移式	梯形					
	双弧移式	宽扇形					
	辐射双弧移式	扇形	与辐射式相同	略优于双弧移式	小于双弧移式	低于双弧移式	
	摆塔辐射式	扇形		不及辐射双弧移式	略大于辐射式	高于辐射式	同组轨道只能设置1台
	坡道　平移式	矩形	与平移式相同	远优于平移式	小于平移式	略高于平移式	支架型式只宜采用低塔架或支承车
	坡道　辐射式	扇形	与辐射式相同	远优于辐射式	小于辐射式	略高于辐射式	

应容量见表 6-6。有的工程由于采用较轻的吊罐,用 18t 缆机吊 6m³ 罐、用 28t 缆机吊 9m³ 罐,以降低缆机的造价。

表 6-6　　　　　　缆 机 的 额 定 起 重 量

额 定 起 重 量（kN）	100	135	200	300
吊罐密实混凝土容积（m³）	3	4.5	6	9

为了满足吊装大件设备的需要，还可规定特殊起重量。例如三峡工程用的缆机，额定起重量为200kN，而特殊起重量则为250kN（在技术规格中写作20/25t）。但按额定起重量设计的缆机，在特殊起重量工作时，必须减少工作频度，降低工作速度。

2. 浇筑能力

浇筑型缆机的理论生产率，除了缆机本身的技术参数和工程浇筑部位外，还与配合缆机工作的配套设备和设施有关。为了减少吊罐取料时间，一般均采用不摘钩的液压蓄能吊罐和无轨或有轨的侧卸式运料车，直接从供料线的平台上接受来料。现已很少采用再摘钩、换罐、再挂钩等取料方式。

缆机吊运混凝土罐的一个工作循环的时间，包括不变工作时间和可变工作时间两部分。不变工作时间在很大程度上与配套设备的作业情况有关，据观察统计和结合国外经验，对于200～300kN缆机，不变工作时间大体分配如下：

（1）运料车对位和吊罐装料时间，20＋20＝40（s）。

（2）吊罐升高数米并离开供料平台，15s。

（3）满罐在浇筑仓面对位，15s。

（4）满罐卸料，25s。

（5）空罐停靠到供料平台，15s。

（6）耽搁时间，15s。

不变工作时间共计125s。

可变工作时间系按吊罐升降和小车牵引联合动作（同时动作），取两者所需时间的大值来计算。

缆机的实际可能生产能力涉及诸多因素，除设备性能、配套设施和可靠性外，和施工组织管理水平（包括严格的计划检修制度，减少缆机承担辅助工作的时间，减少待料，等仓面作业等）关系甚大。我国缆机近期的施工经验表明：单台20t缆机的月平均生产率可达2.5万～3万 m^3；高峰月生产率可达3万～3.5万 m^3。表6-7是国外有关缆机额定起重量与混凝土浇筑强度的经验数据，供参考。

表6-7　　　　缆机额定起重量与混凝土浇筑强度的参考数据

混凝土总方量（万 m^3）	高峰月浇筑量（万 m^3）	缆机额定起重量（kN）	吊罐混凝土容量（m^3）	混凝土总方量（万 m^3）	高峰月浇筑量（万 m^3）	缆机额定起重量（kN）	吊罐混凝土容量（m^3）
15	<1	45，60	1.5，2	>50	～3	200	6
15～30	1～2	90	3	～5		280～300	9
30～50	2～3	135	4.5				

3. 工作速度

缆机工作速度（主要指起升速度和小车横移速度）的选定和所需的起升扬程及跨距有关。一般起升高度在150～180m、跨距在500～1000m，其满载起升速度为120～125m/min，小车横移速度为450～480m/min。美制高速缆机起升速度为298～335m/min，横移速度为640m/min，适用于扬程和跨度较大的工程。

表 6－8 所列的工作速度供选型参考。

表 6－8　　　　　　　　　　　　　　缆 机 的 工 作 速 度

起升扬程 （m）	缆机跨距 （m）	额定起升 速度 （m/min）	小车横移 速度 （m/min）	起升扬程 （m）	缆机跨距 （m）	额定起升 速度 （m/min）	小车横移 速度 （m/min）
80	＜200	＜80	＜240	150～180	500～1000	120	450
120	200～500	100	240～360	200	＞1000	150	500～600

至于大车运行速度，对生产能力影响很小，主要要求运行平稳，一般可取 8～20 m/min。

4．主索垂度和铰点高程

（1）主索垂度 S_{max} 与垂跨比。主索垂度，一般是指满载小车位于跨中时主索的最大垂度（即跨中主索与主索铰点连线中点间的高差），垂度与跨距 L 的比值简称垂跨比 f_{max}，即 $f_{max}=S_{max}/L$，常用百分数来表示。

缆机主索的垂跨比 f_{max} 应在 4%～6% 之间。国产缆机新设计时常取垂跨比 $f_{max}=$ 5%，国外跨距在 1000m 以上的缆机，垂跨比多在 5.5% 左右，垂跨比较大，主索相应较细，但增加垂跨比将使岸侧主索坡度增大，相应增大主索弯曲应力和小车牵引功率。施工后期可考虑改用较小的吊罐，调小主索垂度，以满足浇筑坝顶部位混凝土的需要。

（2）主索铰点高程和视线坡角。主索两端铰点的安装高程由主索中点至所需筑到的高程（常为坝顶）之间的高差 Z（图 6－42），按式（6－1）确定：

$$Z=S_{max}+i+k \tag{6-1}$$

式中　S_{max}——最大垂度，m；

　　　　i——主索至吊罐底面的最小距离，m；

　　　　k——吊罐底面至浇筑高程间的安全距离，m。

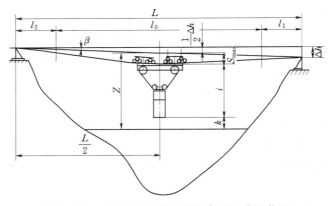

图 6－42　主索的支点高差视坡角和正常工作区

L—跨距；l_0—正常工作区；l_1、l_2—非正常工作区；Δh—主索支点高差；β—视坡角；S_{max}—跨中最大垂距；i—主索至吊罐底面的最小距离（表 6－9）；k—安全距离；Z—主索至坝顶最小高差

表 6-9　　　　　　　主索与吊罐底面的最小距离 *i*（参考值）

缆机额定起重量（t）	10	13.5	20	30
主索与吊罐底面最小距离（m）	13	14	15	17～18

安全距离 *k* 包含吊罐卸料时主索可能产生的弹跳量和仓面机具、模板等的高度，一般为跨距的 1% 左右，必要时还需考虑（浇到坝顶时）坝顶门机的高度。

如两岸地形许可，应使小车重载下坡，即供料线一侧的主索铰点略高于对岸一侧的铰点，两铰点连线的水平倾角 β，称为"视坡角"，即 $\tan\beta = \Delta h / L$。

视坡角不宜太大，以免在偶然需要小车重载回驶时，上坡所需的牵引力不够。一般宜取视坡角 $\tan\beta = 1\% \sim 2\%$，最好不要超过 3%。

5. 非正常工作区

为避免主索承受过度弯曲应力和小车受上坡牵引力的限制，小车在额定载荷下在跨距中间运行的区段称为"正常工作区"或额定载荷工作区（l_0）。而靠近主、副塔的两侧区段，一般只允许载荷小车进入，称为"非正常工作区"（l_1、l_2）。非正常工作区的范围一般约为跨距的 1/10～1/7。非正常工作区范围不是绝对的，可以对称或不对称。目前较多的将非正常工作区规定为跨距的 1/10，以便使缆机的通用性更好一些。

如需进入非正常工作区工作，应当限制工作的次数和起重量，限制工作速度和加、减速度，并须事先与缆机设计制造单位磋商确定。

6. 水平力支承方式

缆机主索的巨大拉力通过支架转递到基础。水平分力则有两种支承方式：一种是支架前腿下面行走台车支承在倾斜基础轨道上，斜面与水平约为 20°～30° 倾角（图 6-43）；另一种方式是在支架后部设置水平台车，由水平轨道来支承（图 6-44、图 6-45）。前者可

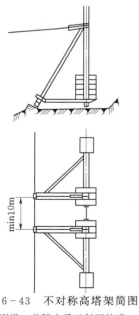

图 6-43　不对称高塔架简图

（副塔，前腿支承于斜面轨道）

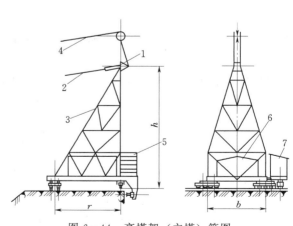

图 6-44　高塔架（主塔）简图

1—主索支点；2—主索；3—塔架；4—牵引索上支；

5—配重；6—机房；7—拖平

以使运行机构简化，减轻支架重量并减少基础平台靠山侧的开挖量，但只适用于基础平台两侧平坦而地质条件较好的情况，一般用于高塔架的支架。后一种方式对地质地形的适应性较强，但缆机自重略重，适用于无塔架和低塔架的支架。为适应后续工程的地形地质变化，国产缆机高塔架大都采用了水平轨道支承方式。

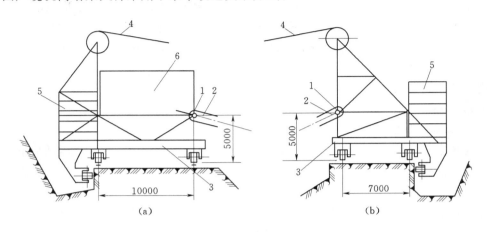

图 6-45　低塔架简图（单位：mm）

(a) 主塔；(b) 副塔

1—主索支点；2—主索拉板；3—塔架；4—牵引索上支；5—配重；6—机房

7. 单层和双层布置

我国大坝工程早期较多采用高低平台双层布置方式。其优点是高低缆机可以跨越，便于互相支援，并可减少主索中心距，有利于双机同浇一个仓面和抬吊钢管大件重物；但这种方式要增加布置的难度和构筑基础平台的工程量，存在互相干扰事故隐患。随着使用缆机的经验积累，设计制造的技术进步和计算机控制的发展，落脚点可靠性已大为提高，目前国内外均以采用单平台居多。如采用双层平台，应保证高低平台的必要高差，注意高低缆机跨越安全。

6.7　起重机的使用计算

起重机的技术生产率 $Q_0(t/h)$ 可以按下式计算：

$$Q_0 = Q n k_1 k_2$$

$$k_1 = \frac{Q}{Q_{\max}}$$

$$n = \frac{3600}{t}$$

$$t = t_1 + t_2 + t_3 + \cdots$$

式中　　　　Q——起重机的额定起重量，kN；

k_1——起重机的起重量利用系数；

$Q_{\max}$——起重机的最大设计起重量，kN；

k_2——起重机的时间利用系数；

n——每小时起重次数；

t——每一工作循环所用时间；

t_1、t_2、t_3、…——各个动作所用时间。

本 章 小 结

通过本章学习，主要了解起重机械的基本性能，理解起重机械的工作原理，掌握起重机械的选择。至于起重机的现场布置方法，限于篇幅，本章涉及较少，读者可参考水利水电工程施工的相关书籍。

本章依次讲述了常用的几种工程起重机（如桅杆式起重机、轮式起重机、履带式起重机、塔式起重机、门座式起重机和缆式起重机）的类型，工作原理及型号，以供水利水电工程专业学生学习及参考。

复 习 思 考 题

1. 什么是工程起重机，它主要有哪些类型？
2. 桅杆式起重机有什么特点及种类？适用于什么情况？
3. 轮式起重机有何特点？汽车式起重机与轮胎式起重机有何区别？
4. 试说明 QLY25 型轮式起重机的字母及数字所表示的含义。
5. 试以 QY32B 型汽车起重机为例说明其构造及工作原理。
6. 试说明履带式起重机的用途、特点及型号。
7. 试以 HS853 型履带起重机为例说明其基本构造。
8. 塔式起重机有何用途，有什么分类。
9. 试说明 QTZ80 型塔式起重机的字母及数字所表示的含义。
10. 试以 QT60 型塔式起重机为例，说明其构造及基本原理。
11. 门座式起重机有什么用途及特点。
12. 试以 DMQ540/30 型门座式起重机为例说明其构造特点。
13. 缆式起重机有什么类型，有什么特点？
14. 缆式起重机的选型与哪些因素有关？

第7章 其 他 机 械

在工程建设过程中，机械的使用可以分为主要机械和其他机械。主要机械的作用与地位，不言而喻，非常重要。同时其他机械的使用也日益被人们所重视，因为它使用的好坏直接或间接影响着工程的进度、质量和造价。

本章将以水利水电工程中常用的几种其他机械为例，对工程中常用的几种其他机械加以说明。

其他机械常分为以下几种类型：

（1）供风系统：如空气压缩机或空气压缩站等。

（2）供、排水系统：如泵或泵站等。

（3）通风系统：如通风机等。

（4）供电系统：如柴油发电机或柴油发电组等。

7.1 空 气 压 缩 机

空气压缩机（简称空压机）是一种以内燃机或电动机为动力，将自然状态的空气压缩到具有一定能量的高压气体而具有气流能的动力装置。它主要在建筑、铁路、公路、隧道、矿山、市政、地下等工程施工时，提供各种压力等级所需的压缩空气，即为所有风动机械、喷涂、喷漆、输送混凝土、装修工程用的风动机具及散装水泥车等提供动力，也可为轮胎充气。由于空压机安全可靠、使用方便，因而得到广泛应用。

7.1.1 空气压缩机的分类

空气压缩机按其工作原理有活塞式、螺杆式和滑片式等类型。其中产量最多，使用最普遍的是活塞式，因其具有工作压力范围广，从低压到高压都能达到；工作可靠且效率高；操作方便、安全等特点。各种类型空压机的分类方法大体相同，主要以排气量、排气压力和轴功率分类。但活塞式空压机还以其气缸布置形式和机构特点的不同来分类，见表7-1。

表7-1 往复活塞式空气压缩机的分类

分类方法	名 称	主 要 说 明
按排气量分类	微型	$1m^3/min$ 以下
	小型	$1\sim10m^3/min$
	中型	$10\sim100m^3/min$
	大型	$100m^3/min$ 以上

续表

分类方法	名 称	主 要 说 明
按排气 压力分类	低压	0.2～1.0MPa
	中压	1～10MPa
	高压	10～100MPa
按气缸排列 方式分类	卧式	气缸水平放置
	立式	气缸垂直放置
	角式	各气缸之间有一定夹角，如 L 形、V 形、W 形
	对置平衡式	各气缸作 H 形排列，水平配置
按压缩级数 分类	单级	压缩比 2～8
	双级	压缩比 7～50（用于低、中压）
	多级	压缩比大于 50（用于高压）
按作用 次数分类	单作用	活塞往复运动一次（二个冲程）完成一次压缩过程
	双作用	活塞往复运动一次（二个冲程）完成二次压缩过程
按动力 来源分类	电动机驱动	适应有交流电源的大、中、小型空压机
	内燃机驱动	适应无交流电源的移动式空压机

7.1.2 空气压缩机的型号编制方法

（1）活塞式空气压缩机的型号组成型式、含义及表示方法如图 7-1 所示。

（2）螺杆式空气压缩机的型号组成型式、含义及表示方法如图 7-2 所示。

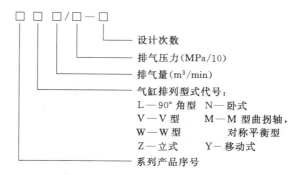

图 7-1 活塞式空气压缩机的型号识别

7.1.3 空气压缩机的工作原理及构造特点

7.1.3.1 活塞式空气压缩机

1. 工作原理

如图 7-3 所示，当活塞从上止点向下止点移动时，气缸上部容积增大，气缸内空气变稀，压力降低［图 7-3（a）］，在气缸内外压力差作用下，进气阀被打开，排气阀关闭，空气被吸入气缸内；

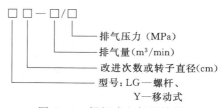

图 7-2 螺杆式空气压缩机
的型号识别

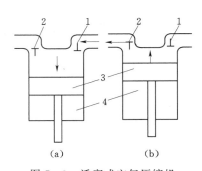

图 7-3 活塞式空气压缩机
工作原理简图
(a) 吸气过程；(b) 压缩和排气过程
1—进气阀；2—排气阀；
3—活塞；4—气缸

当活塞行至下止点时，吸气过程结束。当活塞从下止点向上止点移动 [图 7-3 (b)]，进气阀关闭，此时气缸容积逐渐变小，空气被压缩，压力上升；当气缸内气压升到能克服气门背压和弹簧力之和时，排气阀被打开，排出压缩空气；活塞行至上止点时，完成了压缩和排气两个过程。由此可见，活塞往复两个行程即完成吸气、压缩、排气三个过程。这三个过程构成空压机的一个工作循环。活塞式空压机就是按此循环周而复始地工作。

2. 构造特点

活塞式空气压缩机主要由曲轴连杆机构、配气机构、冷却及润滑系统、贮气罐、气压调节机构以及原动机（内燃机或电动机）等组成，如图 7-4 所示。移动式空气压缩机还有行走装置。

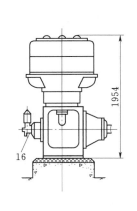

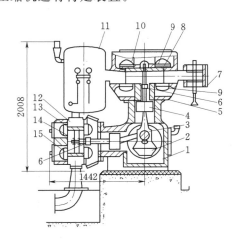

图 7-4 活塞式空气压缩机构造（单位：mm）
1—机身组件；2—曲轴组件；3—连杆组件；4—十字头组件；5——级气缸组；6—填料；7—减载阀；
8——级活塞组；9——级进气门；10——级排气门；11—中间冷却器；12—二级气缸组；
13—二级活塞组；14—二级进气门；15—二级排气门；16—润滑油泵

(1) 曲轴连杆机构。其构造和内燃机的曲轴连杆机构基本相同。主要由气缸体、气缸盖、曲轴、连杆、活塞等组成。活塞在气缸内作往复运动。使空气在气缸内被交替地完成吸入、压缩、排出等过程。

(2) 配气机构。配气机构由进、排气阀组成，其功能是使气缸内气体及时被吸入和排出，如工作原理中所述及图 7-3 所示。但这种配气方式属于单级压缩。其压力较低，一般不超过 0.5MPa。为了提高压缩空气压力，作为动力用的空气压缩机一般采用两级压缩。能将空气压力提高到 0.9MPa。两级压缩有在两个气缸或同一气缸内进行的 2 种方式，图 7-5 (a) 所示是 2 个气缸内进行压气的两级压缩示意。空气首先被吸入第一个气缸（这个气缸容积较大）进行一级压缩，然后再进入第二个气缸进行二级压缩，如图 7-

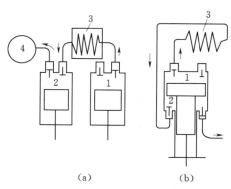

图 7-5　空气压缩机二级压缩过程示意图

1—第一缸（低压缸）；2—第二缸（高压缸）；

3—冷却器；4—贮气罐

甩入曲轴室的油槽内。还通过连杆盖上的油匙冲击油槽内润滑油并飞溅到活塞和气缸壁上润滑，然后流回油底壳。

5（b）所示。压气在进入第二个气缸之前经过冷却器冷却降温。

（3）冷却系统有风冷和水冷 2 种形式，其构成及作用和内燃机基本相同。但在两级空气压缩机的低压缸和高压缸之间，装有一个中间冷却器，它是在一个封闭的容器内装有很多根铜管，管外为冷却水，使压缩空气在管内通过时能很快地降温。

（4）润滑系统一般采用压力式，其构成及作用和内燃机润滑系统基本相同。但小型空气压缩机多采用飞溅式，它是由固定在曲轴上的主动齿轮带动浸在润滑油中的被动齿轮旋转，使润滑油

（5）贮气罐。它是用来均衡排气量、并贮存一部分压缩空气之用。它的容量和空气压缩机的生产量和消耗平稳性有关。移动式空气压缩机的贮气罐小于固定式的。贮气罐上装有安全阀、放气阀、压力表以及进、排气管等。

（6）气压调节机构。它是用来自动调节贮气罐内压力的装置，如图 7-6 所示。贮气罐内的压力在正常情况下小于气压调整器上的弹簧压力，所以压气不能通过。但当压气超过额定压力时，即克服了气压调节器上的弹簧压力，经管路 A 和 B、球形气门和三向开关而进入气阀控制器，使气阀控制器内的柱塞受压而下移，推开进气阀，使空气压缩机空转。此时部分压气由管路 C 进入调速装置，推动调速杆使柴油机进油量减少而降速。当贮气罐压力降低时，气压调整器自动切断压气的通路，使气阀控制器恢复原状，阀门也随之关闭，空气压缩机即可恢复压气工作。柴油机也因调速杆的复位而恢复正常运转。如此反复自动调节，使贮气罐内保持一定的气压。

上述构造，一般属于大型固定式电动空气压缩机，适用于压缩空气供应站。而建筑施工中常用的是中、小型移动式空气压缩机，由柴油机驱动，转移灵活，使用方便，其压缩机的结构和上述固定式相似，安装在轮胎式拖车车架上，拖车车架分型钢和钢管结构 2 种，型钢车架的贮气罐装在拖车后端，而钢管结构的贮气罐即为钢管容腔。图 7-7 是建筑施工中常用的 YW9/7—1 型移动式空气压缩机结构图。

7.1.3.2　螺杆式空气压缩机

1. 工作原理

螺杆式空气压缩机主要由一个内腔为扁圆形

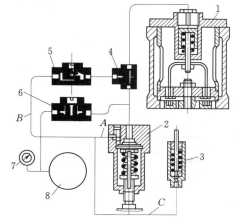

图 7-6　空气压缩机气压自动调节机构示意图

1—气阀控制器；2—气压调整器；3—调速装置；4—三向开关；5—球形气门；6—过滤器；7—压力表；8—贮气罐；A、B、C—管路

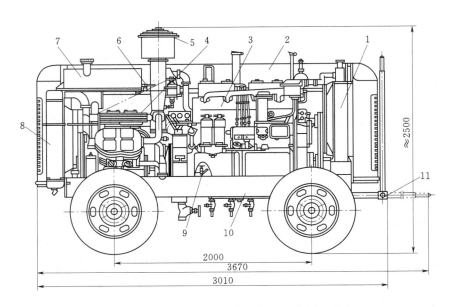

图 7-7　YW9/7—1 型移动式空气压缩机结构图（单位：mm）

1—水箱；2—防护罩；3—柴油机；4—空气压缩机；5—空气过滤器；6—油阀；

7—柴油箱；8—中间冷却器；9—减载阀；10—机架；11—牵引杆

的缸体和一对螺杆式转子组成。通过螺杆相对旋转，产生吸气、压缩、排气 3 个工作循环，如图 7-8 所示。

（1）吸气过程。当螺杆由原动机带动旋转时，主、从动螺杆吸气端的齿由相互啮合到逐渐脱离，齿间间隙逐渐增大，并和机身吸气口相通，外界空气被吸入。随着螺杆转动，螺杆齿沟和气缸壁间形成一个闭合空间而完成吸气过程。

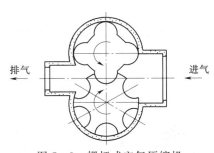

图 7-8　螺杆式空气压缩机
工作原理示意图

（2）压缩过程。由于主、从动螺杆的啮合旋转，螺杆齿沟和气缸壁间所形成的闭合空间逐渐缩小并继续向前转动，则完成空气的压缩过程。

（3）排气过程。主、从动螺杆继续旋转，使闭合空间进一步缩小。当气体压缩到额定压缩比时，从排气口排出，从而完成排气过程。

2. 构造特点

螺杆式空气压缩机的构造特点是其没有活塞式空气压缩机的曲轴、连杆和活塞等机构。而靠一对在扁圆形缸体精确啮合的螺杆旋转所产生的齿间容积变化来实现空气的吸入和压缩，空气沿轴向移动，从排气口排入油箱和油分离器，从而以较纯净的压缩空气排出。主动螺杆上有 4 条螺纹齿。从动螺杆上有 6 条螺旋槽。它们平行安装在气缸内，齿和槽相互啮合。动力由传动齿轮和驱动小齿轮驱动主动螺杆并由其带动从动螺杆旋转。两者的旋转速比为 1.5：1。在气缸两端的上下对角处分别开有吸气口和排气口。整个内腔由两螺杆啮合成的接触线分隔成低压区（吸气）和高压区（排气）。气缸体内的一对螺杆支承在高精度滚珠和滚柱轴承上，螺杆和气缸内镜面间有极小的间隙（约0.05～0.1mm），气缸内压缩区内有若干小孔喷出润滑油，以润滑气缸和螺杆，减少磨损。图7-9所示为螺杆式空气压缩机的构造。

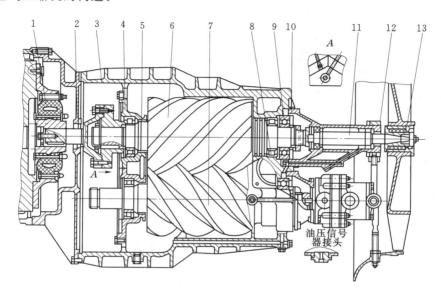

图7-9　螺杆式空气压缩机的构造

1—联轴器；2、12—密封圈；3—机身；4—从动端盖；5—主动端盖；
6—从动螺杆；7—主动螺杆；8、9—轴承；10—O形密封圈；
11—风扇轴；13—风扇弹性接头

7.1.3.3　滑片式空气压缩机

1. 工作原理

滑片式空气压缩机的压气机构主要由气缸、转子和装在转子槽中的若干径向滑片组成。它有单级和双级之分。在单级中，空气可压缩到0.2～0.3MPa；在双级中，第二级空气压力可达到0.7～0.9MPa。

如图7-10所示，转子偏心地安装在气缸内，两者构成一个月牙形空间。在转子上径向地装有若干滑片，它们依靠转子旋转时产生的离心力紧贴在气缸内壁。从而将月牙形空间分隔成若干扇形基本容积。在转子每旋转一周时，各个基本容积都要经过由最小值逐渐变大到最大值，然后再逐渐变小回到最小值的过程。随着转子的不停旋转，各个基本容积都如此循环变化。完成了吸气、压缩和排气3个过程，构成了空气压缩机的一个工作循环。如图7-10所示，A—B为吸气口，C—D为排气口；右边转子为一级压缩，左边转子为二级压缩。

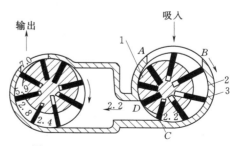

图7-10　双级滑片式空气压缩机
工作原理示意图

1—转子；2—气缸；3—滑片

2. 结构特点

滑片式空气压缩机为回转型容积式压缩机之

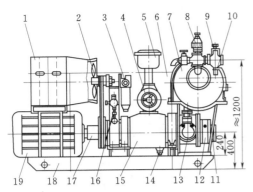

图 7 - 11 滑片式空气压缩机构造（单位：mm）

1—油冷却器；2—风扇；3—油过滤器；4—减载阀；
5—空气过滤器；6—仪表盘；7—贮气罐；8—安全
阀；9—最小压力阀；10—自动卸载阀；11—副
油泵；12—主油泵；13—排气逆止阀；14—粗
滤器；15—压缩机；16—压力调节器；
17—联轴器；18—底座；19—电动机

一，和活塞式压缩机相比，滑片式压缩机具有结构简单、易损件少、操作方便、运转可靠等特点；和螺杆式压缩机相比，滑片式压缩机具有加工工艺简单，噪声小的特点。但滑片式压缩机国内产量极少，限制了使用范围。

滑片式空气压缩机主要由一、二级气缸，一、二级滑片，一、二级转子，齿轮联轴器及主油泵、副油泵等组成，如图 7 - 11 所示。

空气压缩机由电动机驱动，一级转子通过齿轮联轴器带动二级转子。二级气缸通过后支座连接盘和一级气缸连接。一级转子对一级气缸中心的偏心和二级转子对二级气缸内径的偏心方向相反。一、二级气缸和一、二级转子的径向尺寸完全相同。转子上均加工有 8 条精密滑片槽，槽中装有用酚醛棉布层压制成的滑片。各转子由两个单列向心轴承支承，主油泵

由二级转子直接带动，副油泵和主油泵同轴。当压缩机旋转后，由于惯性离心力作用，滑片从转子滑片槽中向外抛出，紧贴于气缸内表面，各滑片间形成单独空间。旋转中使容积逐渐减少而将空气压缩，压缩过程中通过喷嘴向气缸内不断喷射润滑油，以润滑缸壁，被压缩空气从一级气缸排出后进入二级气缸，再经压缩至额定压力后进入贮气罐。

7.1.4 空气压缩机的使用

1. 空气压缩机的选择

空气压缩机的类型众多，应根据施工需要，从下列各方面合理选择适用的机型。

（1）空气压缩机结构类型的选择。空气压缩机主要有活塞式、螺杆式、滑片式 3 种，应对其技术性能进行比较，从中作出选择，见表 7 - 2。

表 7 - 2　　　　　　　　常用空气压缩机技术性能比较

类型	结构	维修	使用	比功率〔kW/（m^3·min）〕	绝热效率	机械效率	等温效率
活塞式	复杂，量大，尺寸也大	安装麻烦，易损零件多，维修复杂	工作可靠，使用寿命长	4.8～6.8（L 型为 4.8～5.22）	中型为 0.7～0.8，小型为 0.65～0.7	0.85～0.95	0.53～0.7
螺杆式	紧凑、体积小，重量轻，运输方便	易损零件少，维修简单	噪声大，使用寿命长	7.25～7.8	0.6～0.7	0.95～0.98	
滑片式	简单	方便，故障少	滑片容量磨损	7～7.5	0.6～0.7	0.7～0.75	

（2）空气压缩机动力类型的选择。电动空气压缩机一般为固定式，内燃空气压缩机多为移动式，2 种动力类型的技术、经济性能比较见表 7-3。对于工程量大、工期较长并有电源的工程，应优先选择电动空气压缩机，以降低成本；对于无电源或短期、分散的工程，应选用内燃空气压缩机。

表 7-3　　　　　　　　电动式和内燃式空气压缩机技术、经济性能比较

项目 类型	机动性	可靠性	安装情况	价格	耗能量	操作	维修费
电动式空气压缩机	差	好，故障少	组装较复杂，时间较长（固定式）	较低	耗电量约 0.1kW·h/m³	方便，可采用自动控制	低
内燃式空气压缩机	好	差，故障多	组装简单、方便（移动式）	较高	耗柴油量约 0.04kg/m³	麻烦，寒冷季节起动困难	高

（3）空气压缩机排气压力的选择。一般风动机械的额定气压为 0.4～0.7MPa，而空气压缩机的额定气压则有 0.7MPa、0.8MPa、0.9MPa 3 种。应根据风动机械的气压要求和输气管道的长度来选择：凡风动机械的额定气压在 0.6MPa 以上，或输气管道长度大于 500m 者，均应选用额定压力为 0.8MPa 以上的空气压缩机，以保证风动机械有足够的使用气压；否则，可选用 0.7MPa 的空气压缩机，以降低动力消耗和运行费用。

（4）空气压缩机冷却方式的选择。在固定式空气压缩机和冷却水源方便的地方，可选择运行可靠的水冷式空气压缩机；而在缺水的山区或高原地区，则应选择风冷式空气压缩机；在建设工地上经常转移的空气压缩机，一般宜选用风冷式的。

（5）空气压缩机排气量的选择。当前，国产空气压缩机的排气量（容量）：L 型活塞式有 3m³/min、6m³/min、10m³/min、20m³/min、40m³/min、60m³/min、100m³/min 等。其他型活塞式有 0.05m³/min、0.1m³/min、0.2m³/min、0.4m³/min、0.5m³/min、0.6m³/min、0.8m³/min、1.0m³/min、1.5m³/min、1.8m³/min、2.0m³/min、2.5m³/min、3.6m³/min、9m³/min；螺杆式的有 3.0m³/min、6.0m³/min、7.0m³/min、9.0m³/min、10m³/min、12m³/min、18m³/min、20m³/min、25m³/min、30m³/min、40m³/min；滑片式的有 10m³/min、12m³/min、20m³/min。选择时可参照各型空气压缩机的技术性能表所列的排气量参数，并应考虑下列因素：

1）选择效率最高的机型。空气压缩机的主要效率指标有等温效率、绝热效率和比功率等，是衡量空气压缩机运行经济性的指标。其中排气量较大的效率也较高。因此，在可能情况下，应优先选择排气量较大的机型。

2）选配小排气量的机组。当施工现场耗气量变化较大时，可适当选配 1～2 台排气量较小机组，以备在用气量较小时使用。并能在大型机组检修时保证风动机械的正常运行。

2. 空气压缩机的安装

（1）空气压缩机的作业区应保持清洁、干燥。贮气罐应放在通风良好处，距贮气罐 15m 以内不可进行焊接或热加工作业。

（2）移动式空气压缩机应将底架垫起，使轮胎离地，并平稳牢固。如采用临时性机棚，内燃机的排气管应接出房外。压缩机的进气管应装于温度较低处，管路应尽量短而

直，长度不应超过 10m，以减少气压损失。

（3）固定式空气压缩机应按使用说明书要求打好混凝土基础。整体安装的空气压缩机，其纵横向对水平面的平行度应不超过其长度的 0.2/1000；动力机和压缩机的轴线要平行。吸气口应置于干燥而阴凉处，并装有空气滤清器，吸气管路的长度不应大于 10m，加接管的管径不可缩小。

（4）空气压缩机的进、排气管较长时，应加以固定，管路不可有急弯；对较长管路应设伸缩变形装置。所有输气管路和贮气罐每三年要作水压试验一次。试验压力应为额定压力的 150%，贮气罐上的压力表和安全阀每年至少要校验一次。

7.2 水 泵

水泵的类型较多，在水工作业中常用的为离心式水泵，按其作用原理可分为单级、多级离心泵、潜水泵、轴流泵、深井泵、泥浆泵、砂石泵等。

7.2.1 水泵的主要性能参数

（1）扬程（H）。扬程是指水泵能够提升水的高度，单位为 m。一般所称的扬程是指水泵的全扬程，在水泵性能表中标示的扬程为水泵实际扬程和损失扬程之和（即全扬程）。实际扬程是指进水面至出水面的垂直高度。损失扬程是指由于水在管道中和泵内受到摩擦阻力而减少水泵应有扬水高度。在管路不长的情况下，可按实际扬程的 15%～30% 估算。

（2）流量（Q 或 G）。流量又称排量或扬水量，是泵在单位时间内排出水的数量，用体积或质量表示。

体积流量用 Q 表示，单位为 m^3/s、m^3/h、L/s 等。

质量流量用 G 表示，单位为 kg/s、kg/h。

（3）转速（n）。转速是指水泵每分钟旋转的转数，单位为 r/min。

（4）功率（P）。功率是指水泵的轴功率，即原动机输出功率，用 P 表示，单位为 kW。

水泵的质量流量和扬程的乘积称为泵的有效功率，用 P_e 表示，单位为 kg·m/s。

（5）效率是指水泵的有效功率和轴功率之比，用 η 表示，$\eta = \dfrac{P_e}{P} \times 100\%$。

（6）允许吸上真空高度（H_s）。它表示水泵吸上扬程的最大值。水泵允许吸上真空度越高，说明水泵的吸上扬程性能越好，它和水泵安装高度相关。

（7）比转数（n_s）。又称比速，其定义是：泵的扬程为 1m，流量为 $0.75m^3/s$ 的转速称为该泵的比转数。比转数越大，水泵的扬程越低而流量越大。反之，比转数越小，则水泵的流量越小而扬程越高。

7.2.2 水泵类型代号表示法

国产水泵有规定的类型代号，例如：单级单吸式离心泵为 BA 型；双吸单级离心泵为 SH 型；单吸多级分段式离心泵为 DA 型；多级开式离心泵为 DK 型；深井泵为 SD 型、JD 型等。其表示法为字母前的数字代表水泵进水口直径的近似值（in），字母后的数字代表叶轮转速比的 1/10。除上述外，IS 型单级离心泵已采用国际标准，其型号表示法如图 7-12 所示。

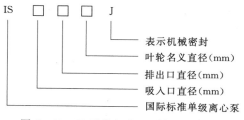

图 7-12 IS 型单级离心泵的型号识别

7.2.3 水泵的技术性能

水泵类型众多，选用时可查专用手册，本书仅列 IS 型单级离心泵及深井泵常用机型的性能，见表 7-4 和表 7-5。

表 7-4 IS 型单级单吸离心泵性能

泵型号	流量 (m³/h)	扬程 (m)	转速 (r/min)	轴功率 (kW)	配套电机功率 (kW)	效率 (%)	气蚀余量 (m)
IS50—32—125	12.5	20	2900	1.13	2.2	60	2.0
	6.3	5	1450	0.15	0.55	54	2.0
IS65—50—125	25	20	2900	1.97	3	69	2.0
	12.5	5	1450	0.27	0.55	64	2.0
IS65—40—200	25	50	2900	5.67	7.5	60	2.0
	12.5	12.5	1450	0.77	1.1	55	2.0
IS80—65—125	50	20	2900	36.3	5.5	75	3.0
	25	5	1450	0.48	0.75	71	2.5
IS100—80—125	100	20	2900	7.00	11	78	4.5
	50	5	1450	0.91	1.5	75	2.5
IS125—100—200	200	50	2900	33.5	45	81	4.5
	100	12.5	1450	4.48	7.5	75	2.5
IS150—125—250	200	20	1450	13.5	18.5	81	3.0
IS200—150—250	400	20	1450	26.5	37	82	

表 7.5 常用深井泵主要技术技能

型 号	轴功率 (kW)	扬程 (m)	流量 (m³/h)	转速 (r/min)	比转数	叶轮直径 (mm)	水泵效率 (%)	水管入井最大长度 (m)	重量 (kg)
4JD10×10	1.41	30	10	2900	250	72	58	28	585
4JD10×20	2.82	60						55.5	900
6JD36×4	5.56	38	36	2900	200	114	67	35.5	1100
6JD36×6	8.35	57						55.5	1650
6JD56×4	7.28	32	56	2900	280	115	68	28	850
6JD56×6	10.78	48						45.5	1455
8JD80×10	12.46	40	80	1460	280	160	70	36	2000
8JD80×15	18.67	60						57	2800

续表

型　号	轴功率 （kW）	扬程 （m）	流量 （m³/h）	转速 （r/min）	比转数	叶轮直径 （mm）	水泵效率 （%）	水管入井 最大长度 （m）	重量 （kg）
SD8×10	5.8	35	35	1460	280	138.9	63		883
SD8×20	10.6	70							1923
SD10×3	7.05	24							991
SD10×5	11.75	40	72	1460		186.8	67		1640
SD10×10	23.5	80							3389
SD12×2	12.7	26		1460					1427
SD12×3	19.1	39							1944
SD12×4	25.5	52	126	1460		228	70		2465
SD12×5	31.8	65							3090

7.2.4　水泵的构造

1. 单级单吸式离心水泵

这类水泵的结构型式较多，是常用的水工机械，现以采用国际标准设计的 IS 型为例，简述其构造。

IS 系列共有 29 个基本型，流量和扬程较宽，标准化程度高，其结构如图 7-13 所示。

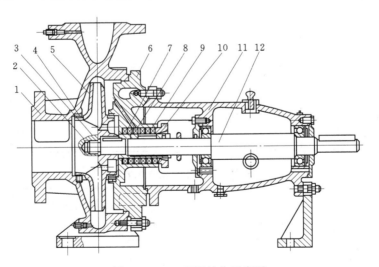

图 7-13　IS 型泵结构示意图

1—泵体；2—叶轮螺母；3—制动垫圈；4—密封环；5—叶轮；6—泵盖；
7—轴套；8—填料环；9—填料；10—填料压盖；11—悬架；12—轴

泵的壳体由泵体和泵盖组成，构成泵的工作室；叶轮、轴和滚动轴承等组成泵的转子；悬架轴承部件支承着泵的转子部件，滚动轴承承受着泵的径向力和轴向力。

为了平衡泵的轴向力，叶轮前后均设有密封环，并在叶轮后盖板上设有平衡孔。为避免轴磨损，在轴通过填料腔的部位装有轴套保护，轴套和轴之间装有"O"形密封圈，以防沿着配合表面进气或漏水。

泵的传动方式是通过加长弹性联轴器连接。泵的旋转方向从驱动端看，为顺时针方向。

2. 多级分段式离心水泵

多级分段式离心水泵是为了提高泵的扬程，将几个叶轮装在一根轴上串联起来进行工作，并可根据使用需要增加泵的级数，使扬程随级数成正比增加，而相对应的流量则不变。在水工作业中需要高扬程时选用。图 7-14 为 D 型多级分段式离心水泵构造简图。

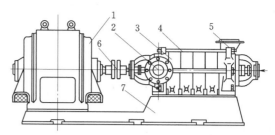

图 7-14 D 型多级分段式离心水泵构造简图
1—电动机；2—吸入口；3—泵体；4—连接螺栓；
5—排出口；6—联轴器；7—底座

该泵定子部分由前段、后段、中段、导叶、尾盖及轴承体等零件用螺栓连接而成。吸入口为水平方向，排出口为垂直向上方向。转子部分主要由装在轴上的若干叶轮（根据所需扬程而定）和一个用来承受轴力的平衡盘所组成。整个转子部分支承在轴两端的滚柱轴承上。

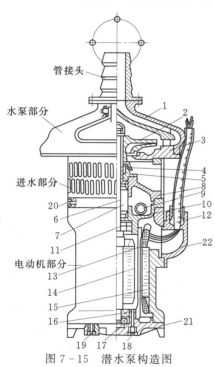

图 7-15 潜水泵构造图
1—上泵盖；2—叶轮；3—下泵盖；4—甩水器；
5—导轴承；6—轴；7—整体式密封盒；8—进水节；9—扩张件；10—电动机上端盖；11—滚动轴承；12—电缆；13—屏蔽套筒；14—电动机转子；15—电动机定子；16—滚动轴承；17—推力轴承；18—放水孔；19—放气孔；20—放油孔；21—电动机下端盖；22—接线盒

前段、后段、中段之间的静止结合面用纸垫密封，泵的各级间转动部分密封则靠叶轮前密封环和导翼套及前段、中段和导翼间的小间隙来达到。为防止水进入轴承，装有"O"形密封圈及挡水圈。泵的两端以软垫料密封，用以防止空气进入和水渗出。

3. 潜水泵

潜水泵是将泵和电动机制成一体潜入水中进行输送和提升的水泵。有井用和作业面用两种，后者适用于移动和起动频繁的野外地区，是水下施工常用的水泵。

作业面潜水泵主要由电泵部分、潜水电动机和密封部分组成，如图 7-15 所示。

水泵部分为立式单级泵，位于电动机上部。泵体内为导流壳结构，从叶轮来的水经导水叶片流道后集中向排出口排出。泵和电动机之间有充油室，其中装有轴封装置，以防止水进入充油室和充油室中的油进入电动机。

4. 轴流泵

轴流泵的特点是流量大、扬程低，被输送液体是沿轴向流动的。由于轴流泵安装的角度可以改变，因而运转范围较宽，使用效率较高，适用于基坑挖掘中大面积渗水的排除作业。基础施工使用的轴流泵多为立式，主要由泵体、叶轮、导叶装置和进出口管等组成，泵体呈圆筒形，叶轮固定在泵轴上，由 2～6 片弯曲叶片组成。进口管为喇叭形，出口管常为 60°或 90°弯管，以改变水流方向。

轴流泵比转数较高，一般在 500～1000 之间，扬程最大不超过 25m 水柱，而流量可达 515～31500m³/h，常用于水工作业中低扬程大流量排水。

5. 泥浆泵

泥浆泵专供输送含有固体悬浮颗粒的液体（如泥土、砂砾、灰渣等），其最大浓度为 50%～60%，允许通过最大粒径一般应小于 3mm，适用于灌注桩钻孔中泥浆循环以及水工作业中排除含有泥砂杂质的水，这是一般离心泵难以承担的。

水工中使用的泥浆泵都是卧式、单级、单吸、悬臂式结构，如图 7－16 所示。

泥浆泵的过流零件使用合金耐磨材料制造，叶轮勾开式，用螺纹或键连接在轴端，叶轮和护套之间的间隙通过轴上的螺母进行调整；轴承直接安装于轴承箱内，采用填料轴封结构，根据配置需要，泵的出口轴线可由垂直向上变换为水平方位。

从泵的传动方向看，为逆时针方向旋转，叶轮为螺纹连接时，切不可反向旋转，防止叶轮从泵上脱落。

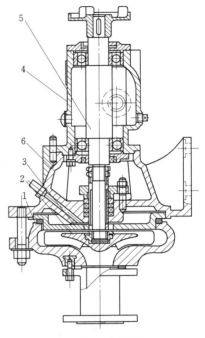

图 7－16　泥浆泵构造
1—泵体；2—叶轮；3—护板；4—轴承箱；5—轴；6—轴封体

7.2.5　水泵的选择

1. 水泵选用原则

（1）所选水泵应能满足施工所需的扬程和流量以保证施工需要。

（2）水泵正常运转的工况点应尽可能接近最佳工况点，并能长期在高效区内运行，以提高运行的经济性。

（3）选用结构简单、体积小、效率高（如转速高、比转数高、流量大），以及运行安全可靠，并有特殊性能的水泵。

2. 水泵规格的选择

根据施工需要计算出扬程和流量，从技术性能表中查找满足需要的机型。务必使计算扬程处于所选水泵的合理扬程范围内，或在水泵铭牌扬程的 90%～110% 范围内（临时给排水允许扩大到 80%～120%）。在满足扬程和流量的前提下，应尽量选择容量较小、效率较高、结构和质量较小、比转数较大的机型，同时还应考虑吸水高度，电源容量，以及现有水泵和管道等具体情况。

3. 水泵联合运行的选择

当给、排水系统需要较高的扬程或较大的流量，而现有水泵中单机又不能满足需要时，可选择水泵联合运行。水泵联合运行可分为串联和并联 2 种方式。

（1）水泵串联。即几台型号相同或流量相近的水泵首尾相连，后一台泵的出水管和前一台泵的进口管相连，其目的是增加扬程。容量不同的水泵串联时，大泵必须放置在后一级向小泵供水，如果将小泵放在后一级，则大泵会产生气蚀。

（2）水泵并联。将 2 台或 2 台以上的水泵连接到一个共同出水管上的做法称为水泵并联，其目的是增加流量，节省管路。并联水泵的扬程应相等，否则扬程低的水泵不能发挥作用，甚至产生水倒流现象（流向低扬程水泵），使低扬程水泵失去工作能力，起不到并联的作用。

7.2.6 水泵的使用

1. 水泵的安装

（1）水泵安装地点必须满足吸程要求，尽量选择在水源较深、易于架设管道以及不受洪水威胁的地方。

（2）水泵的安装必须严格按照规定的安装尺寸进行。底座应找平，固定应可靠。水泵轴和电动机轴的同轴度应符合安装技术要求，一般按检查联轴器外圆上下、左右的差别不得超过 0.1mm，端面间隙在一周上最大和最小间隙差不超过 0.2～0.3mm。

（3）水泵的安装高度、管路长度、直径、流速等值符合计算要求，力求减少不必要的损失。长距离输送时应采用较大管径，且不允许将管路重力加在泵上；排出管的单向阀应装在节流阀的外面。

（4）管道的安装应注意的问题：

1）管道要平直，弯头要少，尽量不使用锐角弯头，以减少局部阻力损失。

2）管道的布置应便于运输、安装、维护和拆卸作业，并尽可能避开水淹、污染、腐蚀、爆炸等区域，必须通过时应采取防护措施。

3）连接水泵的管道应具有独立和牢固的支承，达到消减管道振动，并防止管道重量压在水泵上。

4）吸水管道不应有窝存气体的地方，当水泵安装位置高于吸入水面时，吸入管道的任何部分都不应高于泵的入口；水平直管段应向水泵方向有 5/1000 以上的上升坡度；弯头应向垂直方向安装，不可水平转弯，以免聚集空气。

5）水泵进水口应避免和弯头直接相连，防止水流经弯头进入叶轮时分布不均而影响效率。

6）全部管路安装应严密不漏，接头要对正，内壁要顺直，尽量减少水力损失。

（5）其他注意事项：

1）深井泵安装时，其螺纹的各配合面应保持清洁，涂上润滑脂；扬水管止口应和传动轴同心，若偏斜值超过 20mm 时，应重新调整。

2）潜水泵的管路上必须安装节流阀及压力表，根据压力表指示的出水压力，用节流阀来控制流量。潜水泵入水时，应用绳索拴住泵的耳环，切不可使电缆受力，电缆应和水泵平行，并在每节输水管上用耐水绳索系牢。安装完毕后应再次检查绝缘电阻不低于 50MΩ 和三相导通情况，并检查起动保护设备的可靠性。

3）泥浆泵、灰渣泵等用以输送泥砂等固体悬浮物的液体，容易填塞，不宜采用底阀，一般灌注使用（即泵的中心应低于被输送液体的水平面）。同时，进浆管不应有急弯，尽可能向下倾斜，便于排气。

2. 水泵使用注意事项

（1）水泵投入正常运行前，应先进行试运转，待工作状态符合使用要求后，才能投入使用。水泵的试运转和正常运行一样，事先要做好使用前的准备工作，严格执行安全操作规程。

（2）离心泵起动前应对泵和抽水装置作全面检查，安装应牢固可靠，接地装置应保持良好；泵的旋转方向应正确，然后关闭出水管路的节流阀，加足引水，接通电源。

（3）当泵达到额定转速后，旋开真空表和压力表的阀门，检视指针位置应正常，方可逐渐旋开出水管路上的节流阀，并调节到需要的工况。在出水管节流阀关闭的情况下，泵连续运转时间不能超过 5min。

（4）水泵运行过程中，要注意轴承温度不能过高，轴承托架中的油位应保持在标尺刻度之间；如发现漏水或出水不正常，有异响或电动机温升超过规定等现象，应立即停机检修，排除故障后再使用。

（5）水泵用作基坑排水时，应注意水位变化情况，当水面降到最低水位时，应及时停泵，以防吸入污泥、杂质等。

（6）停泵时，应先关闭压力表，再逐渐关闭出水管上的节流阀，使电动机处于轻载状态，然后关闭真空表，最后停止电动机转动，放净泵及水管内的存水，吸水管也要从水中提出。

（7）水泵用于基坑开挖排水施工时，为保证正常挖掘，确保基坑疏干，保证混凝土浇筑按时进行，必要时应采用备用泵措施，以防水泵故障而影响整个施工。

（8）深井泵用于含有泥砂的深井时，要增加叶轮轴向间隙。停车后应等待 5min 后才能再次起动，对无底阀的深井泵，在停车 1h 后再次起动时，应对轴承衬套进行预润。

（9）潜水泵严禁无过电流保护运行。起动时必须先关闭节流阀，以防起动电流过大烧坏电动机。起动后要缓慢开启节流阀。停机时先关节流阀后再停机，以防回水砸坏电动机。停机后第二次起动要间隔 5min 以后进行，以防功率增大和回流使管内发生水锤而造成事故。

（10）泥浆泵内泥浆含砂量不宜超过 10%。停泵应在空载时进行。停泵时间较长时，应全部打开放水孔，并松开缸盖，提起底阀放水杆，放尽泵体及管道中全部泥砂，长期停用时应清洗各部分泥砂、油垢，将曲轴箱内润滑油放尽，并采取防锈、防腐措施。

7.3 通 风 机

7.3.1 通风机及其分类

通风机是用来输送气体的机械。有许多机械可以用来输送气体，例如通风机、鼓风机及压气机等，通风机只是其中的一种。我们把通风机、鼓风机及压气机等这类气体输送机械统称为风机。从能量的观点看，风机是传递和转换能量的机械，从外部输入的机械能，在风机中传递给气体，转化为气体的压力能，以克服流动阻力。

风机按工作原理可分为叶片式风机和容积式风机。叶片式风机又称为透平式风机，它具有与轴一起回转的转子，而在转子上又有用来对气体做功的叶片。当原动机带动具有叶片的转子回转时，原动机所输出的机械能通过叶片传递给气体，气体从中获得能量。叶片式风机主要包括离心式风机、轴流式风机、混流式风机和横流式风机等。容积式风机则是利用风机内的容积变化来对气体做功，它主要包括往复式风机和罗茨风机、螺杆风机、叶式风机和滑片式风机等回转式风机。

风机可按所产生的风压高低分类，在标准进气状态下，风机的全压小于15kPa的称为通风机；风机的出口表压力在1.5kPa～0.2MPa之间的称为鼓风机；而风机的出口表压力大于0.2MPa的为压缩机。通风机又可按所产生的风压大小分为：

（1）低压离心通风机。在标准进气状态下，通风机的全压小于1kPa的离心通风机。

（2）中压离心通风机。在标准进气状态下，通风机的全压为1～3kPa的离心通风机。

（3）高压离心通风机。在标准进气状态下，通风机的全压为3～15kPa的离心通风机。

（4）低压轴流通风机。在标准进气状态下，通风机的全压小于0.5kPa的轴流通风机。

（5）高压轴流通风机。在标准进气状态下，通风机的全压为0.5～15kPa的轴流通风机。

通风机按气流在风机叶轮中的运动方向分为：

（1）轴流式通风机。在轴向剖面上，气流在叶轮流道中沿大致平行于通风机旋转轴的方向流动。

（2）离心式通风机。在轴向剖面上，气流在叶轮流道中沿大致垂直于通风机旋转轴的方向流动，也称为径流式通风机。

（3）混流式通风机。它的情况介于前两者之间，其气体流动方向与通风机旋转轴成某一角度，也称斜流式通风机。

通风机也可按其使用用途分类，例如引风机、纺织风机、烧结风机、消防排烟风机、排尘风机等。

根据通风机叶轮数目的不同，通风机又可分为单级（一个叶轮）及多级的（在同一转轴上串联多个叶轮）。离心通风机多为单级的，而轴流通风机可为1～4级。

根据叶轮进气口数目的不同，通风机可为单吸入或双吸入通风机。轴流通风机均为单吸的，而离心通风机可为单吸或双吸的。

从通风机的发展历史上来看，轴流通风机比离心通风机发展得要晚些，但在19世纪末也已应用于工业。随着航空事业的发展，对机翼理论进行了大量的研究与试验工作，其研究成果也大大地推动了轴流通风机设计的发展。例如，在英国根据孤立翼理论所设计的第一台现代新型的轴流通风机于1935年安装在斯坦德沃露·派克矿。在前苏联，K.A.乌沙可夫于1935年根据孤立翼理论研究出轴流通风机空气动力计算方法，并根据这种方法设计了新型的轴流通风机。

7.3.2 轴流式通风机的命名、型号与规格

轴流通风机的名称包括通风机的用途、作用原理和在管网中的作用等，可按照通风机产品型号的编制方法命名。

轴流通风机的型号由型式和规格组成。型式又由通风机叶轮数代号、用途代号、叶轮轮毂比、转子位置代号和通风机设计顺序号组成，见表7-6、表7-7。轴流通风机的名称、型号表示举例见表7-8。

表 7 - 6　　　　　　　　　　　　　　　　　轴流通风机的型号组成

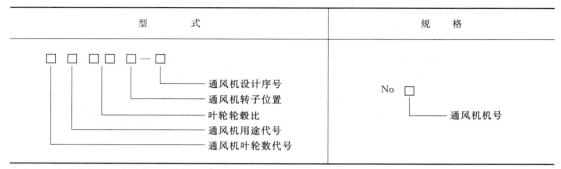

注　1. 叶轮数代号，单叶轮可不表示，双叶轮用"2"表示。
　　2. 通风机用途代号，可按表 7-7 的规定表示。
　　3. 叶轮轮毂比为叶轮轮毂的外径与叶轮外径的百分比，取 2 位整数。
　　4. 转子位置代号，卧式用"A"表示（可省略），立式用"B"表示。
　　5. 设计序号用阿拉伯数字"1、2、…"表示，供对该型产品有重大修改时用。若性能参数、外形尺寸、易损件
　　　 没有改动时，不要使用设计序号。若产品的型式中产生有重复代号或派生型时，则在设计序号前加注序号，
　　　 采用罗马数字 Ⅰ、Ⅱ 等表示。
　　6. 机号用叶轮外径的分米（dm）数表示。

表 7 - 7　　　　　　　　　　　　　　　　　通风机产品一般用途代号

序号	用　途　类　别	代号 汉字	代号 缩写	序号	用　途　类　别	代号 汉字	代号 缩写
1	工业冷却水通风	冷却	L	21	烧结炉排送烟气	烧结	SJ
2	微型电动吹风	电动	DD	22	一般通用空气输送	通用	T（省略）
3	一般通用通风换气	通用	T（省略）	23	空气动力	动力	DL
4	防爆气体通风换气	防爆	B	24	高炉鼓风	高炉	GL
5	防腐气体通风换气	防腐	F	25	转炉鼓风	转炉	ZL
6	船舶用通风换气	船通	CT	26	柴油机增压	增压	ZY
7	纺织工业通风换气	纺织	FZ	27	煤气输送	煤气	MQ
8	矿井主体通风	矿井	K	28	化工气体输送	化气	HQ
9	矿井局部通风	矿局	KJ	29	石油炼厂气体输送	油气	YQ
10	隧道通风换气	隧道	SD	30	天然气输送	天然气	TQ
11	锅炉通风	锅通	G	31	降温凉风用	凉风	LF
12	锅炉引风	锅引	Y	32	冷冻用	冷冻	LD
13	船舶锅炉通风	船锅	CG	33	空气调节用	空调	KT
14	船舶锅炉引风	船引	CY	34	电影机械冷却烘干	影机	YJ
15	工业炉用通风	工业	GY	35	陶瓷材料	陶瓷	TC
16	排尘通风	排尘	C	36	玻璃钢	玻璃钢	BLG
17	煤粉吹风	煤粉	M	37	塑料	塑料	SL
18	谷物粉末输送	粉末	FM	38	橡胶衬里	橡胶	XI
19	热风吹吸	热风	R	39	电站锅炉冷、热一次 风机	冷	LY
20	高温气体输送	高温	W			热	RY

注　若用途代号不够表达时，允许增添代号，但不得有重复代号出现。

表 7 - 8　　　　　　　　　　　　轴流通风机命名表示举例

序号	名　称	型号 型式	型号 规格	说　明
1	矿井轴流引风机	K70	No. 18	矿井主通风机引风用，轮毂比为 0.7，机号为 18，即叶轮直径为 1800mm
2	矿井轴流引风机	2K70	No. 18	两级叶轮结构，其他参数同第 1 条
3	矿井轴流引风机	2K70 I	No. 18	该型产品的派生型（如有反风装置），用 I 代号区分，其他参数同第 2 条
4	矿井轴流引风机	2K70—1	No. 18	对原 2K70 型产品有重大修改，为便于区别，用 "—1" 设计序号表示，其他参数同第 2 条
5	（通用）轴流通风机	T30	No. 8	一般通风换气用，轮毂比为 0.3，机号为 8，即叶轮直径为 800mm
6	（通用）轴流通风机	T30B	No. 8	该产品转子为立式结构，其他参数与第 5 条相同
7	化工气体排送轴流通风机	HQ30	No. 8	该型产品用在化工气体排送，其他参数与第 5 条相同
8	冷却轴流通风机	L30B	No. 80	工业用水冷却用，轮毂比为 0.3，转子为立式结构，机号为 80，即叶轮直径为 8000mm

7.3.3　轴流通风机的结构

7.3.3.1　轴流通风机的一般结构

轴流通风机一般由叶轮、机壳、集流器、流线罩、导叶、扩散器等部分组成。

1. 叶轮

叶轮的作用是将原动机的机械能传递给所输送的气体，是通风机的关键部件，叶轮主要由叶片和轮毂组成，叶片截面可能是机翼型，也有单板的。

2. 机壳

与轮毂形成气体的流动通道，提供电动机（传动机构）的安装部件、与基础的连接部件、与管道的连接法兰等部件。

3. 集流器与流线罩

集流器与流线罩组合形成一个渐缩的光滑通道，有利于气流顺畅地进入轮毂与机壳风筒之间，减少气流进口损失。

4. 导叶

导叶可分前导叶与后导叶，前导叶在叶轮前使气流产生旋绕，可以改变气流进入叶片的入口气流角，从而改变叶轮的气动性能；后导叶将叶轮后气流旋绕产生的部分动能转变为压力升高。

5. 扩散器

扩散器可将气流的部分动能转化为提高通风机的静压，从而也提高风机的静压效率。

7.3.3.2　典型轴流通风机的结构

1. GD30K2 型轴流通风机

GD30K2 型轴流通风机可作为管道的一部分连接于管道中间，适用于化工、造纸及其他工厂输送 60℃ 以下的空气和各种对电动机有害的气体。

该型风机的叶片数有 4 片、6 片 2 种，叶片安装角有 15°、20°、25°、30°4 种。

该型风机的电动机安装在风筒上部，有可调的电动机座板支承电动机，并能调节中心距以张紧 V 带。轴承箱固定在风筒中央，由密封的防护筒将传动部分与风筒内的流动介质隔离。该型风机结构如图 7-17 所示。

该型风机一般采用钢材焊接制成，如果输送含有腐蚀性、易燃性气体时可单独提出。

2. 消防排烟轴流风机

消防排烟风机的作用是在建筑物发生火灾事故时排出有害的高温气体，为人员安全疏散提供时间和安全通道。现在的国家标准规定：消防排烟风机应能在 280℃下连续运转 30min。

一般的消防排烟风机，其电动机要求比普通电动机有较高的耐温升性能。结构上，在电动机外有一内筒将气流与电动机隔离开来，内筒与机壳风筒之间由导叶连接，如图 7-18 所示。风机运转时，电动机尾部的冷却叶轮从机壳外吸入冷空气冷却电动机。

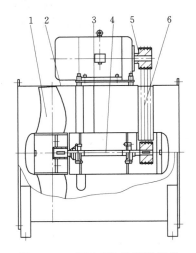

图 7-17　GD30K2 轴流通风机

1—叶轮；2—机壳；3—防护筒；4—传动部
（轴承座、轴）；5—带轮；6—V 带

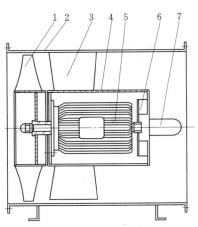

图 7-18　消防排烟轴流风机

1—叶轮；2—机壳；3—导叶；4—内筒；
5—电动机；6—冷却叶轮；7—冷却风管

3. 地铁风机

地铁系统使用的风机中较有特色的主要有两大类，分别加以介绍。

（1）单向运转风机。这类风机主要用于向地铁车站输送新鲜空气和排出机车散发出的热量，在发生火灾事故时又要具有消防排烟风机的功能。

由于风机安装位置的关系，在发生火灾事故时，不能像普通的消防排烟风机那样从机壳旁吸入冷空气冷却电动机，因而地铁风机使用的电动机必须能在带负荷工况下高温（一般要求 280℃）连续运行 30min。电动机与输送的气体介质是相接触的，其结构如图 7-19 所示。

（2）双向运转风机。双向运转风机在正常工况下向地铁系统输送新鲜空气、排出废气和热量，在事故工况下可以快速改变旋转方向，以便地铁通风系统组织气流排出事故区段的高温有害烟气，并向乘客输送新鲜空气，引导乘客疏散。

这类风机的叶片结构要求正反转气动性能基本相同，并且要有较高的强度以适应快速逆转的需要。由于此类风机的安装位置受限制，风机运行中会受到地铁列车运行带来的活塞风影响，因而要求风机配备防喘振装置。其结构如图7-20所示。

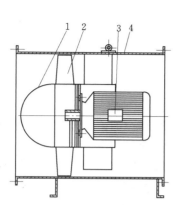

图7-19 单向运转地铁轴流风机

1—流线罩；2—叶轮；
3—电动机；4—机壳

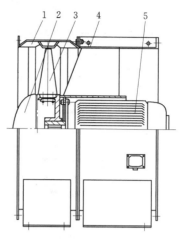

图7-20 可逆转地铁轴流风机

1—防喘振装置；2—线流罩；3—叶轮；
4—机壳；5—电动机

4．FZ_{35}^{40}系列纺织轴流风机

FZ_{35}^{40}系列纺织轴流风机主要用于纺织厂空调室，亦可用于其他无腐蚀性气体的通风换气场合。该系列风机部分机号有叶片数的不同变化。传动方式有直联传动和带传动。

本系列风机最初的结构有调节门、集流器、叶轮、扩散器等部件，经过多年的改进，现在的结构一般包括集流器、叶轮、机壳几部分（扩散器作为可选部件），比原结构缩小，更能适应纺织厂空调室的需要。图7-21所示为A式传动的结构示意图。

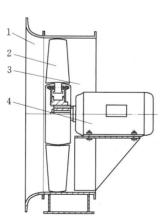

图7-21 FZ_{35}^{40}纺织轴流风机

1—集流器；2—叶轮；3—机壳；
4—电动机

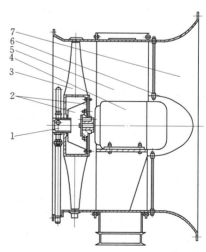

图7-22 PWF_{35}^{40}喷雾轴流风机

1—进水部件；2—雾化部件；3—叶轮；4—电动机；
5—机壳；6—流线罩；7—集流器

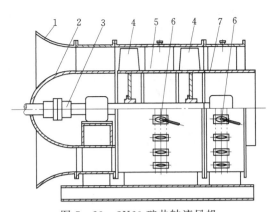

图 7 - 23 2K60 矿井轴流风机

1—集流器；2—流线罩；3—传动部；4—动叶轮；

5—中导叶；6—导叶调角机构；7—后导叶

5. PWF$_{35}^{40}$ 喷雾轴流风机

PWF$_{35}^{40}$ 喷雾轴流风机如图 7 - 22 所示，主要用于纺织厂空调室，也可用于其他空调场合的加湿送风。该系列风机利用叶轮进风端的负压以及叶轮离心力的作用，将水雾化与输送的空气混合，从而达到降温加湿的目的。

6. 2K60 矿井轴流通风机

2K60 矿井轴流风机有 2 级叶轮，如图 7 - 23 所示。轮毂比为 0.6，叶片为机翼型扭曲叶片，叶片安装角可调；两级叶轮中间有中导叶，第二级叶轮后有后导叶；叶轮通过传动轴用联轴器与电动机相连。

这类风机的一个特点是可以通过改变中后导叶安装实现反转反风。

7. L30Ⅱ—1 冷却塔轴流风机

L30Ⅱ—1 冷却塔轴流通风机的主要特点是叶片采用玻璃钢制造，风机露天安装，电动机须做一个保护罩。叶片通过安装压盘用螺栓与叶轮本体相连接，松开螺栓可调整叶片安装角。叶轮采用齿轮变速箱、传动轴与电动机相连，如图 7 - 24 所示。

7.3.4 轴流通风机的使用

1. 轴流通风机的选型

轴流通风机的选型，是指用户根据使用要求，在通风机生产厂家已有的通风机系列产品中选择适合使用要求的轴流通风机。

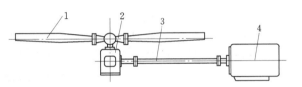

图 7 - 24 冷却塔轴流风机

1—叶轮；2—变速箱；3—传动轴；4—电动机

在轴流通风机的选型前，用户应根据自己的工艺条件和使用要求，正确地确定所需的流量和压力，并依据这些参数选择通风机。此外，还应注意根据通风机输送气体的物理、化学性质的不同，如输送有易爆和易燃气体、输送煤粉和含尘气体、输送有腐蚀性气体，以及输送高温气体来选择不同用途的通风机。对有消声要求的通风系统，应首先选择效率高、叶轮圆周速度低的轴流通风机；还应根据通风系统产生的噪声和振动的传播方式，采取相应的消声和减振措施。通风机和电动机一般可采用减振器等基础减振。

通风机的传动方式可分为电动机直联、带轮、联轴器传动等，轴流通风机与传动装置的连接及结构型式如图 7 - 25 所示。

在轴流通风机选型时，用户可按照上述的通风机选型原则，根据通风机生产厂家的轴流通风机性能表进行选择。但应注意的是，性能表中所列通风机性能参数均指通风机在标准进气状态下的性能。标准进气状态是指通风机进口处的空气压力为 101325Pa，温度为 20℃，相对湿度为 50%，空气密度为 1.2kg/m³。如用户的使用条件为非标准状态时，可采用相似原理进行通风机性能的相似换算，然后按换算后的性能参数进行选择。

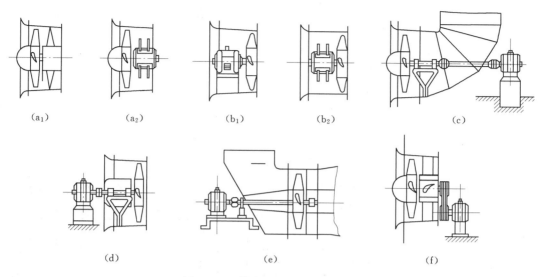

图 7-25 轴流通风机的传动方式

当介质的密度 ρ、转速 n 改变时，轴流通风机性能参数相似换算公式可按式（7-1）计算：

$$\left.\begin{array}{l} q_v = q_{v0}\dfrac{n}{n_0} \\[2mm] p_{tF} = p_{tF0}\dfrac{\rho}{\rho_0}\left(\dfrac{n}{n_0}\right)^2 \\[2mm] p = p_0\dfrac{\rho}{\rho_0}\left(\dfrac{n}{n_0}\right)^3 \\[2mm] \eta = \eta_0 \end{array}\right\} \qquad (7-1)$$

当通风机进口为非标准状态时，即大气压力为 P_a（Pa）、温度为 t（℃）时，轴流通风机性能参数相似换算公式为：

$$\left.\begin{array}{l} q = q_v \\[2mm] p_{tF} = p_{tF0}\dfrac{p_a}{101325}\times\dfrac{293}{273+t} \\[2mm] P = P_0\dfrac{p_a}{101325}\times\dfrac{293}{273+t} \\[2mm] \eta = \eta_0 \end{array}\right\} \qquad (7-2)$$

式中　q_{v0}、p_{tF0}、P_0、η_0、n_0、ρ_0——标准状态或性能表中的流量、全压、功率、效率、转速、空气密度（$\rho_0 = 1.2\text{kg/m}^3$）；

q_v、p_{tF}、P、η、n、ρ_0、p_a、t——用户使用条件下的流量、全压、功率、效率、转速、密度、大气压力、大气温度。

本书将给出几种典型轴流通风机的性能表 7-9，可供使用者选择参考。

表 7 - 9　　　　　　　　　　　　　　　轴流通风机性能表

机型	叶轮直径 (mm)	转速 (r/min)	叶片角度 (°)	风量 (m³/h)	全压 (Pa)	全压效率 (%)	需用功率 (kW)	配用电动机	
								型　号	功率 (kW)
T35—11 机号 3.15	315	2900	15	1944	170.1	67	0.137	YSF—6312	0.18
			20	2681	186.6	71	0.196	YSF—6322	0.25
			25	3418	189.2	72	0.25	YSF—6332	0.37
			30	3753	217.7	71	0.32	YSF—7122	0.55
			35	4155	247	67	0.425	YSF—7122	0.55
		1450	15	972	42.5	67	0.017	YSF—5014	0.025
			20	1340	46.6	71	0.024	YSF—5024	0.04
			25	1709	47.2	72	0.031	YSF—5024	0.04
			30	1877	54.9	71	0.04	YSF—5614	0.06
			35	2078	61.7	67	0.053	YSF—5624	0.09
		2900	15	1750	162	67	0.117	YBF—6312	0.18
			20	2413	177	71	0.167	YBF—6322	0.25
			25	3076	180	72	0.213	YBF—6332	0.37
			30	3378	207	71	0.273	YBF—6332	0.37
			35	3739	235	67	0.364	YBF—7122	0.55
		1450	15	875	40	67	0.015	YBF—6314	0.12
			20	1206	44	71	0.021	YBF—6314	0.12
			25	1538	45	72	0.027	YBF—6314	0.12
			30	1689	52	71	0.035	YBF—6314	0.12
			35	1870	59	67	0.045	YBF—6314	0.12

2. 轴流通风机的安装

轴流通风机安装前应仔细阅读产品说明书，按装箱单清点通风机各部件是否齐全，其附件、配件、零件的规格及数量，检查叶轮、机壳是否有损伤，各部件连接是否牢固，叶轮转动是否灵活等。

轴流通风机生产厂家应向用户提供涉及通风机安装要求的详尽资料，如通风机的静、动载荷及作用点；对通风机基础的振幅与频率的要求；整件组装运输时通风机的估算重量；散件运输的近似重量和较大部件的外形尺寸及重量；现场部件安装要求，如螺栓连接或焊接；安装或装配详图、焊接规范、要求现场工作的范围；安装间隙、运行和维修手册；仪表、表盘、管道系统及辅助设备清单等。

轴流通风机的基础应具有足够的强度、稳定性和耐久性。电动机与通风机最好安装在同一底座或基础上，以免因不同底座或基础的变形差异导致的轴的不同心。基础的振动应满足：基础装置的自振频率不大于电动机和通风机转速的 0.3 倍；通风机运行时的振动速度与静止时的振动速度之差须大于 3 倍以上。为减小通风机基础的振动影响，在通风机与基础之间可增设减振器。通风机和电动机的支座边缘到基础侧面的距离一般不小于100mm。基础图样上应标明二次浇灌的找平层或灌浆层的位置和尺寸，其厚度不小于25mm。基础的高度应满足构造要求，即保证地脚螺栓埋设件底部有足够混凝土保护层。基础应按照构造要求配置钢筋。

安装时，可将通风机底座放到基础上，在基础表面和底座表面之间插上垫铁，通过调整垫铁的厚度，使安装的设备达到设计水平度和标高。注意垫铁要放置在地脚螺栓的两侧，设备调整好水平和方位，再将每组垫铁焊接固定好。在调整水平过程中应结合地脚螺栓同时进行。电动机与通风机的同轴度允许偏差：径向位移应不大于0.05mm，轴线倾斜度应不大于0.2/1000。安装时要保证轴流通风机叶轮与导叶的轴向间隙小于叶轮直径的1%，以及保证叶轮和机壳的径向间隙均匀，且径向单侧间隙应在叶轮直径的0.15%～0.35%范围内。对于动叶可调轴流通风机，安装时要注意检查叶片根部是否有损伤，叶轮螺母是否松动，可调叶片的安装角度是否符合要求。

7.4 柴 油 发 电 机 组

柴油发电机组是以柴油机为动力，驱动三相交流同步发电机的电源设备，具有工作可靠、性能稳定、起动迅速并能很快达到全功率以及对自然环境适应性强等特点，是建筑施工中必备的动力装置。当施工现场无电源或电源不足时，可选用柴油发电机组自建发电系统供电；并可作为应急电站，在工程的常用电源因故障断电后，能迅速紧急起动运行，保证工程负荷的连续供电；并可作为大型施工机械的专用电源，保证这类机械的正常运转。

7.4.1 柴油发电机组的特点

柴油发电机组是以柴油机为动力的发电设备，它和蒸汽轮、水轮、燃气涡轮等发电机组相比较，具有以下特点：

（1）单机容量等级多。目前国产柴油发电机组的单机容量从几千瓦到几千千瓦。可选择的容量范围极大，还可采用多台机组并网供电，装机容量根据实际需要灵活配置。

（2）配套设备结构紧凑、安装方便。柴油发电机组的配套设备简单，辅助设备少，体积小，重量轻，安装时占地面积小，转移方便。移动式发电机组更为灵活、方便。

（3）热效率高，燃油消耗低。柴油机的有效热效率为30%～46%，高于高压蒸气轮机和燃气轮机，因此其燃油消耗较低。

（4）起动迅速，并能很快达到全功率。柴油机起动一般只需几秒钟，在应急状态下可在1min内带到全负荷；在正常工作状态下约在5～30min内带到全负荷，比其他动力装置要快得多。柴油机的停机过程也很短，可以频繁起动。

（5）装有调速装置。为保证发电机组输出电压频率的稳定性，一般都装有高性能的调速装置。对于并联运行和并入电网的机组则装有转速微调装置。

（6）操作、维护简单所需操作人员少，在备用期间的维护容易。功能较完备的自动化机组具有自起动、自动加载、故障自动报警和自动保护功能。发电机组可全自动化运行，不需要操作人员，能实现无人守值。

7.4.2 柴油发电机组的分类

柴油发电机组的分类主要有以下几种：

（1）按照使用条件可分为陆用（固定式和移动式）、船用、挂车式和汽车式 4 种，其中陆用机组又可分为普通型、自动化型、低噪声及低噪声自动化型等 4 种。

（2）按照用途可分为应急、备用和常用发电机组 3 种。

（3）按照发电机的输出电压频率可分为交流发电机组（中频：400Hz，工频：50Hz）和直流发电机组，当电压频率为 50Hz 时，中、小型发电机的标定电压一般为 400V，大型发电机的标定电压一般为 6.3～10.5kV。

（4）柴油发电机通常采用交流同步发电机，按照同步发电机励磁方式可分为旋转交流励磁机励磁系统和静止励磁机励磁系统 2 类，其中旋转交流励磁机励磁系统又可分为交流励磁机静止整流器励磁系统和无刷励磁系统。静止励磁机励磁系统又可分为电压源静止励磁机励磁系统、交流侧串联复合电压源静止励磁机励磁系统和谐波辅助绕组励磁系统。

此外，还有按照发电机组控制和操作方式分类的普通机组、自动化机组、无人值守机组等。

7.4.3 柴油发电机组的型号编制方法

根据国标 GB/T 2819—1995《移动电站通用技术条件》的规定。柴油发电机组的型号组成形式、含义及表示方法如下：

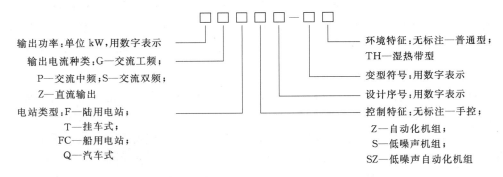

图 7-26　柴油发电机组的型号组成形式、含义及表示方法

例如：300GF18 表示额定功率 300kW、交流工频、陆用、设计序号为 18 的普通型柴油发电机组。

7.4.4 柴油发电机组的构造

柴油发电机组是由柴油机、三相交流同步发电机、励磁调节系统及控制屏等部分组成。柴油机是发电机的动力部分，通过柴油机飞轮壳和发电机前端盖轴向采用凸肩定位直接连接构成一体，并采用圆柱形的弹性联轴器由飞轮直接驱动发电机旋转，并保证柴油机的曲轴和发电机转子的同心度在规定的范围内。有关柴油机的类型、构造、使用和维护见第 1 章相关内容。

1. 交流同步发电机的构造原理

如图 7-27 所示，三相同步发电机的定子是电枢，转子是磁极，当转子励磁绕组通入直流电流后，即建立恒定的磁场。转子转动时，定子导体由于和此磁场有相对运动而感应交流电势，此电势频率 f（Hz）为：

$$f = \frac{P_n}{60}$$

可见，当电机的极对数（P）、转速（n）一定时，发电机的交流电势的频率 f 是一定的。因此，同步发电机具有转子转速和交流电频率之间保持严格不变的关系的特点。

在恒定频率下，转子转速恒定和负载大小无关。这是同步电机和异步电机的基本区别之一。

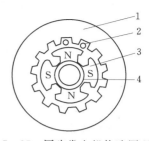

图 7 - 27 同步发电机构造原理图
1—定子铁芯；2—定子绕组的导体；
3—磁极；4—集电环

2. 交流同步发电机的基本结构

按结构特点，同步电动机有旋转电枢式（简称转枢式）和旋转磁极式（简称磁极式）2 种。旋转电枢式如图 7 - 28 所示，发电机的电枢是转动的，磁极是固定的，电枢电动势通过集电环和电刷与外电路连接，这种结构只适用于小容量的同步发电机。旋转磁极式如图 7 - 29 所示，其磁极是旋转的，电枢绕组是固定的。电枢绕组的感应电动势不经过集电环和电刷而直接送往外电路，所以绝缘能力和机械强度好，且安全可靠，因而广泛应用于大、中容量的同步发电机。

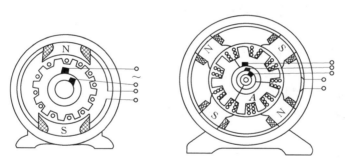

图 7 - 28 旋转电枢式同步发电机

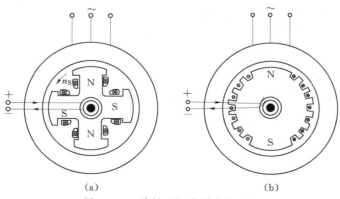

（a）   （b）

图 7 - 29 旋转磁极式同步发电机

（a）凸极式；（b）隐极式

在旋转磁极式同步发电机中，按磁极的形状又可分为凸极式和隐极式 2 种。凸极式转子的磁极是突出的。励磁绕组采用集中绕组套在磁极上，这种转子构造简单，制作方便。隐极式转子做成圆柱形，励磁绕组分布在转子表面的铁芯槽中，现代柴油发动机大多采用这种结构型式。现以常用的旋转磁极式同步发电机为例说明同步发电机的基本结构。

磁极式同步发电机主要由定子、转子、端盖及轴承、集电环等组成。

（1）定子部分。定子由定子铁芯、电枢绕组、机座等 3 部分组成，通常又称为电枢。

1）定子铁芯。它是用硅钢片叠成内空圆柱体，在其内圆周上冲有放置定子绕组的槽。为了将绕组嵌入槽中并减小气隙磁组，中小型发电机都采用半开口槽。

2）机座。它是用来固定定子铁芯，并和发电机两端盖形成通风道但不作为磁路，因此要求它有足够的强度和刚度，以承受运行中各种力的作用。两端的端盖可支撑转子并保护电枢绕组的端部。一般发电机的机座和端盖由铸铁制成。

3）电枢绕组。它是由线圈组成，线圈的导线都采用高强度漆包线，线圈按一定规律连接而成，嵌入定子铁芯槽中。绕组的结构芯式一般采用三相双层短距叠绕组。

（2）转子部分。转子主要由磁铁、电机轴、转子磁轭、集电环等组成。

1）电机轴。它是用来传递转矩并承受转动部分的重量。一般是用中碳钢制成。

2）转子磁轭。它主要用来组成磁路，并固定磁极。

3）磁铁。磁极铁芯是由薄硅钢板冲片叠压而成，用螺杆固定在磁轭上。励磁绕组套在磁极铁芯上，各个磁极的励磁绕组一般串联起来，2 个出线头通过螺钉和转轴上的两个互相绝缘的集电环相接。

4）集电环。它是用黄铜环和塑料（如环氧玻璃）加热压制而成一个坚固整体，然后压紧在转轴上。整个转子由装在前后端盖上的轴承支撑。励磁电流通过电刷和集电环引入励磁绕组。电刷装置一般装在端盖上。

对于中小容量的发电机，在前端盖装有风扇，使电枢内部通风以利于散热，降低发电机温度。

3. 交流同步发电机的励磁调节系统

励磁调节系统是同步发电机的重要组成部分，它控制发电机的电压及无功功率。另外，调速系统控制柴油机及发电机的转速（频率）和有功功率。两者是发电机组的主要控制系统。

早期的励磁调节系统采用机电型或电磁型调节元件。当前已改用半导体元器件、固体组件及电子电路，称为半导体励磁调节系统。这种调节系统可综合反应包括电压偏差信号在内的多种控制信号，进行励磁调节。因此，它是励磁控制的主要部分，一般由它感受发电机电压的变化，然后对励磁功率单元施加控制作用。在励磁调节系统没有改变给出的控制命令以前，励磁功率单元是不会改变其输出的励磁电压的。

半导体励磁是把交流励磁电源经半导体整流装置改变为直流后进行励磁的。根据交流励磁电源的不同，可分为以下两大类。

（1）采用变压器作为交流励磁电源。这种励磁电源系取自发电机自身或发电机所在的电力系统，故称为自励整流器励磁系统，简称自励系统。在自励系统中，励磁变压器、整流器等都是静止器件，故又称为全静态励磁系统。

自励系统也有几种不同的励磁方式，如果只用一台励磁变压器并联在机端，则称为自并励方式；如果除了并联的励磁变压器外还有和发电机定子电流回路串联的励磁交流器（或串联变压器），两者结合起来，则构成所谓自复励方式，又称相复励方式。

（2）采用和主机同轴的交流发电机作为交流励磁电源。这种励磁电源取自主机以外的其他独立电源，故称为他励整流器励磁系统（包括他励硅整流励磁系统和他励晶闸管整流器励磁系统），简称他励系统。同轴的用作励磁电源的交流发电机称为交流励磁机，又称同轴辅助发电机。

这类励磁系统按整流器是静止还是旋转，以及交流励磁机是磁场旋转或电枢旋转的不同又可分为下列 4 种励磁方式：

1）交流励磁机（磁场旋转式）带静止硅整流器。

2）交流励磁机（磁场旋转式）带静止晶闸管。

3）交流励磁机（电枢旋转式）带旋转硅整流器。

4）交流励磁机（电枢旋转式）带旋转晶闸管。

上列 3）、4）2 种方式，硅整流元件及交流励磁机电枢和主轴同一旋转，直接给主机转子励磁绕组提供励磁电流，不需再经过转子集电环及电刷引入，故称无刷励磁方式，或称旋转半导体励磁方式。相对于旋转半导体而言，1）、2）两种方式的半导体整流元器件是处于静止状态的，故称他励静止半导体励磁方式。

除了他励和自励两类主要的半导体励磁方式外，还有一种介于两者之间的谐波励磁系统。在主发电机定子槽中嵌有单独的附加绕组，称为谐波绕组。利用发电机综合磁场中的谐波分量，通常是利用三次谐波分量，在附加绕组中感应谐波电动势，作为励磁电源，经半导体整流后供给发电机本身的励磁。这种谐波励磁系统具有自调节特性，和发电机具有复励的作用相似。当电力系统中发生短路时，谐波绕组电动势增大，对发电机进行强磁。这种励磁方式的特点是简单、快速和可靠。

上述各种励磁方式的分类，可用表 7 - 10 说明。

表 7 - 10　　　　　　　　　　半导体励磁系统分类表

有传动部件的励磁	他励系统	直流励磁机	直流励磁方式，晶闸管装置控制其励磁电流
		交流励磁机	带静止硅整流器（无整流子励磁）
			带静止晶闸管（无整流子励磁）
			带旋转硅整流器（无刷励磁）
			带旋转晶闸管（无刷励磁）
	谐波绕组		谐波励磁方式（不可控或可控）
全静态励磁	自励系统	动态变压器	自并励方式
		励磁变压器	直流侧并联自复励方式、交流侧并联自复励方式（不可控或可控）
		变压器	直流侧串联自复励方式
		串联变压器	交流侧串联自复励方式

4. 柴油发电机组的控制屏

柴油发电机组的控制屏分为普通机组控制屏和自动化机组控制屏两类。普通控制屏适用于普通柴油发电机组的控制，机组的起/停、供/断电、状态调整等均由手工操作。自动化控制屏适用于自动化柴油发电机组的控制，机组的起/停、供/断电、状态调整等可由手动或自动 2 种操作方式来完成。

按照安装方式，柴油发电机组的控制屏可分为一体式和分体式 2 种。分体式控制屏指机组和控制屏分开放置，控制系统及主开关均安装在控制屏内。一体式控制屏由自控屏和开关屏 2 部分组成，自控屏（安装控制系统）通过减振垫固定在发电机组的上方，开关屏（安装主开关）安装在发电机的侧面。

（1）普通机组控制屏。它是由断路器、电流表、电压表、频率表、水温表、油压表、油温表、转速表、计时器和电流互感器等组成，可以完成对发电机组起/停、供/断电控制等功能，并对机组的运行状态进行测量、显示和超限报警及保护。

（2）自动化机组控制屏。它是由自动控制器、自动加热器、自动充电器、自动切换装置、断路器、电流表、电压表、充电电流表、直流电压表、电压频率表、水温表、油压表、油温表、柴油机转速表、计时器、报警蜂鸣器、控制继电器、保护开关和电流互感器等组成。自动化机组控制屏可以自动完成对机组起/停、供/断电控制等功能，并对机组的运行状态进行测量、显示和超限报警及保护。

7.4.5 柴油发电机组的使用

1. 柴油发电机组的选择

（1）柴油发电机组类型的选择。国产柴油发动机的类型很多，如安装在挂车上或汽车上的移动式发电机组的容量较小，一般在 150kW 以下；固定式发电机组容量较大。因此，零星工程、临时施工以及抢修时的电源，可选择移动式发电机组；施工期较长或工期虽短但用电量较大的工地，可选用固定式发电机组。

（2）柴油发电机组励磁方式的选择。国产发电机组常用励磁方式有直流励磁机励磁、晶闸管（或硅整流器）励磁、谐波励磁、相复励励磁和无刷励磁等，其主要特点如下：

1）直流励磁机励磁的过载过压能力强，并网较容易，并且当外界电网出现故障时，并网发电机的励磁系统仍能正常运行。但其技术性能指标较差，如起动能力差，稳压时间较长，故障较多，体积较大等。

2）晶闸管励磁的稳压指标高，稳定调压率可达±1%，动态性能好，温度补偿、频率补偿和并网性能也较好，同时体积小、重量轻、效率高，但线路较复杂，维修技术要求较高，又因晶闸管元件的热容量较小，不能承受较大的载荷。

3）谐波励磁的稳态和动态性能好，稳态电压调整率一般在±3%以内，稳压时间较短，励磁能力大，能空载起动和本机等容量的异步电动机。但调压率较差，并网时有不稳定现象。因此，当负荷的起动容量大于计算容量时，选择谐波励磁的发电机组，以减少电站容量，是比较合适的。

4）相复励励磁的稳态和动态性能好，稳压电压调整率一般在±3%以内，突然加卸负载时电压变化小，电压稳定时间约 0.2s，过载能力较强，能起动大容量的异步电动机。但励磁效率较低，并网性能较差，同时体积和重量都较大。

5）无刷励磁的励磁电流是由装在发电机转子上的旋转半导体整流器供给的。因为发电机转子励磁绕组、整流器、励磁机电枢都在同一轴上旋转，它们之间可以用固定的连接线连接，这就不需要电刷、滑环、整流子等部件。无刷励磁不受电网波动的影响，运行的可靠性高。对于采用晶闸管整流器的，则具有晶闸管励磁的特点，并由于硅整流元件随转子旋转，冷却条件较好，运行比较可靠，维修工作量少。

（3）柴油发电机组容量和台数的选择。

1）根据施工组织计划和工地动力条件，确定集中发电还是分散发电。同时确定发电机组的供电范围。一般情况下，供电电压380V，容量在100kW以下的，供电范围不大于0.6km；若电压为10kV，容量在2000kW以下的，供电范围不大于20km。

2）当用电量较小，并允许短时停止供电时，可采用单台发电机组供电；当用电设备的台数较多，单台功率较小，实际供电负荷变化较大或负荷对供电可靠性和质量要求较高时，宜采用单机容量较小、台数较多的方案。

3）发电机组的输出功率不应大于额定功率，低负荷时也不应小于额定功率的50%，否则应选用容量较小的机型，供低谷用电时使用，以提高发电机组的经济效益。

4）充分考虑电动机的起动负荷，在规定的电压降（小于25%额定电压，恢复电压时间在3s以内）情况下，发电机组起动电动机的最大容量见表7-11。

表7-11　　　　　　　　　　发电机组起动最大电动机的容量

发电机组额定功率（kW）	直接起动的最大电动机容量（kW）		减压起动的最大电动机容量（kW）
	电压降为10%	电压降为25%	
60～75	<10	<17	<30
120	<17	<30	<50
200	<22	<40	<75
300	<30	<55	<100

（4）柴油发电机组控制方式的选择。对于负荷较稳定、容量不大的发电机组，可选择结构简单的手动控制；对于重要负荷供电的发电机组，宜先用自动化控制，当外电源故障断电后，能迅速自动起动，恢复对重要负荷的供电，并能隔室操作，降低噪声对操作人员的危害。多台发电机组还应考虑能并联运行，机组的控制及励磁调节装置能适用于并联运行的要求。

2. 柴油发电机组的安装

正确的安装和调试是确保柴油发电机组长期安全、可靠、稳定工作的基础。机组安装是否符合要求，对机组的使用寿命和运行情况等都有很大影响。

（1）移动式机组。这类机组主要固定在可移动的平台如汽车、拖车或挂车上。安装要求比较简单：

1）机组的底盘应停放在坚实、平坦、干燥的地面上。使用期较长时，应用垫木使车轮悬空，并应保证机组底盘的平稳。

2）按规定要求埋设好接地装置，牢固地连接好接地线。

3）全面检查各连接部位的连接牢固性和正确性。尤其是底脚螺栓、联轴器、发电机和励磁系统的接线等。

4）如机组处于露天工作时，应根据实际情况，采取必要的防雨、防雪、防晒、防风沙等措施。

5）风冷柴油发电机组采用敞开式安装，冷却空气自由进气和排风时，应适当在进气、排风之间设置屏障，以防发动机的燃烧空气使排风气流加热。

（2）固定式机组。这类机组如长期处于固定状态，应设置专用机房，基本要求是：

1）安装位置。发电机组可安装在地下室、地面和屋顶。发电机房一般应在配电室附近，以方便使用和维护。而且电源布线也较短，但不宜和办公室、生活区相距太近，以免机组运行时受到振动、噪声和排气污染的影响。

2）机组的固定和机房地基。安装容量较大的发电机组，应由底脚螺栓牢固地安装在混凝土基础上。基础和底脚螺栓的埋设要求应平坦、牢固，便于操作和维护机组。基础深度和长宽尺寸应根据机组的功率、重量等性能指标以及土质情况决定。基础应尽量水平，最好具备减振能力。

3）其他要求。①机房和设备的布置首先应满足机组运行和维修的需要，保证有足够的空间以方便使用、维修、起吊或搬运；②在机房和设备布置时，应认真考虑管线的布置，尽量减少管线长度，避免交叉；③机房应坚固、安全，设置通风、散热通道，并应有保证照明、保温和消防设施。还要具备完善的给排水系统；④对于安装在办公区、生活区的发电机组，其机房内必须有减振、降噪和排气净化装置。

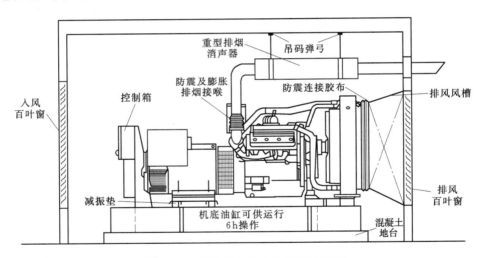

图 7-30　柴油发电机组的安装示意图

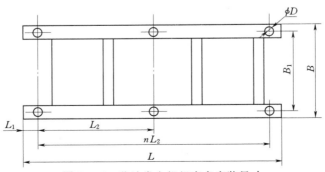

图 7-31　柴油发电机组底盘安装尺寸

在总体布置方面，可根据机房建设条件，参照图 7-30 考虑机组的基础位置及进、排风的通道。

柴油发电机组的底盘安装尺寸见图 7-31 和表 7-12。

表 7-12　　　　　　　柴油发电机组底盘安装尺寸（参见图 7-31）

序　号	安　装　尺　寸　（mm）						
	L	L_1	L_2	n	B	B_1	ϕD
1	2220	285	850	2	800	750	24
2	2270						
3	2370	114	1100		948	840	
4	2616	208			900		
5	2755	250	540		950	860	28
6	2782	290	1100		900	840	24
7	2832						
8	2900	100	540	5	950	860	28
9	3022	200	1350	2	1020	950	
10	3130	250	540	5			
11	3890	265	750	4	1345	1020	
12	5700	400	700	7	1735	1480	

本　章　小　结

通过本章学习，主要要了解水利水电工程常用其他机械的基本性能，理解其他机械的工作原理，掌握其他机械的使用方法等内容，至于其他机械的维护与管理，限于篇幅，请读者参考水利水电类机械方面的其他书籍。

本章依次讲述了水利工程中常用的几种其他机械（如空气压缩机、泵、风机、柴油发电机）的工作原理、型号及选择与安装，以供水利水电类或建筑类学生学习及参考。

复　习　思　考　题

1. 工程中常用的其他机械有哪些类型？
2. 空气压缩机有哪些分类？如何进行型号的编制？
3. 活塞式空气压缩机的工作原理如何？有何构造特点？
4. 空气压缩机如何选择？
5. 水泵有哪些类型？
6. 水泵的主要性能参数有哪些？
7. 试说明 IS50—32—125 型水泵字母所表示的含义？
8. 试以潜水泵为例，说明其结构特点。

9. 水泵的选择应遵循什么原则？

10. 水泵的使用有哪些注意事项？

11. 通风机械有什么分类？

12. 通风机的命名，型号与规格各有何内容？

13. 轴流式通风机的一般结构是什么？

14. 试以 GD30K2 型轴流通风机为例说明其结构特点。

15. 轴流通风机的选择有什么要求？

16. 柴油发电机组有何特点？如何分类？

17. 试说明交流同步发电机的基本结构。

18. 柴油发电机组如何选择？

19. 柴油发电机组安装的过程中有什么要求？

参 考 文 献

[1]　王进主. 施工机械概论 [M]. 2版. 北京：人民交通出版社. 2011.

[2]　昌泽舟. 轴流式通风机实用技术 [M]. 北京：机械工业出版社. 2005.

[3]　朱蒙生. 工程流体力学泵与风机 [M]. 北京：化学工业出版社. 2005.

[4]　中国水利水电建设集团公司. 工程机械选型手册 [M]. 北京：中国水利水电出版社. 2006.

[5]　祁贵珍，刘厚菊，贺玉斌. 现代公路施工机械 [M]. 3版. 北京：人民交通出版社. 2015.

[6]　中国水利工程协会. 施工员 [M]. 郑州：黄河水利出版社. 2020.

[7]　钟汉华，姚雪峰，李再兵. 机械员岗位知识与专业技能 [M]. 郑州：黄河水利出版社. 2018.

[8]　邱兰，明志新，钟汉华. 机械员通用与基础知识 [M]. 郑州：黄河水利出版社. 2018.

[9]　钟汉华，刘能胜. 水利水电工程施工技术 [M]. 北京：中国水利水电出版社. 2023.